国家自然科学基金面上项目(42074014)
国家自然科学基金面上项目(51874012)
河北省自然科学基金项目(E2018209345)
河北省教育厅重点研究项目(ZD2021082)

# 井下工程
# 地磁特征和匹配定位技术研究

汪金花　郭立稳／著

中国矿业大学出版社
·徐州·

## 内容提要

井下GRPM定位技术相对独立，不依赖井下通信网络和供电系统，是智能矿山井下人员应急、自主定位的新技术，是现有井下定位技术的补充。书中总结了作者近年来在井下主动式GRPM定位理论、技术和方法等方面的研究成果，介绍了井下GRPM定位技术的平台架构和数学模型，研究了井下地磁场空间分布(空域)、时间分布(时域)和环境噪声变化的规律，建立了适合带状地磁图的井下适配性指标体系，提出了基于回归分析的多因子联合评价模型、基于贡献权因子的BP神经网络适配性评价模型，分析了中值滤波、傅里叶变换及小波变换的降噪效果，建立了基于CEA的算法模型，构建了一种地磁空间向量积的最优估计MPMD算法模型，从而提高了地磁匹配的精度和鲁棒性。

本书可供物探工程、矿业工程、地质工程、水文地质工程等专业的院校师生以及生产单位相关专业的工程技术人员参考。

**图书在版编目(CIP)数据**

井下工程地磁特征和匹配定位技术研究 / 汪金花，郭立稳著. — 徐州 : 中国矿业大学出版社，2021.12

ISBN 978-7-5646-5251-7

Ⅰ. ①井… Ⅱ. ①汪… ②郭… Ⅲ. ①地下工程—地磁测量 Ⅳ. ①P318.6

中国版本图书馆CIP数据核字(2021)第260739号

**书　　名**　井下工程地磁特征和匹配定位技术研究
**著　　者**　汪金花　郭立稳
**责任编辑**　潘俊成　王美柱
**出版发行**　中国矿业大学出版社有限责任公司
(江苏省徐州市解放南路　邮编221008)
**营销热线**　(0516)83884103　83885105
**出版服务**　(0516)83995789　83884920
**网　　址**　http://www.cumtp.com　**E-mail**:cumtpvip@cumtp.com
**印　　刷**　江苏淮阴新华印务有限公司
**开　　本**　787 mm×1092 mm　1/16　**印张** 11.25　**字数** 288千字
**版次印次**　2021年12月第1版　2021年12月第1次印刷
**定　　价**　45.00元

# 前　言

目前井下定位系统有 RFID(radio frequency identification,即射频识别)、ZigBee(紫蜂)等定位技术,这些定位技术能够比较及时、准确地将井下各个区域人员和移动设备情况的动态反映到地面指挥管理系统,帮助管理者合理地开展调度和管理工作。随着数字矿山、智慧矿山理论的发展和应用,井下定位需求也逐渐向组合式、多精度、低成本、自主式的方向发展。定位技术在人员调度管理基本需求上,扩展为物联网管理模式运行、智能机器人生产的定位信息和服务,主动式定位还将进一步应用于突发状况下的紧急定位和应急指挥。书中探索了一种地磁匹配与射频组合的定位方法,简称井下 GRPM(geomagnetic and radio positioning method)定位方法。

井下 GRPM 定位方法技术架构是主动式定位模式,定位过程相对独立,不易受到地下网络和供电的制约,稳定性好,适用于条带状隧道、管廊、矿山巷道等地理空间内的人员定位,不仅能够扩展和补充现有定位系统功能,也能为井下突发状况下自主定位需求提供新的思路,对矿山物联网定位、人员智能化避险和井下救援有着十分重要的意义。

全书共分为 7 章。第 1 章概述了井下定位技术现状、工作原理及地磁定位关键技术的研究现状。第 2 章介绍了井下 GRPM 定位的基本架构和地磁匹配的数学模型,分析了井下 GRPM 定位系统主要功能,以及与已有定位方法的共享机制。第 3 章介绍了井下地磁测量与匹配试验场所、设备和井下地磁空间数据库建立的方法。第 4 章分析了井下磁数值的扰动因子,从井下巷道空间分布(空域)、时间分布(时域)和环境噪声扰动 3 个方面研究了井下地磁场变化与扰动规律。第 5 章介绍了井下地磁图适配特征的指标体系,还介绍了基于回归分析的多因子联合评价模型、基于贡献权因子的 BP(back propagation)神经网络适配性评价模型。第 6 章研究了中值滤波、傅里叶变换及小波变换在磁数据降噪方面的实际应用,介绍了 CEA(convolution enhancement algorithms,即卷积增强算子)算法应用于匹配序列和地磁图的地磁空间特征降噪及增强处理。第 7 章介绍了一种地磁空间向量积的最优估计 MPMD(multi-parameter matching model of least magnetic distance,即最小磁距多参数匹配模型)匹配的数学模型和性能检测。

本书是在韩秀丽教授指导下完成的,李鸣铎老师和李孟倩老师参与了第 4 章、第 5 章、第 6 章的研究和撰写工作,同时研究生郭云飞、张博、李卫强和张恒嘉参与了相关研究工作,在此表示感谢。此外,在本书写作过程中参考了有关文献,在此也向相关文献作者一并致谢。

由于作者水平所限,书中难免存在不足之处,敬请读者不吝指正。

**著　者**

2021 年 10 月

# 目　录

# 第1章 绪 论

## 1.1 研究背景及意义

现代快速发展的智能化生产模式和生活方式，需要快捷、方便的定位技术与导航服务作保证。GNSS(全球导航卫星系统)技术能够提供高效、快速、方便与准确的室外定位服务，对人们的生活和生产的方式产生了巨大的影响。然而受到GNSS定位信号传播方式和特点限制，GNSS定位技术无法服务于类似封闭空间的场地定位(如建筑物室内定位、地铁人行通道内部定位、大型隧道内部定位以及井下巷道内部定位等)。人们开始将定位信号转向超宽带高频电磁波信号的应用研究，发明了很多种类的室内或地下工程的定位技术[1-6]，如Wi-Fi网络定位技术、低功耗蓝牙定位技术、超声波定位技术、红外线定位技术、RFID定位技术、ZigBee定位技术，其中RFID定位技术、ZigBee定位技术已经应用在了矿山井下人员定位方面。研发了相关的井下定位系统产品，如徐州中测电子科技有限公司研究的KJ728煤矿人员定位系统、深州佳维思科技有限公司的KJ536型煤矿井下人员定位系统、北京天一众合科技股份有限公司的KJ133井下人员定位系统等等。这些定位系统能够及时、准确地将井下各个区域人员和移动设备的动态情况反映到地面指挥管理系统，使管理人员能够随时掌握井下人员和移动设备的总数及分布状况。这些定位系统还能跟踪干部跟班下井情况、每个矿工入井和出井时间及运动轨迹，企业可以更加合理地调度和管理。

但在实际应用过程中，这些定位系统暴露出了不足的地方。其一，定位精度不高。比如RFID定位系统最稳定，定位精度(约几十米至十米)取决于读卡器硬件分布的密度，但只能实现井下区域定位，还存在一定范围的定位盲区。ZigBee定位系统的理论定位最佳精度约为2 m，需要依靠井下通信网络的实时解算完成定位，定位精度和稳定性容易受到巷道内部环境的干扰。其二，这些定位系统的技术架构属于被动式定位，不满足突发状况下应急定位和救援定位的要求。现有RFID、ZigBee井下定位系统的信号需要通过井下以太网或通信网络传输到地面监控中心的计算机系统，经过处理分析后，解算出井下人员和移动设备的定位信息。系统只为生产管理者提供井下人员和移动设备的位置，用于生产管理查阅和调度，井下人员自己不能实时地获取位置信息。一旦井下出现突发状况，供电不稳定或者通信信号中断，这类定位系统就不能正常工作了，地面监控中心不能继续接收到定位信号，也就无法知道井下人员的实时位置。特别是当井下情况危险，开展抢险救援时，外来的救护人员进入巷道开展搜索和救护工作，需要承担高负荷、高压力、高风险的工作，更需要一种主动式应急定位服务。当他们进入不熟悉巷道或地段时，如果井下定位系统能够像地面的汽车导航定位一样提供主动式服务，就能帮助他们了解自己所处的井下具体位置，就为引导他们找到合理的救援路径,更安全地展开救援提供便利。

地磁定位导航是一种主动式定位导航,具有长期稳定、全球覆盖、全天候等特点,最大的优点是可以实现无源自主定位。地磁定位导航技术在导弹轨迹定位、水下舰艇定位、无人机导航等军事方面的应用广泛,这种大尺度范围内地磁辅助定位技术理论成熟。但是民用化地磁定位技术的研究报道很少,近几年刚刚开展的基础理论研究主要是在室内小尺度环境的定位方面,一些学者开展了地磁与 RSSI(接收信号强度指示)组合定位、地磁与 PDR 组合定位方法的研究。数字矿山、智慧矿山理论的发展和应用,要求有多样化、多精度、低成本、组合化的井下技术。该井下技术不仅需要适合井下带状的定位环境,还需要与现有通信网络、定位系统实时共享信息,为物联网管理模式运行、智能生产机器人发展等提供定位信息和服务。井下属于小尺度环境,巷道狭窄深长,巷道之间连接复杂,这正好适用于地磁定位的无源性。利用书中探索的射频标签识别和地磁匹配构建了新型的 GRPM 井下定位方法,这种方法的技术架构是主动式定位模式,定位过程相对独立,不易受到地下网络和供电的制约,稳定性好。但是 GRPM 井下定位方法属于前沿、新兴的定位技术,有许多科学技术和工程应用问题亟待解决。其研究内容涉及井下工程的地磁空间分布特征、地磁匹配模型、动态搜索策略、地磁扰动规律、定位数据传输与融合、应急地磁定位影响因子等多个方面,因而需要开展大量试验分析和基础理论研究。

## 1.2 现有的井下定位方法

### 1.2.1 现有井下定位技术

高精度自主定位与避险导航是保障井下智能生产、灾后避险或定点搜救的关键技术之一。近年来,国内外学者开展了多种定位方法的研究,比如超宽带定位、超声波定位、红外线定位和激光定位等。其中,超宽带定位传输速度高,功耗低,而且安全性高,但是通信距离短,对硬件性能的要求过高。超声波定位结构不复杂,易于实现,但是由于受多径效应和非视距传播的影响非常大,定位结果的精度不稳定,另外搭建超声波系统的成本很高,经济效益相对偏低。红外线定位效果较好,但使用的条件很苛刻,有些地下工程(含烟类、水汽等颗粒)地段使用红外线定位的精度不太高。激光定位精度很高,但是要求待定位目标必须是视距可见的,同时硬件成本非常高。

目前主体矿山定位技术还是以超宽带高频波为主的定位模式,现有的定位系统运用了不同计算方法来实现定位坐标的精确解算。国内外井下定位技术包括 RFID、ZigBee、Wi-Fi、UWB 等多种定位系统,主要应用于矿山井下安全管理,可以实现井下人员考勤管理、井下人员的位置分布及人员运动轨迹等信息查询。

1. 井下 RFID 定位系统

RFID 射频技术是一种短距离通信技术。它主要通过无线电信号捕捉特定目标进行非机械接触的双向数据通信,能够对目标进行识别并获取目标相关信息。定位过程主要需要被识别的电子标签、读卡器、定位服务器来完成[7-9]。电子标签一般安装在被识别的物体上,电子标签中包含被识别物体的相关信息,读卡器一般安装在井下定位关键区域,可以间隔发射无线电波,读出或识别电子标签所包含的数据信息,这些数据信息传输到井上定位服务器，通过定位服务器应用系统软件进行相关数据分析，从而实现井下人员及车辆定位，图1.1为井下RFID定位系统架构图。从该图中可以看出，此定位系统至少具有无线编码发射器（电子标签或人员识别卡）、数据采集控制设备（读卡器）、数据传输网络、地面中心软件系统及服务器。无线编码发射器发出代表人员身份信息的射频信号，经数据采集控制设备接收并通过数据传输网络上传到地面中心软件系统。数据传输通道是井下工业以太网与井下各监测监控系统信息的传输通道和并用通道。传输数据经过地面中心软件系统的分析处理后，显示在中控屏幕或各类终端上。

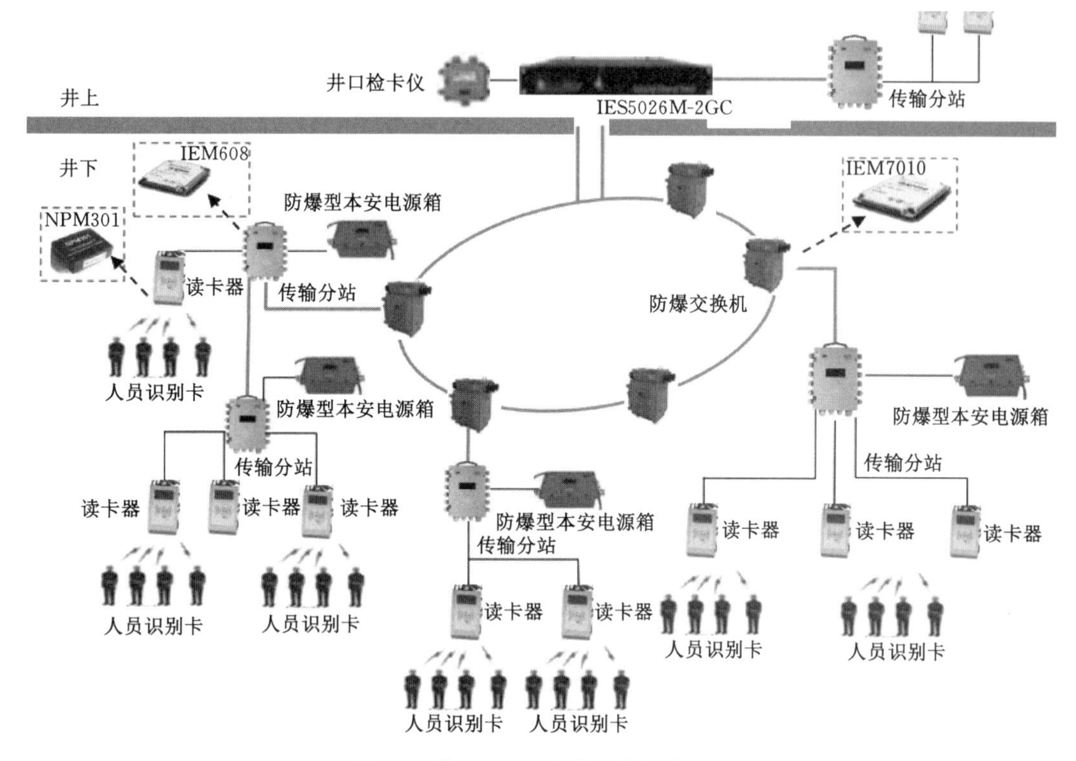


图1.1 井下RFID定位系统架构图

井下RFID定位系统能够及时、准确地将井下各个区域人员和移动设备情况动态反映到地面计算机系统，使管理人员能够随时掌握井下人员和移动设备的总数及分布状况。该系统能跟踪干部的跟班下井情况、每个矿工入井和出井时间及运动轨迹，以便于企业进行更加合理的调度和管理[10-12]。

2. 井下ZigBee定位系统

井下ZigBee定位系统是在原有射频识别技术基础上进行升级的，采用的是ZigBee数据传输和解算模式[13-14]。其定位思路是，ZigBee网络中需要安装若干个已知具体位置坐标的传感器（目标采集器）节点，这些节点称为参考节点；移动人员或者移动设备也携带传感器（标识卡），是需要计算位置坐标的传感器节点，称为目标节点。ZigBee定位过程是，一个目标节点发出代表人员身份信息的射频信号，附近的参考节点采集目标节点的RSSI值后，一并将自己的节点坐标和所采集RSSI值传输给中央信息处理器，中央信息处理器运用相关算法计算出目标节点的坐标，再反向传输给各个参考节点对比修正，该过程是一种数据密集型计算[15-16]。

井下 ZigBee 定位系统主要由无线采集设备(多合一基站)、标识卡(人员定位卡)、信号传输装置(光纤网络)、信息处理平台(服务器)等四部分组成,图 1.2 为井下 ZigBee 定位系统架构图。

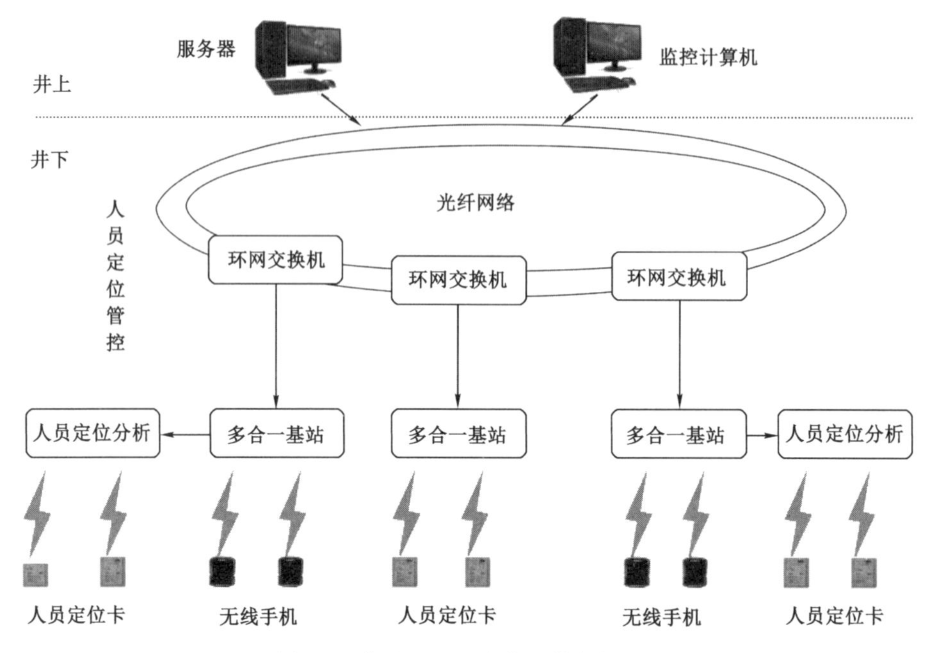


图 1.2　井下 ZigBee 定位系统架构图

(1) 无线采集设备。安装在井下的无线采集设备(如无线基站)可实现对标识卡中数据的采集,并通过有线和无线两种方式将所采集信息发送至信息处理平台,同时承载其他无线基站数据信息的中继转发功能。

(2) 标识卡。人员或车辆附带的识别卡主要通过定时向系统发出射频信号进行注册,从而实现人员或车辆的定位。

(3) 信号传输装置。信号传输装置包括隔离转换器、电源等。隔离转换器是井上信息处理中心与井下无线基站之间的数据传输通道。电源对无线基站进行供电,可将井下非本安高压交流电转换成系统所需的本安低压直流电,并能在断电情况下自动使用蓄电池供电,在通电情况下自动给蓄电池充电。

(4) 信息处理平台。该平台主要负责各网络传输点所发信息的存储,并能对信息进行分析处理和显示,使信息以网络形式供其他有权限的成员查阅。

井下 ZigBee 定位系统实现了井下人员的较精确定位。其主要功能有:可查询当前井下人员分布情况;可显示井下人员运动轨迹;可统计查询进入特殊区域的人员;下井人员考勤管理;井下人员的定位,寻呼及遇险紧急求救;可以利用现有的通信平台实现其他信息的接入;等等。该系统不仅适应井下巷道曲折、风门多等结构特点,还适应井下供电限制严格、煤炭行业资金短缺等特点。尽管该系统的数据传输率较低,但是仍能够满足井下人员定位和考勤的工作需求。

3. 井下 Wi-Fi 定位系统

井下 Wi-Fi 定位系统是一种支持无线局域网以及短距离数据传输的技术，也称为802.11b。井下 Wi-Fi 定位系统具有可靠性好、速度快、便于快速部署等优点。该系统要求先在井下巷道中合理布置 Wi-Fi 热点，每个下井的人员随身携带一个记录着人员身份信息的 Wi-Fi 智能终端设备，该终端设备可以自动和 Wi-Fi 热点连接，然后通过采集智能终端设备的 RSSI 信息，将相应 RSSI 信息和标识的 AP 数据通过以太网传送给服务器，再采用三边定位 RSSI 的定位算法确定出井下人员的位置[17-20]。即通过 Wi-Fi 技术搭建井下无线通信网络可实现井下人员和设备跟踪定位。该定位系统由三个部分组成：具有定位功能的人员定位卡、由井下传输到井上的数据传输系统和处理数据信息的定位服务器[21-22]。井下Wi-Fi定位系统架构图如图 1.3 所示。

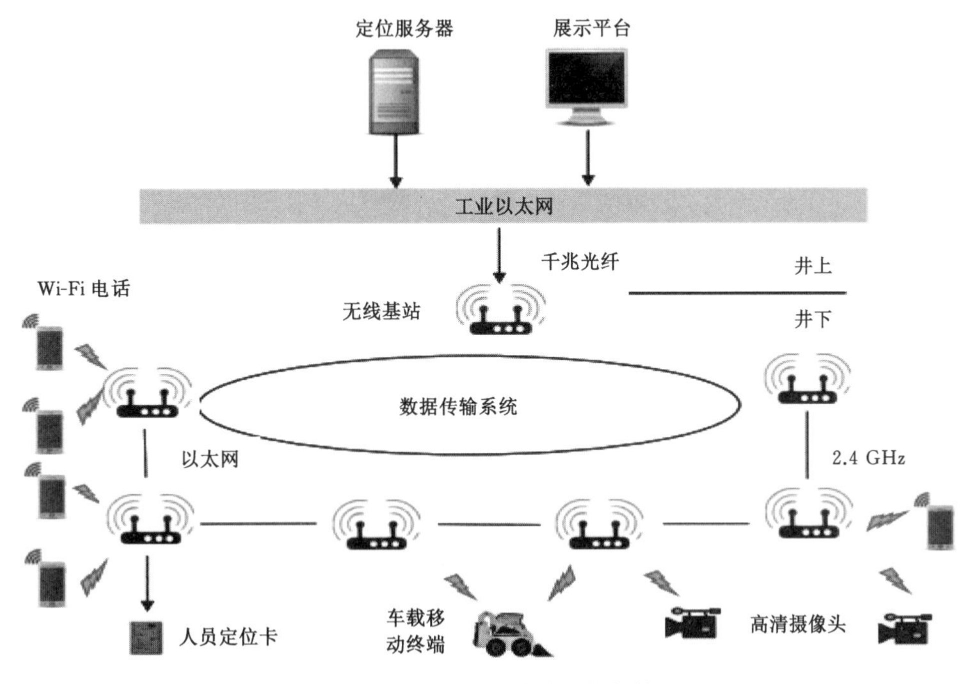


图 1.3 井下 Wi-Fi 定位系统架构图

井下 Wi-Fi 定位系统的功能虽然与井下 ZigBee 定位系统的相似，但由于 Wi-Fi 信号传输的局限性，未在矿山实际应用中被大范围推广。

4. 井下 UWB 定位系统

UWB 技术是一种基于极窄脉冲的无线技术，具有发射功率低、穿透力较强等特点。在 UWB 定位系统中，一般可根据不同功能将其划分为三个基本层次，即位置感知层、网络传输层、定位应用层。位置感知层由 UWB 定位基站(定位锚点)和定位标签组成，用于获取标签有效信息。网络传输层负责将位置感知层获得的与定位相关的信息通过有线或无线的方式传输给后台服务器。定位应用层包括定位引擎和应用软件，定位引擎用于实时解算定位标签的位置信息。目前较为经典的超宽带室内定位系统一般由 UWB 定位标签、定位基站和定位处理器三大部分构成。每个 UWB 定位基站都可通过网线与定位处理器相连，而每个 UWB 定位基站位置固定且坐标已知，待定位 UWB 定位标签的空间位置是可变的，UWB 定位标签通过每隔一段时间发送一次定位请求信号来更新自身位置[23-25]。井下 UWB 定位系统架构图如图 1.4 所示。

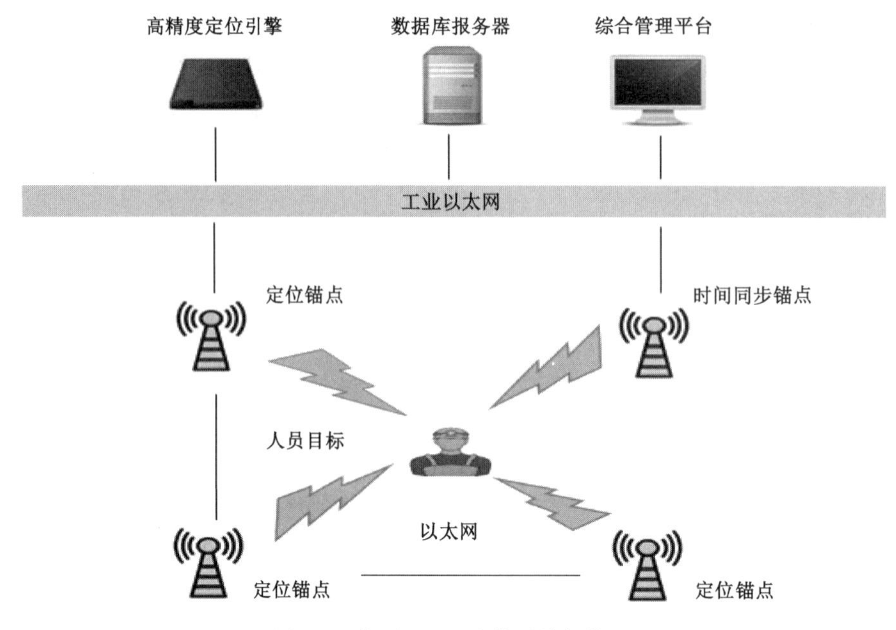


图 1.4　井下 UWB 定位系统架构图

UWB 定位技术具有明显优点，超宽带技术具有超精细时间分辨率，极大的带宽，能实现短距离高速率的数据传输，具有较强的抗多径衰落能力，还有着较强穿透障碍物的能力，能提供精确定位精度等优点。该技术可用于各个领域的室内精确定位和导航，作用对象包括人和大型物品，例如贵重物品仓储定位、矿井人员定位、机器人运动跟踪、汽车地库停车等。但是 UWB 定位实现需要依靠一些特定的硬件设备，网络部署复杂，成本高，很难进行大范围的推广。

UWB 定位系统定位方式有测向和测距两种。UWB 定位系统主要采用 TOA(到达时间)/TDOA(到达时间差)的检测方法，充分利用了超宽带信号超高时间分辨率的特点。TOA/TDOA 的检测方法是利用 UWB 信号到达时间或时间差来计算发射与接收两端的距离或距离差来实现定位的。该算法通过信号到达各个接收器的时间差并通过双曲线交叉来定位。TDOA 算法要求在所有标识之间必须严格执行时钟同步。UWB 定位标签发送同步 UWB 信号到所有 UWB 接收器，UWB 接收器向定位系统服务器上传 UWB 信号的接收时间。通过这种算法原理，能够得到 UWB 定位标签的位置。

TDOA 是根据信号到达时间差实现定位的方法。该方法是先测量信号传送至各测量装置的时间差，然后根据至少三个时间差信息建立方程[见式(1.1)]，从而计算出目标物体的二维平面坐标。

$$r_i - r_j = \sqrt{(x_i - x)^2 + (y_i - y)^2} - \sqrt{(x_j - x)^2 + (y_j - y)^2} \tag{1.1}$$

相对 TOA 方法，TDOA 方法仅要求各接收节点时间必须精准同步，对绝对到达时间无要求，从而减弱了信道在接收节点产生的误差对定位精度的影响。

### 1.2.2 存在问题与不足

目前我国井下定位系统中已有很多产品成功应用,这些定位系统的定位技术主要有基于射频识别人员定位技术和基于 ZigBee 人员定位技术。工作原理是携带识别卡或无线定位终端的人员在经过井下放置的读卡器或无线定位基站时,相应接收装置就可以读取井下人员位置信息并把信息上传到服务器端。系统可以实现井下不同区域人员运动轨迹的动态监测,使管理人员及时了解井下人员的分布、数量及运动状态。

这些已被应用的井下定位技术有各自特点,表 1.1 是这些井下定位技术的性能对比分析。其中 RFID 技术主要用于实现区域定位,定位精度低,主要实现人员考勤管理和分布查询,这种技术主要用于井下电子栅栏、井下人员管理与考勤。ZigBee 技术方案能实现井下人员定位功能,同时对精度要求不很高,能够满足相关行业对井下人员定位系统的技术要求,但是定位效果易受到环境干扰。Wi-Fi 技术除能实现定位之外还能实现语音通信、视频监控、数据采集等功能,一网多用,便于系统维护,但信号易受干扰,数据采集量大。UWB 技术能够实现厘米级的高精度定位,可以满足井下定位精度较高的需求,但是建设成本较高,不利于推广。

**表 1.1 井下定位技术的性能对比分析**

| 性能对比项目 | 井下定位技术 | | | |
|---|---|---|---|---|
| | RFID | ZigBee | Wi-Fi | UWB |
| 关键技术 | 射频卡识别 | RSSI 值差分 | Wi-Fi 热点信号 | 信号 TDOA 解算 |
| 定位精度 | 几厘米到几十米 | 2 m 左右 | 3～100 m | 厘米级 |
| 建设成本 | 高 | 低 | 低 | 高 |
| 电池功耗 | 几年 | 几年 | 几天 | 几小时 |
| 通信频道 | 868 MHz/915 MHz | 868 MHz/915 MHz/2.4 GHz | 2.4 GHz | 3.1～10.6 GHz |
| 信息使用者 | 管理者 | 管理者 | 管理者 | 管理者 |
| 优点 | 定位标签成本低 | 通信效率高,耗能低 | 网络部署方便,成本低 | 定位精度高 |
| 缺点 | 作用距离短,大规模部署难 | 网络稳定性不好,信号易受干扰 | 信号易受干扰,数据采集量大 | 单台基站价格高,大面积部署难以支撑 |
| 应急定位 | 无 | 无 | 无 | 无 |
| 定位方式 | 被动式 | 被动式 | 被动式 | 被动式 |

从表 1.1 中可以得出,RFID、ZigBee、Wi-Fi 定位系统定位精度不一样,最低精度为几十米,最高精度在网络稳定时可以达到几厘米,平均定位精度总体水平偏低。另外,这类定位系统从生产管理者的角度设计位置信息的服务方式,位置信息由管理者掌握,井下人员本身不知道自己的位置信息,因而属于被动式定位。特别是这类系统的定位过程需要网络和供电系统的正常运行,定位识别信号经过井下以太网或通信网络的数据传输和处理才能解译或解算出人员定位信息。RFID、ZigBee 井下定位系统不能给他们提供主动式定位导航服

务[26]，一旦井下出现突发状况，供电不稳定或者通信信号中断，这类定位系统就不能正常工作了，地面监控中心不能继续接收到定位信号，也就无法知道井下人员的实时位置。这类被动式井下定位系统关于应急状态下的定位服务功能需要扩展与完善。

## 1.3 地磁定位的国内外研究动态

### 1.3.1 地磁组合定位技术

地磁定位方法的研究始于20世纪60年代中期，最主要的应用是在国防军事方面[27-29]，在导航定位、战场电磁信息对抗等领域有诸多报道[30-32]。美国、俄罗斯、法国、土耳其等国家对地磁导航进行了大量研究，如以地磁场为基础的炮弹制导系统[33]，“地磁异常探测系统”地磁定位技术在军事应用上通常以组合(地磁与惯导系统的组合定位、地磁与GPS组合定位)形式进行[34-35]，但是由于涉密，关于具体原理和关键技术等方面的公开发表文献非常少[36-39]。2003年美国国防部的文件称，他们所研制的纯地磁导航系统地面和空中定位精度均优于30 m；2009年美国空军技术学院把地磁辅助定位技术应用于机器人室内导航，利用贝叶斯估计法实现了室内0.3 m左右的定位精度。

国内地磁组合技术也主要集中在国防军事方面[40-43]，国家自然科学基金先后资助了“巡航导弹地磁匹配制导关键技术研究”“基于地磁场测量的水下定位方法研究”“水下重力磁力导航理论与技术研究”“水下地磁梯度场测量中载体影响及消除方法研究”等多个项目。在2009年，中科院和多所大学联合申请了“飞行器地磁导航定位基础机理研究项目”(国家安全重大基础研究项目)。近几年，随着部分研究内容解密，部分学者发表了一些地磁组合定位研究成果。这些成果主要关于大区域地磁场模型研究[44-47]、导弹和潜艇等载体导航匹配方法研究[48-51]等。另外国内外对水下地磁与惯导组合定位技术[52]、无人机地磁辅助导航技术[53-54]等进行了大量的基础理论研究。关于具体的定位试验，我国航天三十五所采用分辨率为2 nT的磁通门计进行磁总场(指磁感应强度，下同)定位匹配试验，得到地磁特征丰富处可达1 m左右的定位精度，最差精度可达50 m的结论。

关于民用化地磁与射频组合定位技术的研究报道很少，近几年刚刚开始基础理论的研究。主要研究有：汪金花等[55]提出了井下地磁与RFID射频结合的GRPM定位方法，采用射频标签初定位、地磁匹配精定位的主动定位模式来确定井下移动目标的位置；顾青涛等[56]将Wi-Fi信号强度RSSI指标与地磁数据融合进行了室内定位基础研究，试验解算的理论精度能够达3 m；蔡劲等[57]利用GNSS定位技术以及室内地磁指纹节点的组合方法来研究解决室内外无缝定位在室内外过渡点精度低、不能平滑自动切换等问题。

将地磁与其他技术组合的定位方法也有一些研究报道。例如，李思民等[58]提出了将PDR和地磁融合的室内定位方法，将PDR定位确定为地磁匹配的中心区域，采用粒子滤波算法解决地磁指纹的模糊解问题，试验理论定位精度达2 m左右。黄鹤等[59]提出了基于路径匹配的室内地磁定位技术，利用路径匹配与地磁组合方法进行定位，试验的理论定位精度小于1 m。

另外，部分学者开展了其他地磁定位方面的研究[60-61]，如基于地磁导航的智能小车研制[62]、基于惯导辅助地磁的手机室内定位系统设计[63]、基于RSSI与地磁场的室内混合指纹定位研究[64]、地磁和 Wi-Fi 及 PDR 组合定位[65]、地磁与 RFID 射频结合井下定位方法[66]、地磁技术与视频探测结合地下停车场的智能导航等。这些报道大部分是公开专利或处于理论论证的研究阶段[67-68]，是计算机仿真验证的成果。

### 1.3.2 区域地磁特征

地磁场是地球固有的矢量场之一，由主地磁场、磁化地壳岩石产生的磁场和干扰磁场三部分组成，其地磁强度会随着空间和时间的变化而变化。根据现代地磁理论，区域地磁分布的时空特征研究是地磁匹配定位的理论基础，因而需要研究区域地磁数值随着空间、时间、干扰源变化的波动规律[69-71]。对于大范围区域地磁变化规律，一些学者开展了相关研究[72-74]，主要是关于地磁变化和日变波动观测方法和处理模型方面的。陈斌等[75]利用2000—2004 年中国区域 34 个台站的地磁日均值数据研究了中国区域地磁长期变化的基本特征，确定在中国及周边地区的东北和西南分别存在磁偏角的零等变线。Pietrella[76]对短期预报区域模型进行了研究，发现在中等地磁活动下，安静地磁条件与中等地磁条件差异不大，STFRM 模型与 IRI 模型的结果没有显著差异。董博等[77]分析河北及周边 10 个地磁台2008—2016 年的各磁分量年均数据和年变率曲线变化形态，发现河北及附近区域地磁场 3个磁分量均呈单调变化，随着时间的递增，等值线均逐渐由北向南缓慢迁移。安柏林等[78]利用地磁场 CHAOS-5 模型，计算和分析了 1997—2015 年中国大陆地区的地磁场长期变化。通过年变率及其等变线图、特殊等变线随时间的变化规律以及长期加速度分布特征等，探讨地磁场长期变化的时空特点。罗小荧等[79]根据 1957—2012 年的地磁指数 Ap、Dst、AE 和太阳活动参数（太阳黑子相对数 $R$ 与太阳射电流量 F10.7）数据，利用小波分析方法研究了地磁活动与太阳活动的关系。这些研究主要关于大区域地磁测量和演变规律。

关于小区域地磁场变化，近几年一些学者也展开了研究。汪金花等[80]对带状小区域地磁数值的时域变化与波动分析进行研究，发现单点地磁总场和三轴磁分量的波动规律基本一致。磁测数值稳定时域为 00:00—08:00 和 16:00—24:00，不稳定时域为 08:00—16:00；同一区域的不同点位地磁数值的时域波动数值较小，一般为 20～60 nT，且在 12:00 达到了极值。郑梦含[81]和蔡成林等[82]在室内地磁匹配算法研究过程中发现室内地磁环境相对复杂，地磁变化波动较大，但未开展室内区域地磁波动的定量研究。黄鹤等[83]分析了室内磁性材料及电子设备对磁场的干扰程度，探究了室内磁场特性可以定位的可行性。康瑞清[84]分析了建筑物内影响地磁分布的各种因素，并进行了模型化描述；由于建筑物内存在大量的铁磁物体，研究了铁磁物体对室内地磁分布影响的磁场模型，得出铁磁物体的磁场分布与距离的三次方成反比的结论。喻佳宝[85]对区域地磁场的差异性和稳定性进行了研究，发现室内地磁场的差异性和稳定性一定程度上可以满足地磁定位的要求。Akai 等[86]对比了室外和室内环境下的地磁场强度，发现同一区域室内外地磁差相对稳定。毛君等[87]在基于AKF 地磁辅助导航的采煤机定位方法的研究中发现，采煤机工作时的井下环境地磁场的变化特征具有一定的复杂性。

地磁数据在观测过程中会受建筑物中的钢筋以及工作运转的通信和电器设备等磁扰动的影响。谢凡等[88]研究发现轨道交通会干扰实测地磁值，并提出用小波域噪声阈值抑制模型进行消噪处理的思路。赵学敏[89]开展了地磁干扰噪声的试验，发现三个地磁分量所受干扰随着距离的增大而迅速衰减，如在距铁轨 50 m 处地磁可衰减到 100 nT 以下。康瑞清等[90]针对实测的地磁数据易受到软硬磁干扰现象，对实测的地磁信号分别进行小波强制降噪、小波阈值降噪和基于经验模态分解的阈值滤波，发现基于经验模态分解的阈值滤波方法降低的匹配误差最小，可以有效提高车辆导航的精度。

虽然国内外学者对地磁场的时空特征及干扰现象进行了一定的研究，但关于电机、运输地磁数值扰动变化系统的研究较少，关于井下巷道及人防工程等带状小区域的地磁特征、时域变化规律以及强噪声干扰程度研究尚且不足。

### 1.3.3 地磁图适配性评价

地磁适配性问题主要是分析地磁参考图的适配性能。地磁适配性问题包含多种研究内容，其中地磁图特征和适配性评价方法是基础研究内容。

地磁图特征有多种统计指标，如地磁平均地磁场、地磁标准差、累积梯度均值、峰值状态系数、偏斜系数、地磁信息熵、地磁粗糙度和粗糙度方差比等。在这些基础评价指标上，一些学者针对不同地形匹配、地磁匹配构建了相关的适配性指标。Wang 等[91]运用主成分分析等多属性决策方法对地磁图适应性问题展开研究，验证了综合适应特征指标与传统评价指标的一致性，试验检测效果较好。冯浩等[92]用曲线拟合的方法建立了标准差、峰值状态系数和偏斜系数与圆形概率误差之间的关系。杨勇等[93]针对地磁失配问题，分析背景地形统计参数指标的有效性，建立了将地形统计参数指标与 TERCOM 匹配算法结合抵抗测量误差的能力关系。李俊等[94]针对地磁特征问题，提出了用一种基于基准图的可配准特征向量来描述适应区域选择的方法。周贤高等[95]针对地磁适应区域识别问题，建立地形统计参数，从而实现了区域离散网格地形的自适应区域划分。刘玉霞等[96]基于信息熵和投影寻踪理论得到了不同区域适应性的综合评价指标。这些关于适应性或适配性特征的研究通常针对大范围地磁场匹配问题的适配性指标，关于井下地磁图特征指标鲜有报道，但是可以参考这些研究的理论模型和分析方法。

适配评价方法是建立地磁图或地磁数据基本适应特征与适应评价指标之间关系的桥梁。从统计识别的角度，适配性评价方法有多种策略，从定性评价角度有单一策略、“交集”策略、层次筛选策略等传统评价方法。为了更为客观地评价各种情况下地磁图适配性，国内外的学者们开展了一些多元化的适配性方法研究。王哲等[97]针对单一地磁场特征参数的匹配区域适宜性评价中的误判问题，提出了一种基于层次分析法的自适应评价方法。刘扬等[98]针对适配区域选择问题，利用加权最小二乘曲面拟合方法建立了关于信噪比、重复模式和匹配概率的三维模型，研究了基本适应特征与适应评价指标之间的数学关系。冯庆堂[99]通过层次分析方法获得了地形导航信息与匹配算法定位误差之间的定量关系。林沂等[100]还将图像的基本自适应特征与费希尔线性分类器相结合，通过对图像区域中的像素点进行分类估计匹配概率。赵建虎等[101]利用灰度共生矩阵从空域角度初步探讨了地磁导航方向适配性的分析方法。另外还有些评价方法[102-109]也是在传统评价方法的基础上引入多元化分析策略并进行评价方法优化和改进。针对井下这种带状区域地磁图，应该根据其空间分布特点运用多元化评价策略优化井下地磁适配性。

### 1.3.4 地磁匹配算法研究

地磁匹配算法是地磁定位的关键技术之一。在地磁匹配算法的理论研究方面，国内外学者进行了系统深入研究，主要面向水下地磁导航或者从大尺度空间上研究了匹配算法的改进。吴凤贺等[110]关于水下地磁定位提出一种基于ICCP的地磁矢量匹配算法，该算法基于地磁矢量测量信息与匹配区域的矢量地磁图，采用三分量差异寻找地磁等值线附近的最优参考路径，进而校正惯导指示路径的误差。赵建虎等[111]在水下地磁导航试验研究中将基于Hausdorff距离的匹配准则引入TERCOM算法，有效提高了一定的地磁导航精度和匹配效率。吕云霄等[112]为减少地磁信号测量误差对地磁匹配定位精度的影响，研究了频域相关地磁匹配算法，根据实际测量地磁信号的特点进行了离散地磁信号的频域特征分析，并利用该信息进行匹配定位，试验结果表明在一定应用范围内该算法鲁棒性好。胡晓[113]在水下导航系统的地磁匹配算法的研究中，利用地磁垂直场的匹配特征向量改进了HD匹配算法，并运用该算法进行了模拟，试验结果表明该算法的匹配次数和精度均高于CC算法的。

另外，在匹配算法特征空间应用方面，学者们进行了组合式定位方法的优化。贾磊等[114]为提高基于MAD算法的单特征量地磁匹配导航系统的定位精度，采用了鲁棒算法与粗精匹配结合分层搜索策略，开展了平均绝对差的地磁匹配算法试验，试验结果表明，该算法在一定程度上能够提高单特征量的地磁匹配精度与稳定性，并大大缩短了匹配时间。刘颖等[115]在地磁辅助导航研究过程中重点对地磁匹配方法进行了研究，提出了一种改进的基于等值线约束的地磁相关匹配算法，该算法能够有效提高相关匹配的实时性，进而可将定位精度控制在地磁数据格网间距以内，这对航向误差具有一定的适应性。郭庆等[116]针对地磁数据的缓变特性开展了双等值线算法地磁匹配研究，采用仿真试验对算法的粗匹配和精匹配进行验证，其结果证明了该算法的有效性。王闯等[117]根据图像领域采用的互相关概念而提出运用二维最小绝对差累加和算法进行地磁匹配仿真试验，结果表明该方法具有较高的定位精度，匹配点相关峰尖锐，动态定位效果较好。朱占龙[118]研究了惯性-地磁匹配组合导航的相关技术，对于地磁测量数据降噪、地磁场延拓、地磁图适配等分别进行了论述，对基于滤波的导航方法进行了改进，试验结果说明改进的算法具有优良的性能，能够克服初始误差的不利影响。石志勇等[119]针对地磁匹配定位中的匹配算法问题，提出了将地磁信息熵和地磁差异熵综合的匹配算法，该算法计算速度快，具有良好的抗测量误差干扰的能力，符合匹配精度和速度的要求。解伟男等[120]针对传统算法匹配精度和算法耗时相互制约的问题，利用泰勒公式将地磁匹配问题转化为仿射模型的参数估计问题，对惯导与地磁组合匹配算法进行了改进。

在匹配算法搜索策略方面也有一些代表性成果。肖晶等[121]针对磁场特征不明显的区域提出了一种改进的匹配算法，该匹配算法利用两个地磁矢量进行粗匹配，进一步缩小了搜索范围，然后以地磁信息熵为目标函数，利用粒子群优化算法进行精匹配以提高磁场平缓区的匹配结果。余超等[122]为了提高地磁匹配制导系统匹配效率，提出了一种利用地磁形状特征和方向可变滑动窗口技术的快速搜索方法，采用0、1作为形状特征描述地磁数据，用Hamming距离作为误差函数，利用载体的航向信息动态建立搜索窗口，可有效减少窗口内相似性比较的次数，从而有效提高地磁匹配初始点的搜索效率。李婷等[123]针对基本粒子群算法在飞行器地磁匹配航迹规划中容易陷入局部收敛的问题，借鉴粒子群算法和量子进化算法，将设计出的一种适用于地磁匹配航迹规划的评价函数作为适应度函数，从而提高了地磁匹配航迹规划的有效性。王跃钢等[124]为提高地磁匹配搜索效率，将蚁群算法的信息素更新策略和模拟退火(SA)算法结合,优化的蚁群(ACO)算法有更强的鲁棒性和稳定性。朱占龙等[125]针对地磁匹配精确定位问题,提出一种基于自适应遗传搜索策略的地磁匹配算法,它是以地磁异常场作为匹配特征量的基于自适应遗传搜索策略的地磁匹配算法,该算法在定位精度和匹配概率上比传统地磁匹配算法有所提高,并且随着噪声的增加这种优势愈发明显。还有一些研究成果从匹配算法建模[126-130]、搜索空间优化[131-135]等方面进行了改进。综合分析这些匹配发现,它们主要面向舰艇、无人机、导弹在大区域的地磁辅助定位过程中的匹配算法改进[136-138],是磁总场相关匹配算法的优化[139-142]。

关于小区域的地磁定位匹配方法近几年也有报道,针对局部噪声干扰较大的地磁匹配,郭云飞等[143]利用相邻点地磁差值开展地磁匹配定位试验,实现了带状小区域地磁匹配算法抗噪性能的优化。宋宇等[144]提出了基于 FCM 聚类及位置区切换的室内地磁定位匹配算法,缩小地磁指纹匹配的范围,降低了室内地磁定位误差,减少了地磁匹配计算量。于鹏等[145]为了提高室内定位精度,提出了基于 PDR 和地磁融合的室内定位算法,该算法能够快速排除非匹配区,缩小匹配区域,从而提高室内定位精度。另外还有部分学者开展了室内地磁组合定位的其他研究,如室内惯导、Wi-Fi 和地磁组合室内定位算法研究系统[146]等。

综合以上分析,区域地磁匹配研究主要优化一维匹配算法,应用了组合匹配定位模式。针对井下这种小尺度、带状区域地磁匹配算法的研究很少,关于井下多维地磁匹配算法的建模研究较少。

# 第 2 章　井下 GRPM 定位方法构建

GRPM 定位是标签识别和地磁指纹匹配组合定位的新方法，既需要设计定位硬件分布方案，还需要构建系统软件平台的原型结构。本章提出了 GRPM 定位的原理、数学模型和系统架构，构建了系统硬件组成、软件平台原型结构，从传感器、信息采集、数据库和服务应用的 4 个层次设计了 GRPM 定位原型系统的整体架构以及与现有定位方法的数据传输和协同定位的方式。整个设计理念重点弥补现有井下定位方法的缺点和不足，突出主动式定位思想[147-148]。

## 2.1　井下 GRPM 定位原理

### 2.1.1　井下 GRPM 定位原理框架

井下 GRPM 定位是一种标签识别技术与地磁匹配技术组合定位的方法[6]。它是在 RFID 无源标签识别的基础上，加入地磁序列匹配来实现井下人员定位的一种方法。其关键步骤是巷道标签的射频识别、人员通行路径的地磁匹配定位，井下 GRPM 定位的原理框架见图 2.1。

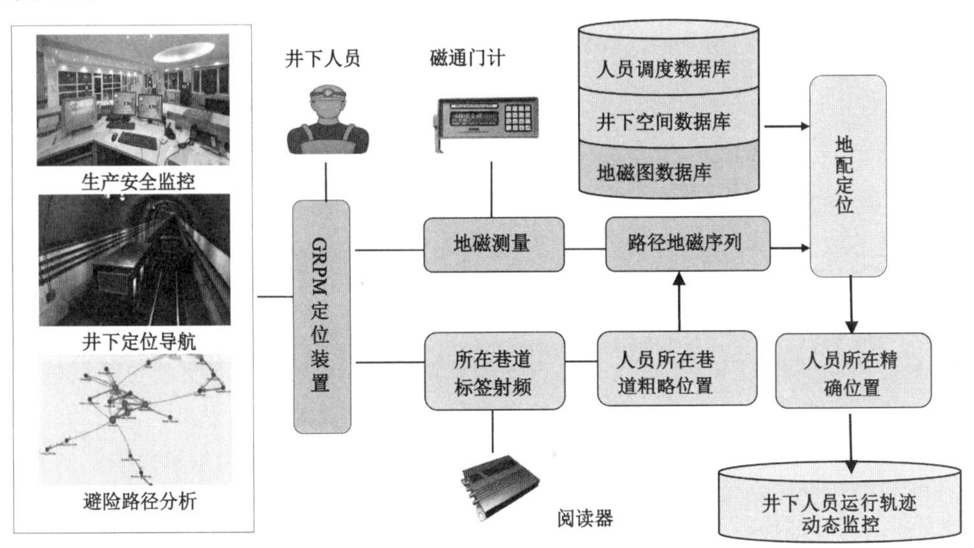


图 2.1　井下 GRPM 定位的原理框架

从图 2.1 中可知，当人员进入井下巷道后，随身携带的 GRPM 定位装置辐射场可以激活所在巷道附近的电子标签，间接获取电子标签所处位置的粗略坐标；然后以这个粗略位置为参数调取 GRPM 定位装置内的地磁数据库，进而搜索出对应区域的地磁数据作为后续匹配的基准数据；同时井下人员所携带 GRPM 定位装置中的磁通门计会实时记录人员通行路径的磁向量，利用相应匹配算法计算通行路径的磁向量与基准数据的相关性后，估算出井下人员所在精确位置。这种定位方法适用于大型隧道、人防工程和矿山井下的人员位置服务，包括日常生产监督管理、目标运行轨迹监管以及井下人员的定位。

### 2.1.2 井下 GRPM 定位方法

井下 GRPM 定位方法主要包含以下 4 个基本步骤。

步骤 1：安装井下 GRPM 定位的硬件部分。井下 GRPM 定位方法的硬件分布图如图 2.2 所示。

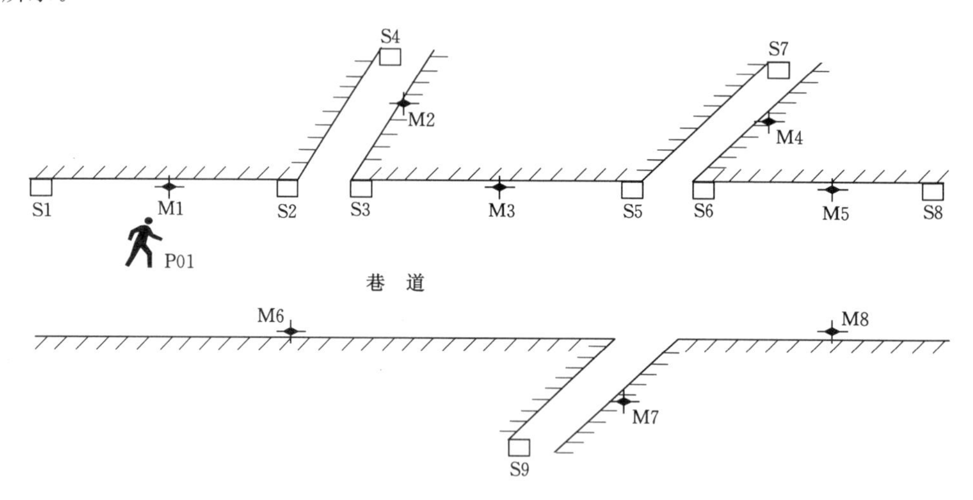


S$i$($i$=1,2,3,…,$n$)—电子标签编号；M$i$($i$=1,2,3,…,$n$)—人工磁体编号；P01—携带 GRPM 定位装置的井下人员编号。

图 2.2 井下 GRPM 定位方法的硬件分布图

(1) 在巷道主要节点、拐点与特征点处安装电子标签，电子标签内置的射频识别包括标签所在巷道 ID、巷道空间位置信息。另外，应将电子标签的空间位置等信息保存在射频识别数据库中。

(2) 为了强化井下巷道磁场整体分布，根据巷道地磁特征丰富程度灵活布置人工磁标。在巷道地磁特征丰富(适配强)处可以不布置磁标；在巷道地磁特征不明显处可以适当合理布置人工磁标。应将每个磁标的编号和信息保存于井下磁标数据库中。

(3) 井下人员随身携带 GRPM 定位装置。GRPM 定位装置是一种电子集成装置，该装置至少需要配备电子标签阅读器和电子磁通门传感器，还应配套射频识别、磁数据测量、数据通信、数据处理的程序应用平台。

步骤 2：建立井下 GRPM 定位基础数据库。该基础数据库包含多个图层。

(1) 井下巷道的地形分布图层，包含巷道空间地形图，巷道对应的长度、坡度、连接点，巷道走向主要变换的特征点等。

(2) 井下巷道应安装电子标签图层，包含井下所有电子标签的空间位置、编码、内置信息等。

(3) 井下巷道应布置人工磁标图层，包含井下所有人工磁标的空间位置、编码、磁体参数等。

(4) 井下巷道磁场数据图层，包含每条巷道磁等值线图和三维磁曲面图以及对应格网点的磁总场、磁分量 *XYZ* 数据。

步骤 3:标签识别过程。

(1) 井下人员 P01 所携带 GRPM 定位装置中的阅读器能产生电磁波辐射场，电磁波辐射场能够激活附近电子标签，然后电子标签反向发出信号。

(2) 当该装置中阅读器接收到两个或多个 RFID 射频识别卡无线信号时，按照信号强弱，应将信号最强的电子标签信息优先设定为识别信息。

步骤 4:地磁匹配过程。

(1) 井下人员 P01 所携带 GRPM 定位装置中的磁通门计可以实时测量人员行走路径的磁场数据。人员连续行走一段距离后，所采集地磁数据构成了一个通行路径的磁向量。

(2) 将通行路径的磁向量与 GRPM 定位装置中基础数据进行地磁匹配后，即可计算出井下人员在巷道的精确位置。

### 2.1.3　井下 GRPM 定位关键问题

GRPM 在井下实际定位过程中会受到多种因素的综合影响，前期没有学者开展过井下这方面的相关研究，因而需要从多方面、多角度开展一系列基础研究。研究内容包括井下巷道电子标签类型和分布形式、井下地磁空间分布特征、GRPM 定位装置集成设计与研发、装置内部的传感器灵敏分析、实际测量地磁噪声扰动分析、地磁匹配定位搜索策略、匹配算法的性能、定位信息查询及可视化等。

1. 井下地磁特征研究

地磁空间特征是地磁匹配定位的依据。地磁场主要由地球内、外部电流所产生的各种磁场和地球内部磁性岩石产生的磁场组成，地磁定位主要依靠的是变化磁场。相比图像匹配，地磁匹配的地磁特征比较简单，没有图像中的灰度和纹理特征，可用信息主要是沿运动轨迹的地磁测量序列及相应统计特征。但是变化磁场是环境磁场与地球稳定磁场的叠加，会受到太阳日的日变、周围环境扰动等的综合影响，进而使实时测量序列与基准序列之间存在差异。因此需要开展井下巷道地磁测量和统计分析，研究井下巷道带状区域内地磁数据空间变化特点，时域变化扰动规律，以及在各种设备工作或非工作状态下的磁噪声扰动特点，从而发现实际磁测数值空间与时间波动规律。

2. 地磁适配性研究

地磁适配性是对区域地磁图能否用于地磁匹配的一个定量衡量。一个区域地磁适配性强是指该区域内地磁空间变化特征明显，点位之间差异大，具备地磁匹配定位的独特性，或者说该区域地磁基准图的某一给定剖面变化明显，与其他剖面不相似。反之，如果一个区域地磁空间变化特征不明显，则称该区域地磁匹配定位的适配性弱。理论上，区域适配性是根据该区域地磁特征指标按照某种法则进行评价的。目前大范围面状的地磁图特征指标很多，包括矩特征、峰态系数、粗糙度、信息熵等十几个指标。但是井下带状区域地磁图的特征指标有哪些？哪些指标比较适用？这些问题还未有相关研究报道。另外，区域适配性评价方法有很多种，井下区域适合哪些评价方法？评价过程会受到哪些因素综合影响？目前这些问题鲜见报道，因而还需要在大量适配性评价试验的基础上，提炼出适合井下地磁图的特征指标和井下地磁适配性的评价方法。

3. 地磁探测与数值改正方法研究

高精度地磁测量信息是地磁辅助定位导航的基础，是进行地磁定位的前提条件。地磁探测包括载体磁场的误差补偿、磁力仪的适当配置、地磁测量数据的处理和转换等内容。地磁测量最大的缺陷是易受干扰，它不仅受环境中干扰源的影响，还受载体磁场影响。实际测量磁力仪的测量输出结果是地磁场、感应磁场、环境磁场多个场源混合叠加的反映。获取测量成果以后，需要进行必要的数据校正，包括日变校正、温度校正、零点校正、基点校正等，在经过系列处理之后才能形成定位与导航所需的地磁测量数据和地磁基准图。针对井下区域实测地磁数值特点，如何用模型处理或改正强扰动和噪声干扰，也是地磁测量研究的一个主要课题。

4. 匹配算法研究

由于测量误差和噪声的影响，实测测量序列与地磁基准序列之间存在差异，通常匹配定位需要用相似度量来定量描述两者的相似度。目前TERCOM、ICP算法是根据地磁剖面相似特征进行定位的一种方法，属于一维匹配算法。一维匹配最早用于地形导航领域，常用相关性准则有积相关(production correlation algorithm，PROD)、归一化积相关(norman production correlation algorithm，NPROD)、平均绝对差(mean absolute difference，MAD)、均方差(mean square，MSD)和Hausdorff距离度量等。这些算法属于TERCOM类型，其特点是原理简单、对初始位置误差不敏感。在实际应用中这些匹配算法存在诸多问题，如匹配模型简单，没有考虑剖面相似性，匹配精度不高；当初始位置误差较大时，匹配搜索区域不确定域过大，导致算法的计算效率不高。因此结合井下地磁辅助定位实际要求，需要研究一种适应性好的井下地磁匹配算法。

5. 匹配搜索策略研究

地磁匹配定位并不是一种单纯数据关联算法，还涉及一个数据快速搜索问题。从算法分析上讲，匹配问题实际上是一个参数最优估计的问题。待估计点位坐标或待估计参数组成的空间即搜索空间。在地磁匹配中，搜索空间是指待匹配轨迹与最优估计轨迹之间所有可能变换组成的空间。在相似度量准则下，搜索策略就是在搜索空间中寻找最优参数方法或最优点位坐标的方法。搜索策略可以决定特征空间复杂程度以及整个匹配过程的计算量和精度。从理论上讲，遍历策略具有最好全局搜索能力，但是随着待估计点位增多，待选轨迹的数量呈几何倍数上升，严重影响定位的实时性。常用优化搜索算法有Powell算法、遗传算法、进化算法、粒子群算法、蚁群算法等。优化搜索策略既要有广泛的全局搜索能力，又要有精确的局部定位能力，还要符合地下工程条带状的区域特点，这些是搜索策略算法设计的难点。

6. 定位数据共享与传输研究

大型矿山基本实现了矿山信息的数字化，安装了物联网管理的信息系统和监控中心，并通过多种电子技术对矿山企业所需要的数据资料进行采集、传输、可视化展示和自动化操作，从而完成了矿山安全生产和信息管理的自动化。物联网信息系统除了传输现有的井下定位数据之外，还有烟雾、气体、红外等多种传感数据需要传输。GRPM 定位数据要实现传输与共享，就需要先研究井下工业以太网、井下 Wi-Fi 无线网、ZigBee 局域网、井下无线广播等网络数据信息的发送传输方式，再制定相应的 GRPM 定位数据传输方式，实现与现有井下定位系统监测信息的互补。

## 2.2　井下 GRPM 定位数学模型

### 2.2.1　粗略定位的数学模型

井下人员随身携带 GRPM 定位装置，定位装置的电磁波辐射场能够激活人员附近的电子标签。电子标签获取能量后发出射频信号，射频信号将载有位置的数据反向传递给 GRPM 定位装置。GRPM 定位装置接收信号后解译出电子标签的位置信息，并将其赋值给用户坐标。同时应根据标签所在巷道位置，进一步检索确定出地磁匹配的区域磁基准数据。这个过程实质上是一个信息获取和检索问题。设 GRPM 定位装置接收到电子标签的 RSSI 信号强度为 $R(LP)$，对应的信息为 $T(TP,LP,x,y)$，其中 $TP$ 为电子标签所在巷道的编号，$LP$ 为电子标签编号，$x$，$y$ 为电子标签在巷道的空间平面坐标。如果 GRPM 定位装置在一定空间域内接收到 $n$ 个电子标签信息，则构成集合。

$$R=\{R(LP_i)\mid i=1,2,3,\cdots,n\} \tag{2.1}$$

$$C=\{T(TP_i,LP_i,x_i,y_i)\mid i=1,2,3,\cdots,n\} \tag{2.2}$$

其中，在理想状态下，必然存在一个距离井下人员最近的电子标签，记为最近标签点 $LP_b$。按照 RSSI 信号强弱判断与井下人员距离，信号强度最大的标签为最近标签，那么其位置为井下人员的粗略位置，它应满足：

$$LP_b=\arg_j\{\max[R(LP_i),i=1,2,3,\cdots,n]\} \tag{2.3}$$

若设定井下人员初始粗略位置为 $P(a,b)$，所在巷道地磁基准数据文件为 $G$，则它应该满足：

$$P(a,b)=T(TP_b,LP_b,x_b,y_b) \tag{2.4}$$

$$G=G(TP_b) \tag{2.5}$$

如图 2.3 所示，井下人员随身携带 GRPM 定位装置行走在巷道内，GRPM 定位装置实时向外发送电磁辐射场，C1、C2、C3 电子标签受辐射场影响被激活，向外发送信息和反向信号。

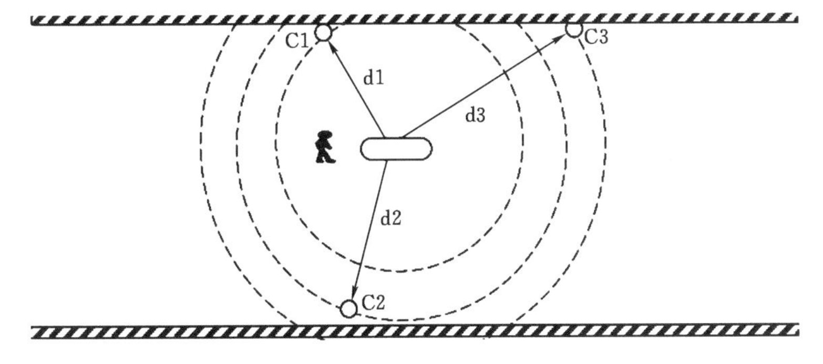


图 2.3　井下 GRPM 电子标签粗略定位

GRPM定位装置中阅读器会接收不同位置C1、C2、C3标签的数据信息(标签坐标)和信号辐射强度。电子标签接收电磁波能量后产生反向传播信号,且该信号会随着传播距离增长而逐渐减弱。假设C1、C2、C3实测RSSI值经过对比后,C1的RSSI值最大,则可确定C1是距离井下人员最近的电子标签,那么此时井下人员的粗略坐标即电子标签C1所在空间坐标。检索的磁基准数据文件是C1所在巷道地磁格网数据文件。粗略定位完成后,井下人员的粗略位置可以被圈定在一个较小区域内,这个区域称为待匹配区域。待匹配区域范围与电子标签在井下的部署分布密度有关,可能是一个或两个巷道范围,也可能是巷道的一部分区段。如果巷道内布设的电子标签相对较多,则待匹配区域范围会相对较小;若巷道内没有或者只有一个电子标签,待匹配区域只能检索到某个巷道。

### 2.2.2 精确匹配的数学模型

当井下人员随身携带GRPM定位装置行走在巷道内时,GRPM定位装置的磁传感器(磁通门计)可以记录自己通过每一个地点的磁场强度;当井下人员行走一段距离之后,会不断记录通过路径的地磁值,积累形成行走路径的地磁序列(地磁矢向量);当数据长度达到一个匹配长度时,会自动进行地磁序列与地磁基准数据库的匹配计算。匹配结果是确定相关度最大的地磁基准点,该基准点对应的空间坐标即井下人员所在的精确位置。这个过程就是井下GRPM地磁匹配精确定位,见图2.4。

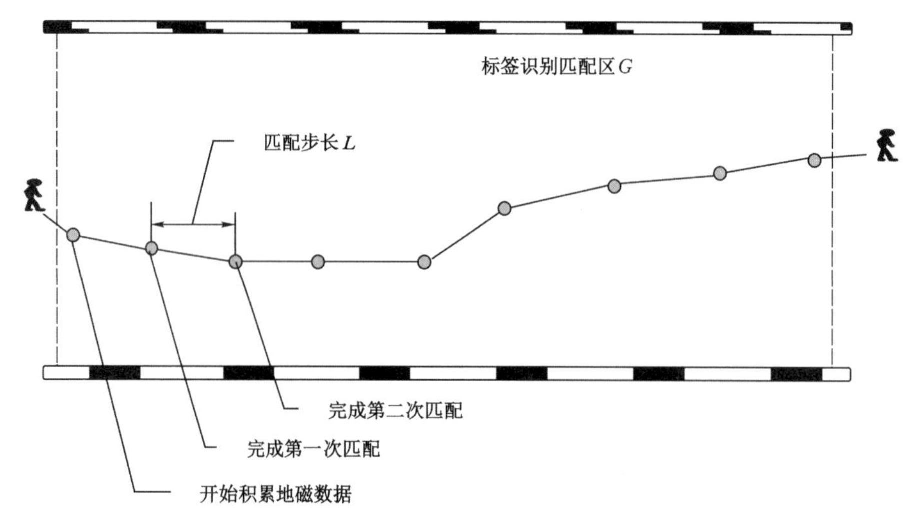


图2.4　井下GRPM地磁匹配精确定位

整个匹配过程的测量信息可由以下数学方程来描述:

$$Y_k = f[(s_r + \Delta p_0) + \omega] \tag{2.6}$$

$$X_k = h^k(P_r) \tag{2.7}$$

式中　$Y_k$——井下人员$k$时刻通行路径的地磁序列;

$s_r$——井下人员真实的轨迹;

$\Delta p_0$——初始定位误差;

$\omega$——地磁测量误差和噪声;

$f(\cdot)$ ——地磁测量值的平滑去噪函数；

$P_r$ ——井下人员待匹配的轨迹；

$X_k$ ——井下人员轨迹实时测量的地磁序列；

$h(\cdot)$ ——读取地磁基准图的读图函数。

匹配的目的是，根据 $Y_k$ 和 $X_k$ 中包含的信息计算出目标的初始定位误差 $\Delta P_0$，这实质上是一个空域变换。$G$ 为粗略定位后的待匹配地磁基准图，如果在该基准图地磁基准数据文件的搜索域中有 $n_c$ 个待选地磁轨迹，则构成集合 $C$：

$$C = \{X_j, X_j \in G \mid j = 1,2,3,\cdots,n_c\} \tag{2.8}$$

集合 $C$ 中的轨迹是对应 $n_c$ 个待检测位置构成的位置集合：

$$P = \{P_j \mid j = 1,2,3,\cdots,n_c\} \tag{2.9}$$

其中，$X_j$ 与 $P_j$ 是相对应的。

在理想状态下，在按照某一关联法则的计算结果中，应该存在一个最佳的待匹配地磁序列 $C_b$ 。地磁序列 $C_b$ 对应检测位置点为 $P_b$ ，它应满足：

$$P_b = \arg_j\{\max[D(X_j, Y)], j = 1,2,3,\cdots,n_c\} \tag{2.10}$$

那么，井下人员地磁匹配的精确位置点为 $P_b$ 。

## 2.3　井下 GRPM 定位系统架构

### 2.3.1　井下 GRPM 定位的硬件

从理论上分析，井下 GRPM 定位需要的硬件很少。井下 GRPM 定位的硬件设备主要包含电子标签和 GRPM 定位装置等。另外某些特殊条件下还可以配备人工磁标。

电子标签主要安装在巷道端口位置或连接处，标签射频信息一般含有标签安装的位置、所有巷道区域的长度、宽度等信息。如前所述，电子标签被激活后产生反向传播信号，该信号会随着传播距离增大而逐渐减弱。不同类型电子标签的大反向传播信号的传播距离是不一样的，一般为几十厘米至十几米不等。安装时需要根据巷道长度和结构来确定电子标签个数和分布密度。

GRPM 定位装置由进入井下的人员随身携带。GRPM 定位装置中集成有多种传感器和信息处理器，包含射频阅读器、磁通门计、图像采集器、数据无线传输端口、信息处理芯片和定位应用软件等。

人工磁标是已知磁场强度和影响半径的人造磁体。一般情况下，井下巷道中不用安放人工磁标。而在某些特殊条件下，可以根据矿井类型、安全生产条件，在井下磁特征不明显、适配性弱的巷道或区段安放，以人工增强该区域磁场空间变化特征，提高地磁匹配精度。

如果只需要独立自主定位时，在井下巷道安装电子标签，井下人员携带 GRPM 定位装置后就可以实现自主定位了。按照目前市场的参考价格，电子标签单价为 1～10 元不等，GRPM 定位装置制作成本约为几百元一个，总体上这类定位系统的建设成本较低。

### 2.3.2　井下 GRPM 定位软件架构与设计

井下 GRPM 定位 APP 是 GRPM 定位集成化软件平台，是一种嵌入式的 APP 信息处理软件。平台设计框架是针对 PAD 或智能手机的应用程序，是功能完全且封装独立的小型 GIS 应用软件。该 APP 主要完成标签识别、地磁数据采集、地磁匹配和检测及定位数据可视化显示等。另外该 APP 还有矿区电子地图浏览、井下物资检索查询、应急避险设备查询及最优避险路径分析和应急定位导航等基础功能。该 APP 的架构和功能如图 2.5 所示。

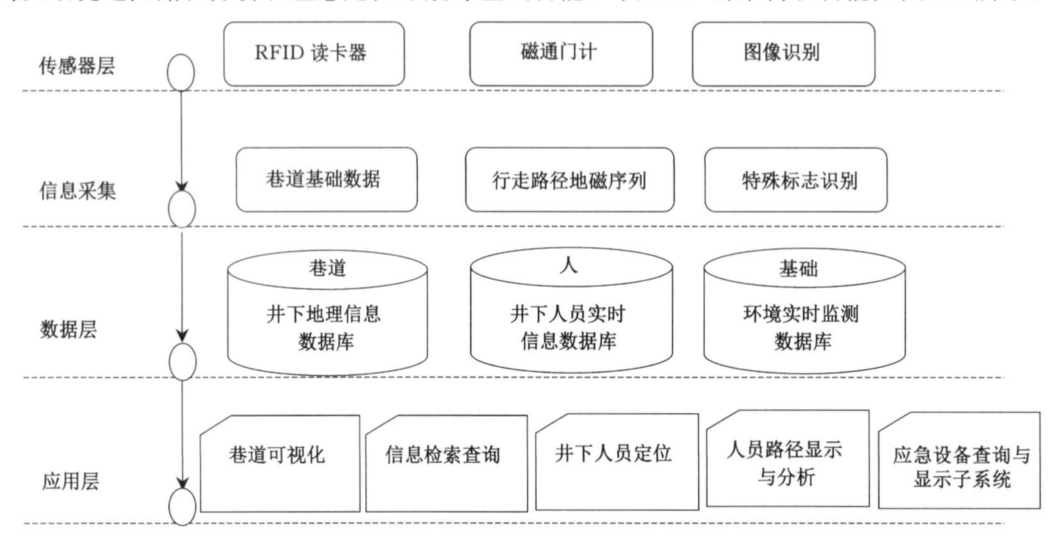


图 2.5　井下 GRPM 定位 APP 架构与功能

(1) 井下信息可视化显示。井下避险 GIS 模块主要显示二维三维巷道模型，可用于查询巷道、安全设施、井下人员的有关信息，完成人员紧急情况避险路线的空间网络分析和立体显示，实现不同作业层面避险信息的管理。其基础功能包括井下巷道网络二维和三维空间显示与地理信息表达，对空间点位坐标、巷道空间距离进行量算，以及实现载体活动区域井下地图的自由缩放、鹰眼导航、全幅显示、地图漫游等基本操作。

(2) GRPM 地磁匹配定位。当井下人员随身携带地磁导航电子平台时，地磁感应器可以实时自动接收当前位置的地磁能量，通过 APP 程序的数据读取、匹配运算和图形计算后，确定井下人员所在的空间位置并在电子地图上标定出来。

(3) 井下设施查询功能。实现井下各类设施“属性查图形”“图形查属性”“复合条件查询”等功能，查询结果分别在地图窗口和属性列表窗口以高亮方式显示。

(4) 空间查询与定位。实现空间属性互查，即能通过条件查询井下空间点位。例如：通过坐标定位出空间点位置，通过井下设备编号等查询设备空间位置，通过属性表某一条记录定位其空间位置。反之，也能通过空间选择查询相应的属性信息。

(5) 井下信息查询。可实现井下通风系统、预定逃生线路、排水路线等基本信息的专题查询。

### 2.3.3　井下 GRPM 数据传输模式分析

井下 GRPM 定位过程不用与井下通信网络发生关联和数据传输，整个定位过程的电子标签探测与识别、地磁数据测量与记录以及磁数据匹配与解算全部在 GRPM 定位装置内部自动完成。各类定位信息主要保存在 GRPM 定位装置智能分析平台 APP 的数据库内。这些信息主要服务于携带定位装置的用户本人，类似于地面汽车车载定位系统，如可以查询自身当前位置、所处位置周围设备工作状态、所处位置避险设施分布情况、紧急情况下的路径分析等。

井下 GRPM 定位方法具有一定的兼容性，可以与现有井下定位系统并行使用。井下人员利用 GRPM 装置定位后，可以实时记录并存储行走的精确路径信息。当井下通信网络正常时，信息可以定期通过井下的通信系统发送到监控中心，也可经过井下无线基站或环网交换机将用户的井下 GRPM 定位轨迹数据和位置信息上传至监控中心，具体如图 2.6 所示。也就是说，每个井下人员的所在位置、运动轨迹 GRPM 定位数据都可以通过已有的井下 RFID、ZigBee 定位系统数据传输通道上传至矿山监控中心。上传井下 GRPM 定位数据通过格式转换，完成数据融合插分，与其他定位系统数据互补解算，提高井下人员实时定位精度。这既方便管理者监督管理，又能被井下人员用于自主定位，有利于井下物联网真正意义上的综合应用。

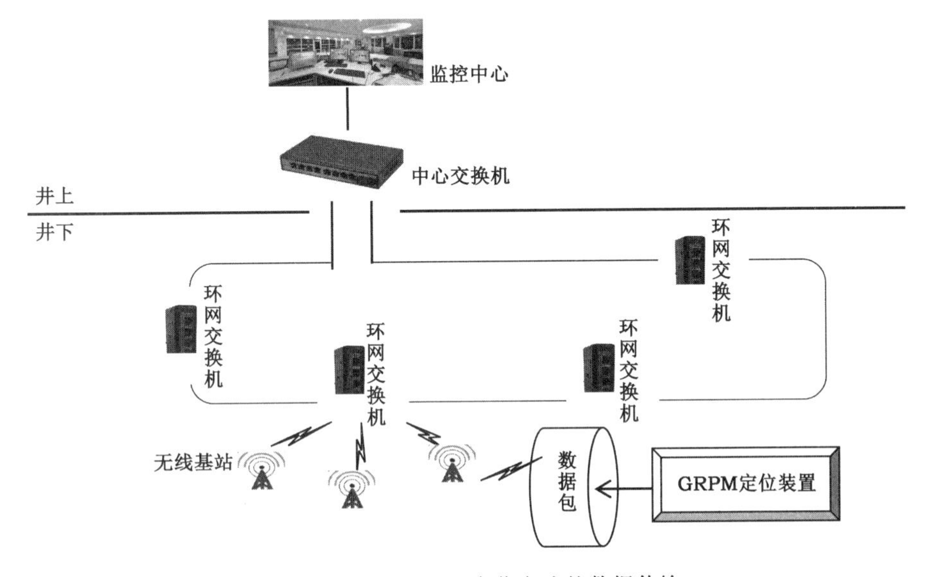


图 2.6　井下 GRPM 定位方法的数据传输

# 第3章　井下地磁空间数据库建立

地磁定位是通过实时地磁序列与之间相关匹配来确定具体空间位置的。地磁基准数据即地磁空间数据库建立是实现地磁定位前提，地磁基准数据精度是影响定位结果的关键指标。本章讲述了地磁测量与匹配试验场所、设备和地磁测量结果处理方法，重点研究了GRPM定位地磁试验场地磁测量的测线布设方案、监测点选取方法、观测方式及粗差剔除方法，还研究了地磁数据表达的地磁等值图、地磁图的制作方法，分析了线性插值、最近邻域法插值、三次曲面插值、格点样条函数插值的插值精度。

## 3.1　空间格网插值建模理论

### 3.1.1　空间数值插值的方法

插值的方法种类很多，不同的插值方法对于磁场模型构建的精度有一定的影响，为了选择适宜于井下磁场插值的模型，选择简单可行且具有代表性的三种插值方法(分段线性插值法、最近邻域法、三次曲面插值法)进行研究[52]。

(1) 分段线性插值法。它的算法思想是把考虑区域分割为多个子矩形，即在以坐标$(x_m, y_n)$，$(x_{m+1}, y_n)$，$(x_{m+1}, y_{n+1})$，$(x_m, y_{n+1})$为顶点的小矩形$r_{m,n}$内进行线性插值，并将该模型分成两部分进行插值，如式(3.1)所示：

$$\begin{cases} g(x,y)=z_{m,n}+(z_{m+1,n}-z_{m,n})(x-x_m)+(z_{m+1,n+1}-z_{m+1,n})(y-y_n), \\ \qquad y\in[y_n, k(x-x_m)+y_n] \\ g(x,y)=z_{m,n}+(z_{m+1,n+1}-z_{m,n+1})(x-x_m)+(z_{m+1,n+1}-z_{m,n})(y-y_n), \\ \qquad y\in[k(x-x_m)+y_n, y_{n+1}] \end{cases} \tag{3.1}$$

式中　$x$、$y$ ——插值点的坐标；

$g(x,y)$——$x$、$y$ 对应的插值点的磁场值，nT；

$k$ ——待定系数，由插值区域求得，$k=[y_{n+1}-y_n]\div[x_{m+1}-x_m]$。

即整个区域被直线$y=k(x-x_m)+y_n$分割为两部分，可见插值函数在区域内连续，但是光滑性不好。

(2) 最近邻域法。插值点处函数值取与插值点最近的已知点的函数值，该方法速度最快，占用内存最小，插值结果最不光滑。现假如有坐标顶点分别为$(x_m, y_n)$，$(x_{m+1}, y_n)$，$(x_{m+1}, y_{n+1})$，$(x_m, y_{n+1})$的矩形，则其模型如式(3.2)所示：

$$g(x,y)=\begin{cases} z_{m,n}, x\in(x_m, x_{m+0.5}), y\in(y_n, y_{n+0.5}) \\ z_{m+1,n}, x\in(x_{m+0.5}, x_{m+1}), y\in(y_n, y_{n+0.5}) \\ z_{m,n+1}, x\in(x_m, x_{m+0.5}), y\in(y_{n+0.5}, y_{n+1}) \\ z_{m+1,n+1}, x\in(x_{m+0.5}, x_{m+1}), y\in(y_{n+0.5}, y_{n+1}) \end{cases} \tag{3.2}$$

式中　$z_{m,n}$、$z_{m+1,n}$、$z_{m,n+1}$、$z_{m+1,n+1}$——坐标点$(x_m, y_n)$、$(x_{m+1}, y_n)$、$(x_m, y_{n+1})$、$(x_{m+1}, y_{n+1})$对应的磁场值，nT；

$g(x,y)$——$x$、$y$对应的插值点的磁场值，nT。

(3)三次曲面插值法。该算法要求插值函数连续、可导。该算法的插值结果(曲面)会比较光滑，但计算量较大。其模型公式如下：

$$g(x,y)=(A_1+A_2x+A_3x^2+A_4x^3)(B_1+B_2y+B_3y^2+B_4y^3) \tag{3-3}$$

式中　$g(x,y)$——插值点$(x,y)$对应的磁场值，nT；

$A_k$，$B_k$($k$取1,2,3,4)——插值函数的待定系数，通常利用4个磁场值已知的参考点插值函数$g(x,y)$及偏导数$g'_x$、$g'_y$、$g'_{xx}$、$g'_{yy}$来求解。

该函数适用的边界条件是4个已知参考点构成的矩形区域。该区域内任意一点的磁场值均可直接由已求出各待定系数的式(3-3)求出。

### 3.1.2　空间插值精度的评价指标

在空间插值的研究中，对插值的好坏程度的检验一般通过交叉验证中的一个或者几个评价指标。所谓交叉验证就是在测量的数据集中按照一定的准则选取其中部分数据作验证，利用所剩下的全部数据作为空间插值建模的基础数据，利用选择出的数据作为验证数据，建模完毕后利用建模得到的对应点的估计值与选择出的真实值进行分析统计，从而对建模的精度进行评定。在交叉验证的过程中，常用的统计指标以下几种。

(1) 估计值与真实值之间的误差($V$)

该方法的判取决于估计值与真实值之间的误差$V$的绝对值，估计值与真实值之间的误差在一定程度上可以反映出插值过程中算法的适用性与稳定性，误差越大证明该种插值算法的误差波动范围较大。如果误差特别大或者存在较大误差的数量特别多，则证明该种插值模型不适合。

(2) 误差均值(ME)

式(3.4)所示为误差均值的表达式，其中，$\widetilde{X}_i$为估计值，$X_i$为真实值，两者之间的差值称为残差，$n$表示插值验证点的数目。该指标从总体上可以反映估计值与真实值之间的接近程度，但是当该指标在误差存在正负波动时会存在误差抵消的情况，因而适用范围相对较小。

$$\mathrm{ME}=\sum_{i=1}^{n}\frac{(\widetilde{X}_i-X_i)}{n} \tag{3.4}$$

(3) 平均绝对差(AAD)

这是模型整体插值平均中常用的一种指标，与误差均值($ME$)的不同之处在于这种指标在求取误差的过程中对误差加入了绝对值，避免了误差之间的相互抵消，这就可以较好反映插值建模过程中整体误差的大小以及估计值与真实值的离散情况。如式(3.5)所示：

$$\mathrm{AAD}=\frac{1}{n}\sum_{i=1}^{n}\left|\widetilde{X}_i-X_i\right| \tag{3.5}$$

(4) 标准差(SD)

标准差公式如式(3.6)所示,标准差是在概率统计中描述统计分布程度最常用的指标。标准差越小,表明真实值与估计值越为接近,也说明对应的插值算法更为适合,精度更高。

$$SD=\sqrt{\sum_{i=1}^{n}(\widetilde{X}_i-X_i)^2} \tag{3.6}$$

(5) 插值时间($T$)

一般在试验中所需数据较少,但在实际应用中往往需要利用大量的数据进行空间插值研究,因此插值时间是评价插值算法是否合适的一个重要指标。在插值研究过程中,一般需要对插值时间和插值精度进行综合取舍才能选择出更为适合的插值算法和插值条件。

### 3.1.3 井下地磁建模流程

井下地磁定位与导航的基础主要依赖于匹配的地磁基准图的精度。因此,在井下小区域内按需要制作一定精度的地磁图,成为实现这种井下地磁定位和导航的关键。

井下实测的地磁场数据为小区域内地磁建模,相较于全球地磁场模型和中国地磁模型数据范围小,测量数据单点精度高,利用插值建模方法是用于地磁匹配的最为理想的建模方法。如图 3.1 所示,井下地磁基准图建立需要完成三个步骤:(1) 分析井下地磁场的特点,设计井下地磁特征线布设形式和精度要求,确定采集数据格网大小;(2) 根据定位精度确立合理的地磁数据采集密度,利用高精度地磁测量、坐标测量设备完成井下地磁特征线坐标测量和地磁测量工作;(3) 对样本数据进行粗检验后,拟合井下地磁场的数学模型,绘制数字格网形式的井下地磁基准图。

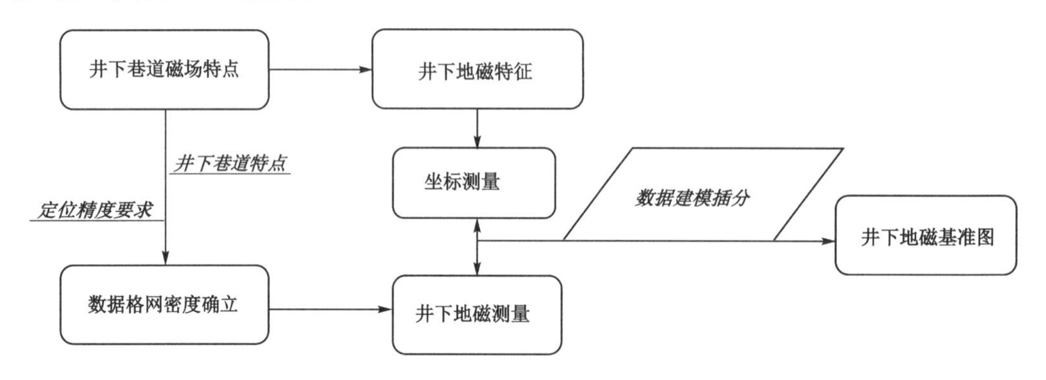


图 3.1 井下地磁基准图建模流程[152]

## 3.2 地磁测量

### 3.2.1 试验场地

(1) 模拟试验场地

试验初期选取空旷道路、建筑物楼道等地面小区域或带状区域作为地磁数据采集试验场地。

① 室内环境相对复杂，建筑物本身的混凝土构造以及室内放置的各种电器设备，如空调、电脑等都会对磁场环境造成干扰。室内的楼道环境虽然没有空调等电器，但是也有强配电室、弱配电室、消防栓等，图 3.2 为某建筑物楼道的环境和平面图。楼道内地磁测量共布设 3 条测线，采样间隔约为 1 m。

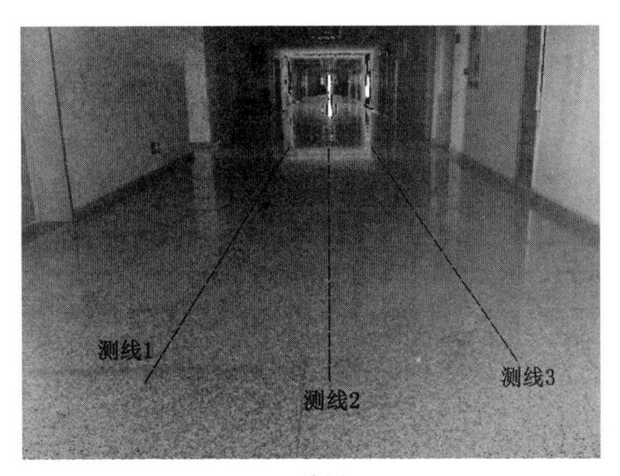


(a) 环境图

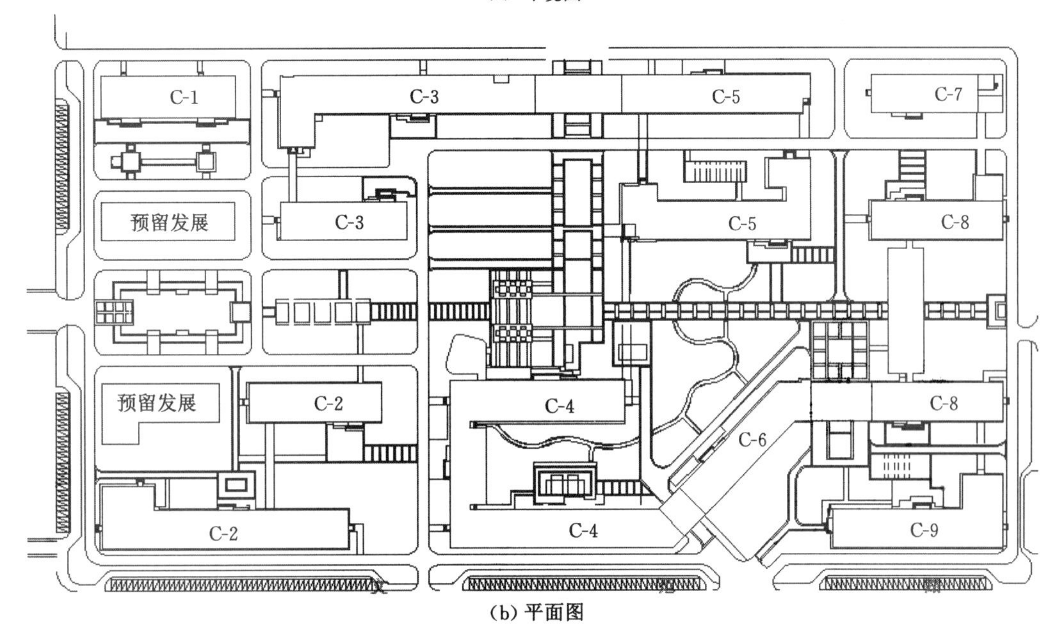


(b) 平面图

图 3.2　某建筑物楼道的环境图和平面图

② 室外环境的干扰相对较少，但是来往车辆以及路下管线等繁多。研究区选择了相对空旷的道路进行地磁测量，道路长度为 50～100 m 不等，道路宽度为 4～6 m。测量地磁时共布设 3 条测线，采样间隔为 1 m 左右。图 3.3 所示为室外道路环境图。

(2) 地下工程试验场地

试验选择了两类试验矿井的巷道作为地磁测量试验场所。一个是唐山某半地下试验矿井，一个是河北救护大队某全地下救护演习矿井。

唐山某半地下试验矿井是一座半地下的建筑物，该矿井的占地面积约为 2 300 m²，巷道

图 3.3　室外道路环境图

建设是模拟井下巷道的真实环境。矿井巷道内有配电室、掘进工作面、采煤工作面、传送带以及通风巷等各种基础设施，矿井环境与真实的工作巷道环境极为接近，地磁测量共布设 3 条测线，采样间隔为 1 m 左右。图 3.4 所示为唐山某半地下试验矿井巷道环境图和巷道分布示意图。

(a) 巷道环境图

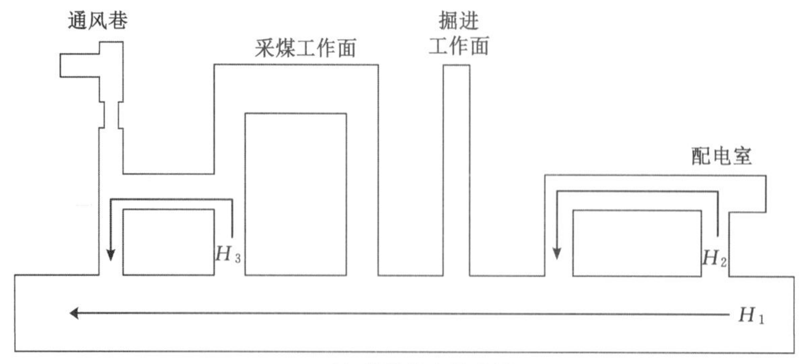


(b) 巷道分布示意图

图 3.4　唐山某半地下试验矿井巷道环境图和巷道分布示意图

河北救护大队某救护演习矿井是一座全地下的建筑物，该矿井的占地面积约为4 600 $m^2$，巷道设计与布设模拟井下真实工作状态。巷道内部地势比较平坦，有掘进工作面、采煤工作面、传送带以及通风巷等各种基础设施，除缺少部分照明设备、运输铁轨外，其他机电设备齐全。图3.5为巷道内工作环境、测线和巷道三维图。

(a) 巷道内工作环境和测线图

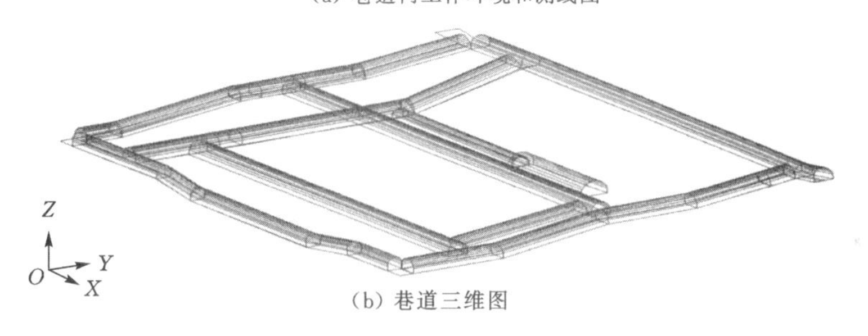


(b) 巷道三维图

图3.5　巷道内工作环境、测线和巷道三维图

(3) 地下金矿试验场地

考虑铁矿井下可能会存在较大区域磁异常，煤矿巷道内可能存在瓦斯等易燃易爆气体，所以在地磁定位的前期基础理论研究阶段选取了金矿巷道作为井下地磁测量试验场地。地磁测量的某金矿巷道标高是－30 m至－215 m，一共开采了6个水平，每个水平主要巷道的走向大致相似。由于井下矿石主要是石英大脉型，巷道围岩坚硬稳定，巷道混凝土、钢筋加固较少。井下巷道的区域磁异常平稳，环境磁场随空间变化较小，环境磁异常扰动较小，测量环境安全。试验选取了井下巷道－30 m、－45 m、－75 m三个水平开展了地磁测量、日变监测和机电扰动噪声测量试验。该金矿井下开挖以爆破掘进为主，井下环境颇为复杂，巷道内部凹凸不平，巷道较狭窄，地面泥泞，部分地段有少量积水。部分巷道内有输电设备、通风设备、运输车、升降罐笼等。由于巷道较窄，在巷道布设了2条测量基线，金矿巷道环境和测线图如图3.6所示。

### 3.2.2　试验设备

随着科学技术的快速发展，超高灵敏度的新型磁测设备陆续出现，高精度低成本的弱磁

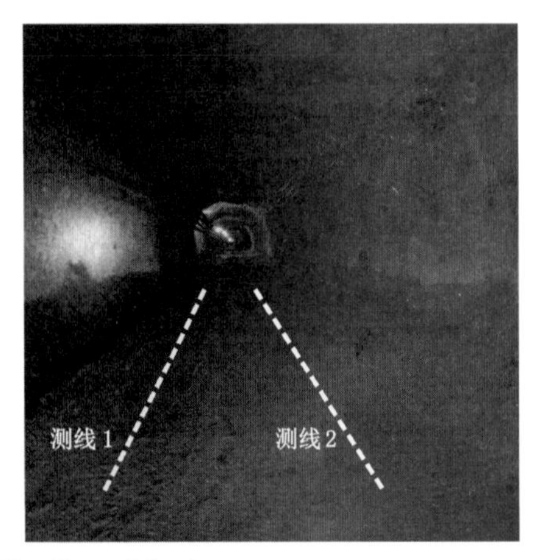


图 3.6　金矿巷道环境和测线图

测量仪器层出不穷，常见的磁测设备主要有光泵磁力仪、质子磁力仪以及磁通门磁力仪。

（1）光泵磁力仪是灵敏度高、效率高的磁力仪，该系列磁力仪的数据采集过程可以实时显示剖面曲线图，可以测量磁总场和磁场梯度。

（2）质子磁力仪的灵敏度和准确度高，可以采集磁总场的绝对值、磁总场的相对值以及磁总场的梯度值。

高精度的质子磁力设备 ENVI-PRO 质子磁力仪是一款便携式质子核旋磁力仪，如图 3.7 所示。该磁力仪测量时要求操作精细，观测时灵敏性高、随机噪声小，然而其量程较小，在大型铁质设备的附近时磁数值变化超过量程，因而无法测量。另外 ENVI-PRO 质子磁力仪能够测量 *XYZ* 三轴分量，主要参数名称见表 3.1。

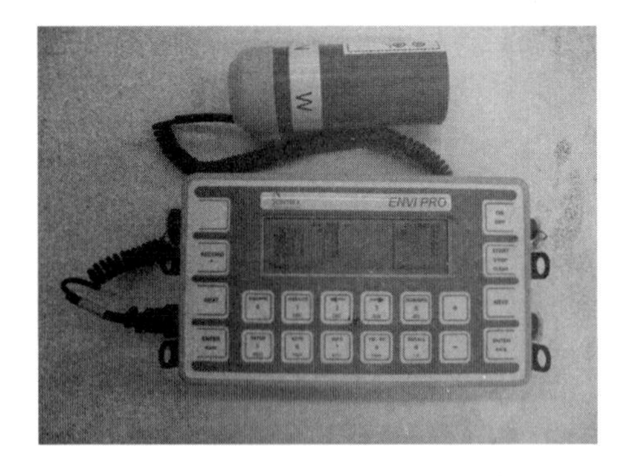


图 3.7　ENVI-PRO 质子磁力仪

ENVI-PRO 质子磁力仪能够完成一系列磁场测量，可以设置采用频率，其测量精度极高，其主要参数值如表 3.1 所示。

**表 3.1　ENVI-PRO 质子磁力仪主要参数**

| 参数名称 | 参数值 |
| --- | --- |
| 主机 | 250 mm×152 mm×55 mm；2.45 kg 含蓄电池 |
| 电源 | 12 V、2.9 Ah 可充电铅蓄电池；基站测量可由外界 12 V 输入 |
| 工作温度 | −40～60 ℃ |
| 调谐与采样 | 手动或者自动调谐；由键盘选择每次测量的采样时间为 0.5 s、1 s、2 s、3 s |
| 灵敏度 | 0.1 nT（采样时间为 2 s） |
| 测量绝对精度 | ±1 nT（伽玛） |
| 内存容量 | 总测量数据 84 000；梯度测量数据 67 000；基站测量数据 500 000 |
| 测量范围 | 23 000～100 000 nT（伽玛） |

(3) 磁通门磁力仪使用比较方便，有多款手持式的磁通门计，而且大多数可以实现磁场的三轴数据采集和其他分量的采集，采集精度较高。因此磁通门磁力仪的使用更加广泛，表 3.2 为部分磁通门磁力仪的性能对比表。

FVM-400 磁通门磁力仪是一款高精度便捷式的三分量磁通门磁力仪，体积小，使用便携。可以同时测量任一个空间点位的磁总场和 $XYZ$ 三轴分量。该磁力仪观测时灵敏性高、随机噪声小，具体主机与配件如图 3.8 所示，主要参数见表 3.3。

**表 3.2　部分磁通门磁力仪的性能对比表**

| 设备名称 | 设备型号 | 轴数 | 量程/nT | 分辨率/nT | 精度 | 特点 |
|---|---|---|---|---|---|---|
| CH-HALL 系列磁通门计 | CH-310 | 1 | ±100 000/±200 000 | 1.0 | 0.5% | 精确测量微弱的静态和低频矢量磁场，具有高稳定性、高线性和精确度 |
| | CH-330 | 3 | ±100 000 | 1.0 | 0.5% | |
| | CH-330F | 3 | ±100 000/500 000/1 000 000 | 0.1 | ±0.5% | |
| μMag | FVM-400 | 3 | 100 000 | 1.0 | 0.5% | 不同型号的仪器分别具有经济型、低功耗等功能以及不同封装形式和尺寸 |
| 英国 Bartington | Mag-03 | 3 | ±70 000～±100 000 | 1.0 | ±0.5% | |
| | Mag-646 | 1 | ±100 000～±1 000 000 | 1.0 | ±5% | |
| | Mag-634 | 3 | ±60 000 | 1.0 | ±3% | |
| | Mag-690 | 3 | ±100 000～±1 000 000 | 1.0 | ±1% | |

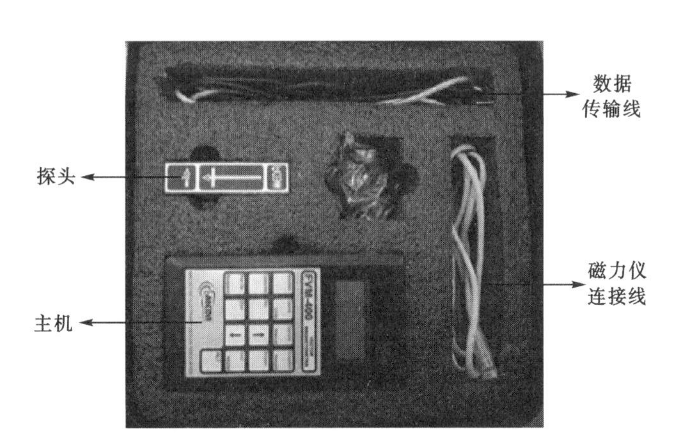


图 3.8　FVM-400 磁通门磁力仪主机与配件

FVM-400 磁通门磁力仪不仅能够完成地磁在其轴向上的分量测量记录，而且具有可以自由设置采样模式、采样频率等特点。FVM-400 磁通门磁力仪主要分为四部分：探头、主机、磁力仪连接线、数据传输线。其中探头是用来感知磁场值的；主机可以通过不同的命令按钮进行设置，可将探头感知的地磁数据以不同的形式显示和存储。

由表 3.3 可知，FVM-400 磁通门磁力仪分辨率高，五位数字显示使得它即使在 100 000 nT

的磁场量程下分辨率也能够达到 1 nT,因此可以测量出地磁场的细微变化。该仪器不受交变电流产生的磁场影响,适合在室内以及井下等具有各种变化磁场的小区域范围内精密测量,根据需要可以选择直角坐标系或者极坐标系显示磁场的分量。该特点使得在测量过程中不需要计算便可以直接获得需要的地磁数据信息值,避免了不必要的计算误差。该设备能够实现手动或自动存储的功能,设备的控制面板可以进行远程操作,单个点位的数据可以直接采集也可以通过控制面板进行采集。

**表 3.3　FVM-400 磁通门磁力仪的主要参数**

| 参数 | 参数值 |
|---|---|
| 主机尺寸 | 100 mm×44 mm×193 mm |
| 探头尺寸 | 25.4 mm×25.4 mm×100.4 mm |
| 电源 | 2 节 9 V 可充电锂电池;连续测量时可由外界输入 |
| 分辨率 | 1 nT |
| 单位显示 | nT、μT、mT |
| 量程 | ±100 000 nT |
| 精确度 | ±(读数的 0.25%+5 nT) |
| 采样频率 | 可自由设置(最低 1 s) |
| 存储模式 | 自动存储+手动存储+波形显示 |
| 样本存储量 | 远程面板 3 600+机身 525 |
| 维数 | 3 |

低成本的 Mag-690 三轴磁通门磁力仪如图 3.9 所示,它可用于测量静态或交变的磁场。它可供选择的量程有±100、±500 或±1 000 μT,频率响应可从直流到 1 kHz。Mag-690 有两款不同的接口,同时还有飞线和未封装版本。

图 3.9　Mag-690 三轴磁通门磁力仪

Mag-690 三轴磁通门磁力仪测量的主要参数如表 3.4 所示。

表 3.4　Mag-690 三轴磁通门磁力仪的主要参数

| 参数 | 参数值或说明 |
|---|---|
| 电源 | 可充电锂电池 |
| 分辨率 | 1 nT |
| 单位显示 | nT、μT、mT |
| 内部噪声 | ≤20 nT |
| 量程 | ±100 000～±1 000 000 nT |
| 精确度 | ±(读数的 1%) |
| 存储模式 | 快速采集单元＋手动采集记录 |
| 维数 | 3 |

### 3.2.3　数据采集

无论是室内、室外还是试验矿井中，实际数据采集的精度是实现高精度地磁匹配的基础，因而不仅要合理布设数据采集的格网尺寸、采用适当的数据采集方式，还要选择合适的插值间隔绘制地磁基准图。

对于带状的研究区域基本上都设计三条主要的测线。通常以巷道的中轴线为基础，另外两条按间隔距离布设。如果巷道开挖条件不好，巷道比较窄，则可以布设两条测线。如果在井下运输大巷或通风设备集中的区域，应该布设四条测线，主要考虑运输大巷或通风设备集中区域的大型铁质或通风设备会产生更强的环境磁场。格网尺寸为间隔相等的 1 m×1 m的格网、1.5 m×1.5 m 的格网以及 2 m×2 m 的格网，在大型通风设备或电气设备的附近应使用加密到 0.5 m×0.5 m 的格网进行测量。

数据采集最终选用的是 FVM-400 磁通门磁力仪，在研究区域按照格网布设对点位地磁信息进行采集。为保证所采集的地磁数据的精确性，采集时需要对地磁场数据进行多次观测，求均值作为最终测量结果。

① 单次数据采集时，需要对每一个采样点位进行最少五次连续数据采集，取其平均值作为采样点地磁值，以保证单次测量的正确性。

② 不同时域数据采集时，需要按照规定的时间间隔对同一个区域重复测量。然后在对比分析采集数值后剔除均方差大于三倍的点位数据，将所求平均值作为最终结果。

将采集的数据通过所附带的软件 FM300 Front Panel 面板将数据导出，对于同一点位的不间断数据采集试验可以采用 FM300 Front Panel 面板直接进行数据采集观测，FM300 Front Panel 面板如图 3.10 所示，面板按钮与手持机的操作按钮相对应。

由图 3.10 可知，坐标显示有直角坐标和极坐标两种表达方式；采样模式分为绝对数值采集和相对数值采集两种；采样时长有长期不间断采集，即时采集；采样间隔可以手动设置，最小为 1 s；采样方式主要包括 Snapshot 和 Record 两种快速采集方式，其中 Snapshot 方式在 7.5 s 内连续对点位采集 525 次，Record 方式在 30 s 内连续对点位采集 525 次。表 3.5 是 3 个测区的磁总场测量结果，在每个测区布设 3 条测线，每条测线长度约为 30 m，用 FVM-400 进行区域磁总场的数据采集，采样间隔为 1 m。

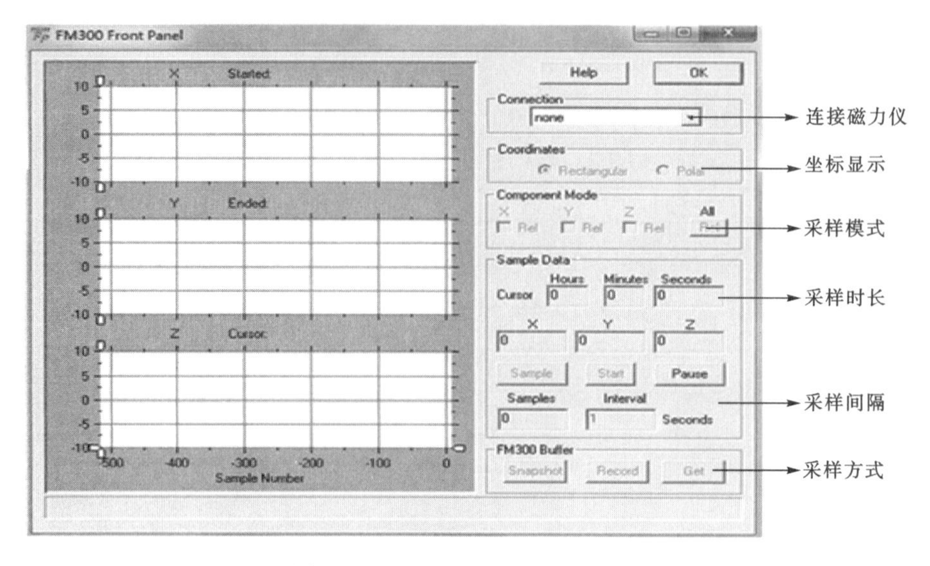


图 3.10　FM300 Front Panel 面板

**表 3.5　3 个测区的磁总场测量结果**

| 序号 | 测区 1 磁总场 $R_1$/nT | | | 测区 2 磁总场 $R_2$/nT | | | 测区 3 磁总场 $R_3$/nT | | |
|---|---|---|---|---|---|---|---|---|---|
| | 测线 11 | 测线 12 | 测线 13 | 测线 21 | 测线 22 | 测线 23 | 测线 31 | 测线 32 | 测线 33 |
| 1 | 45 726.82 | 46 351.43 | 47 023.02 | 51 602.16 | 53 341.54 | 54 571.69 | 48 709.49 | 79 650.29 | 55 447.45 |
| 2 | 47 519.11 | 47 037.49 | 47 022.19 | 51 999.61 | 53 289.56 | 54 302.02 | 49 827.55 | 44 753.42 | 53 500.16 |
| 3 | 43 020.35 | 45 043.99 | 47 023.09 | 53 261.64 | 53 543.20 | 54 551.55 | 49 268.52 | 43 955.09 | 52 773.28 |
| 4 | 46 117.53 | 45 292.71 | 37 287.74 | 54 274.29 | 53 221.59 | 54 079.53 | 46 501.81 | 77 245.04 | 54 075.51 |
| 5 | 47 402.29 | 48 087.82 | 37 285.58 | 54 187.94 | 53 203.26 | 53 469.42 | 46 351.57 | 109 128.80 | 54 568.13 |
| 6 | 48 331.62 | 45 789.82 | 37 287.78 | 55 053.03 | 53 141.61 | 53 061.76 | 46 652.05 | 93 640.93 | 57 231.41 |
| 7 | 48 825.36 | 44 964.89 | 40 722.83 | 55 438.73 | 53 443.79 | 53 591.44 | 60 284.16 | 95 798.55 | 58 230.99 |
| 8 | 39 504.27 | 39 385.83 | 40 722.32 | 56 385.17 | 53 191.91 | 53 957.97 | 47 653.71 | 112 238.40 | 57 229.78 |
| 9 | 39 435.83 | 39 411.56 | 40 723.78 | 55 965.88 | 53 166.26 | 53 005.60 | 52 656.52 | 70 409.39 | 55 801.45 |
| 10 | 43 552.36 | 43 061.36 | 44 964.13 | 54 583.60 | 53 470.45 | 53 068.22 | 56 718.67 | 57 182.37 | 54 574.01 |
| 11 | 51 659.56 | 43 760.47 | 44 964.75 | 55 174.22 | 53 750.88 | 53 752.74 | 56 876.95 | 52 185.47 | 53 646.74 |
| 12 | 40 837.56 | 41 476.09 | 44 963.44 | 52 808.33 | 53 622.52 | 53 355.80 | 58 279.05 | 48 177.19 | 52 688.66 |
| 13 | 47 335.66 | 40 181.89 | 29 886.29 | 50 009.34 | 54 090.39 | 52 398.13 | 60 060.25 | 47 419.02 | 51 511.43 |
| 14 | 46 905.39 | 48 954.87 | 29 886.48 | 51 786.71 | 54 385.58 | 52 785.00 | 59 717.96 | 33 387.90 | 51 049.25 |
| 15 | 47 368.09 | 47 732.83 | 29 886.80 | 52 265.60 | 53 803.89 | 52 499.54 | 57 262.19 | 46 938.05 | 52 288.99 |
| 16 | 47 212.44 | 46 052.63 | 50 771.18 | 52 338.49 | 53 983.78 | 52 548.06 | 56 016.65 | 48 074.37 | 53 248.95 |
| 17 | 51 206.51 | 48 005.91 | 50 771.37 | 53 450.06 | 53 786.06 | 51 752.19 | 55 985.80 | 62 297.51 | 53 792.11 |
| 18 | 48 920.60 | 49 103.22 | 50 769.86 | 53 251.20 | 53 102.38 | 52 024.97 | 55 665.00 | 63 945.54 | 54 340.46 |
| 19 | 45 158.25 | 47 301.33 | 49 392.56 | 53 229.38 | 53 267.31 | 51 950.42 | 54 799.77 | 66 094.50 | 54 494.91 |
| 20 | 44 329.45 | 45 688.21 | 49 392.61 | 53 192.81 | 53 606.62 | 51 804.49 | 54 459.09 | 62 899.65 | 54 207.88 |
| 21 | 49 474.12 | 50 786.31 | 49 392.32 | 52 864.44 | 53 810.10 | 51 622.23 | 54 258.71 | 71 681.67 | 53 858.04 |
| 22 | 48 484.80 | 55 931.48 | 55 378.92 | 52 483.92 | 53 596.73 | 52 156.51 | 54 758.32 | 53 931.61 | 52 679.47 |
| 23 | 57 520.53 | 54 512.68 | 55 377.57 | 51 996.70 | 53 251.09 | 52 912.55 | 54 987.89 | 47 856.04 | 47 177.96 |

表 3.5(续)

| 序号 | 测区 1 磁总场 $R_1$/nT | | | 测区 2 磁总场 $R_2$/nT | | | 测区 3 磁总场 $R_3$/nT | | |
|---|---|---|---|---|---|---|---|---|---|
| | 测线 11 | 测线 12 | 测线 13 | 测线 21 | 测线 22 | 测线 23 | 测线 31 | 测线 32 | 测线 33 |
| 24 | 59 238.61 | 58 411.52 | 55 378.65 | 51 899.50 | 53 492.31 | 52 883.46 | 55 642.11 | 50 523.41 | 44 790.45 |
| 25 | 52 243.74 | 54 213.49 | 38 745.87 | 52 279.60 | 53 262.95 | 53 641.89 | 55 952.15 | 53 904.93 | 43 262.26 |
| 26 | 47 480.11 | 48 262.67 | 38 747.04 | 52 480.14 | 53 112.83 | 53 774.82 | 55 474.90 | 59 607.96 | 47 916.23 |
| 27 | 41 429.43 | 43 411.19 | 38 749.52 | 52 090.88 | 53 483.17 | 55 569.59 | 54 811.43 | 59 258.20 | 50 575.68 |
| 28 | 43 708.85 | 43 904.39 | 36 511.70 | 53 514.54 | 53 051.55 | 54 186.33 | 55 298.29 | 57 453.17 | 50 008.78 |
| 29 | 45 799.84 | 46 510.31 | 36 511.90 | 53 739.49 | 53 718.92 | 54 714.40 | 55 023.78 | 69 423.31 | 49 043.62 |

## 3.3　区域地磁场表达

### 3.3.1　地磁数据的表达方法

地磁图是描述地磁场和地磁场长期变化分布的纸质或数字化图件。根据地磁图表示的地理范围,可以将它分为全球地磁图、区域地磁图(其范围在数百或数千平方千米)和局部地磁图(其范围在数百或数十平方千米)。井下范围较小,通常不超过几十千米,所以井下地磁图属于局部地磁图。井下实测地磁数据通常是按格网排列的数值,是典型的多维离散数据。可以用地磁图来表达或描述磁场分布空间特征。数字地磁图是表示地磁场和地磁场变化地理空间分布的二维图件。人们在利用地磁场进行导航时,需要通过实时测量地磁序列与地磁图匹配相关计算来实现精准定位。需要根据各测点在同一时间的磁测资料,通过插值方法和地磁场模型的手段来完成数字地磁图制作。地磁图表达形式通常有地磁等值线图和曲面图两种主要的形式。

为了客观表达区域内地磁空间分布变化特点,通常用地磁等值线图来表达,它是地球物理场数据表达的常用基本形式。地磁等值线图是将地磁数值相等的各点连接起来,用光滑曲线表达地磁变化的图形。

等值线是制图对象某一指标值相等的各点连成的平滑曲线,由地图上标出的表示制图对象指标值的各点,采用内插法找出各整数指标值点绘制而成。常见的有等温线、等压线、等高线、等势线等。文中涉及的是磁场等值线,也可称为等磁线。

在等值线图上,除注记等值线所代表的数值外,还常使用颜色加强直观性和反映数量差别。如在等值线之间晕染深浅不同的颜色或绘上疏密不同的晕线,使颜色的深浅或晕线的疏密程度与数量相对应,则可更加明显地反映出数量变化的规律和区域差异,如图 3.11(可扫图中二维码获取彩图,下同)所示。图中所显示的数据是井下巷道磁倾角、磁偏角以及水平分量的等值线图。数值的变化量越小,等值线的平距就越大。数值增大或减小得越快,等值线的平距就越小。

地磁场的变化情况有时也可以更加形象地用三维曲面进行表达。在地磁场相对地理坐标$(x,y)$的基础上,将地磁场的数值用平滑曲线连接成一个变化的曲面,即地磁场的三维曲面图。同时根据其磁场值的大小,用不同的颜色进行渲染。图 3.12 为同一区域的地磁场的

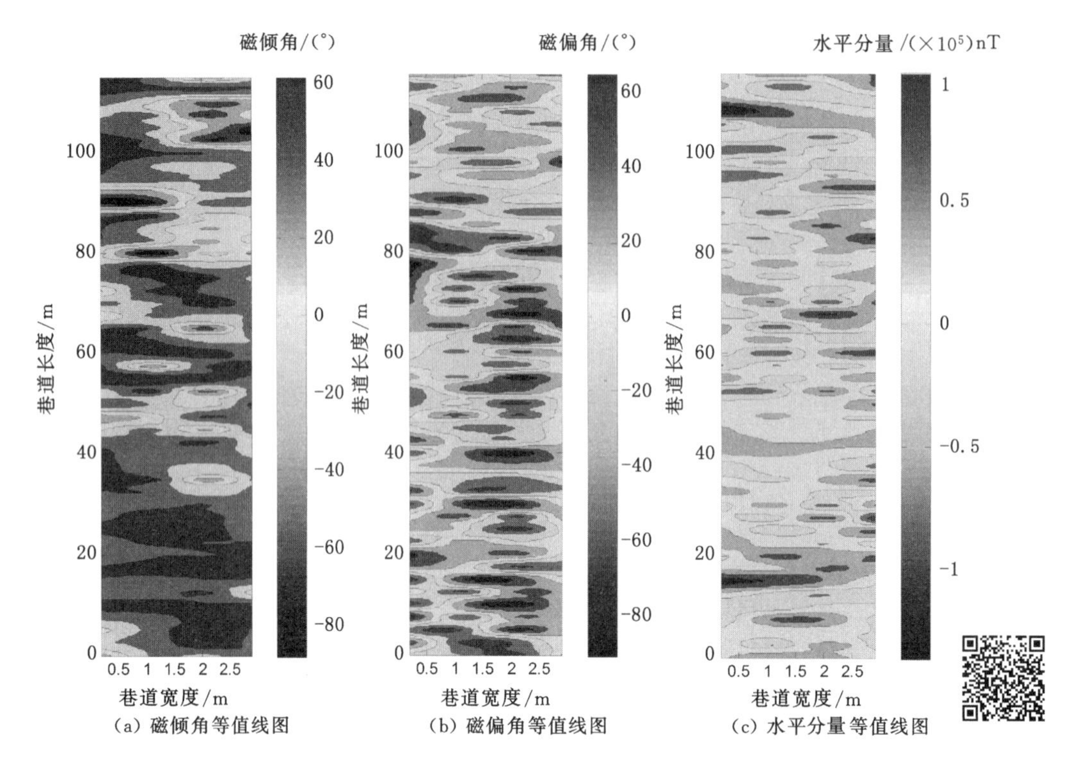

(a) 磁倾角等值线图 (b) 磁偏角等值线图 (c) 水平分量等值线图

图 3.11 井下巷道地磁等值线图

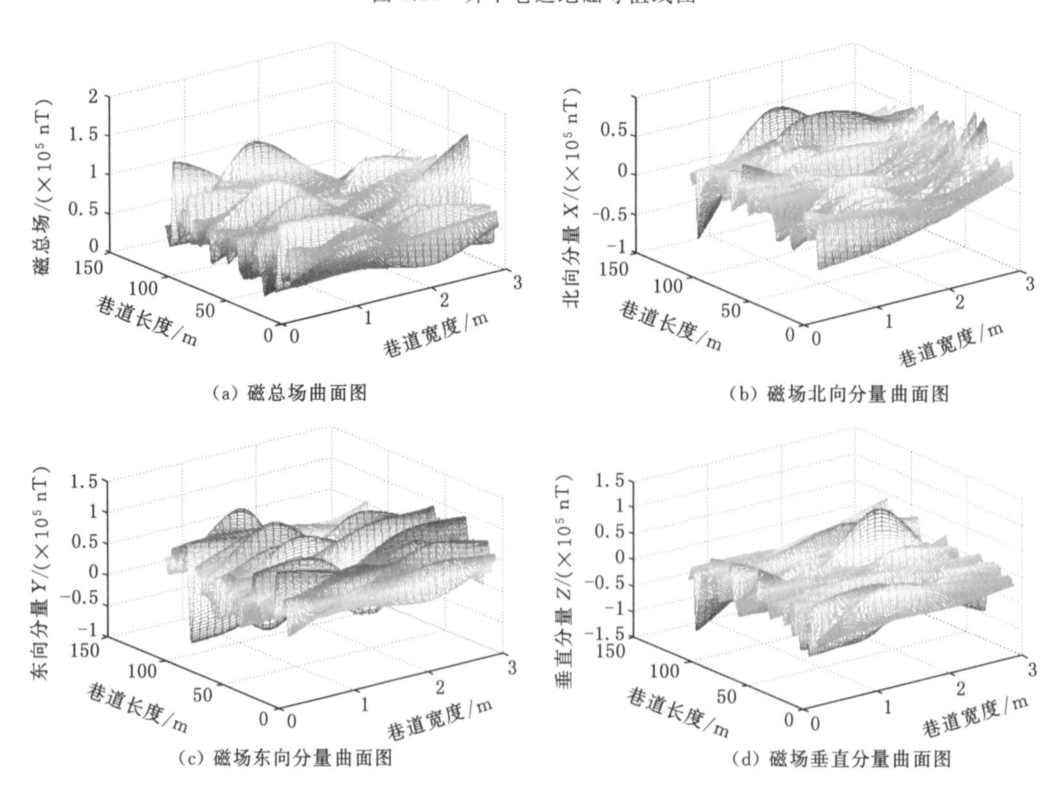

(a) 磁总场曲面图 (b) 磁场北向分量曲面图

(c) 磁场东向分量曲面图 (d) 磁场垂直分量曲面图

图 3.12 同一区域的地磁曲面图

磁总场、北向分量 $X$、东向分量 $Y$ 以及垂直分量 $Z$ 的曲面变化情况。根据其曲面的波动变化情况可以直接发现其磁场值的整体变化趋势。

### 3.3.2 地磁图插值常用方法

为了适应高精度地磁导航需求，需要及时准确构建局部地磁图。地磁图构建方法主要有地磁模型法和空间插值法两种[153]。地磁模型法是根据地磁场模型绘制地磁图的，适用于大范围的地磁场信息，计算量大、分析过程复杂。空间插值法是根据地磁测点数据进行空间插值的，并在误差范围内适当地描绘光滑的等值线，从而得到地磁等值线图。等值线图建立的好坏直接影响着定位的精度，因此建模方法的选择在研究整个区域地磁场分布中起到了十分重要的作用，目前对于区域地磁场构建的研究成果较多，常用的区域地磁场建模方法有球谐分析法(SHA)、球冠谐分析法(SCHA)、矩谐分析法(RHA)、泰勒多项式拟合法和各类插值法，表3.6是不同建模方法对比表[154]。

**表3.6 不同建模方法对比表**

| 建模方法 | 球冠谐分析法 | 矩谐分析法 | 泰勒多项式拟合法 | 数值插值法 |
|---|---|---|---|---|
| 数据要求 | 三维数据 | 三维数据 | 磁场的各个要素 | 磁场某方向分量或者磁总场 |
| 范围要求 | 几千平方千米 | 几十平方千米 | 无具体要求 | 无具体要求 |

其中球冠谐、矩谐分析方法主要应用于大区域磁场建模，泰勒多项式拟合法、数值插值法适用小区域磁场建模，但是泰勒多项式适合面域区整体变化趋势的拟合研究。对于巷道这种特殊的狭长平面构成，选取泰勒多项式进行插值易产生不收敛现象。由于地下工程区域较小，一般不超过十几平方千米，整个矿区地磁范围属于小区域地磁场，特别是井下巷道宽度较小，一般在几米以内，长度约在几十米至几百米之间，属于条带状分布形式，采用空间格网的插值方法较适合[149-153]。

空间格网插值就是根据一组已知的离散点测量数据，按照某种数学关系推求出未知点或未知区域数据的数学过程。空间格网插值主要用于网格化数据，估算出网格中每个节点的值，是将点数据转换成面数据的一种方法。常见的插值方法有：线性插值法、最近邻域法、三次埃尔米特多项式曲面插值(以下简称三次曲面插值)法、格点样条曲线插值法等方法，几种常见的插值方法的基本思想及其特点如表3.7所示。

**表3.7 几种常用插值方法的基本思想及其特点**

| 序号 | 方法 | 基本思想 | 特点 |
|---|---|---|---|
| 1 | 线性插值法 | 区域分割为多个子矩形，在每个点的小矩形内进行线性插值 | 插值函数在区域内连续，但是光滑性不好 |
| 2 | 最近邻域插值法 | 插值点处函数值取与插值点最邻近的已知点的函数值 | 该方法速度最快，占用内存最小，插值结果最不光滑 |
| 3 | 三次曲面插值法 | 插值函数及其一阶导数都是连续的 | 插值结果比较光滑，运算速度比线性插值方法略快，但占用内存最多 |
| 4 | 格点样条曲线插值法 | 属于分段定义的多项式拟合方法，函数构造简单，使用方便，能与复杂形状曲线拟合得较为准确 | 插值结果构成的曲面较光滑 |

### 3.3.3 不同模型的建模检验

首先选取一个区域，采集了180个地磁样本数据，分别采用线性插值法、最近邻域插值法、三次曲面插值法进行建模试验，然后分析这3种插值方法对于地磁场建模的影响程度。图3.13所示为几种插值等值线对比，可以明显看出线性插值与三次插值等值线拟合连续性较好，符合井下地磁分布磁强特征。[152]

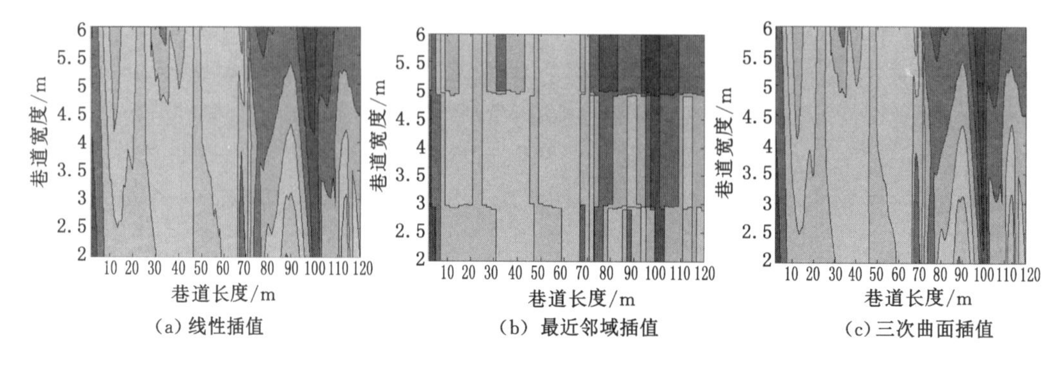

(a) 线性插值　(b) 最近邻域插值　(c) 三次曲面插值

图3.13　几种插值等值线对比

图3.14为几种插值三维曲面对比，可以看出最近邻域法插值结果不连续，曲面变化明显有断点。线性插值与三次曲面插值拟合连续，满足井下地磁空间变化特点，较为理想，且二者整体趋势相近。三次曲面插值结果表现更为平滑，但是三次曲面插值法要求曲面高阶可导，由于巷道地磁数据分布具有明显条带边缘，地磁场建模时的大量计算易加大数据噪声，降低数据精度。因此，从三种插值数学模型拟合结果分析，线性插值方法较为理想，能达到预期拟合效果。

然后选取另一个长约160 m条带状区域地磁样本数据，采用线性插值、最近邻域法插值、三次曲面插值、格点样条曲线插值4种方法进行建模试验，比较这4种插值方法对于地

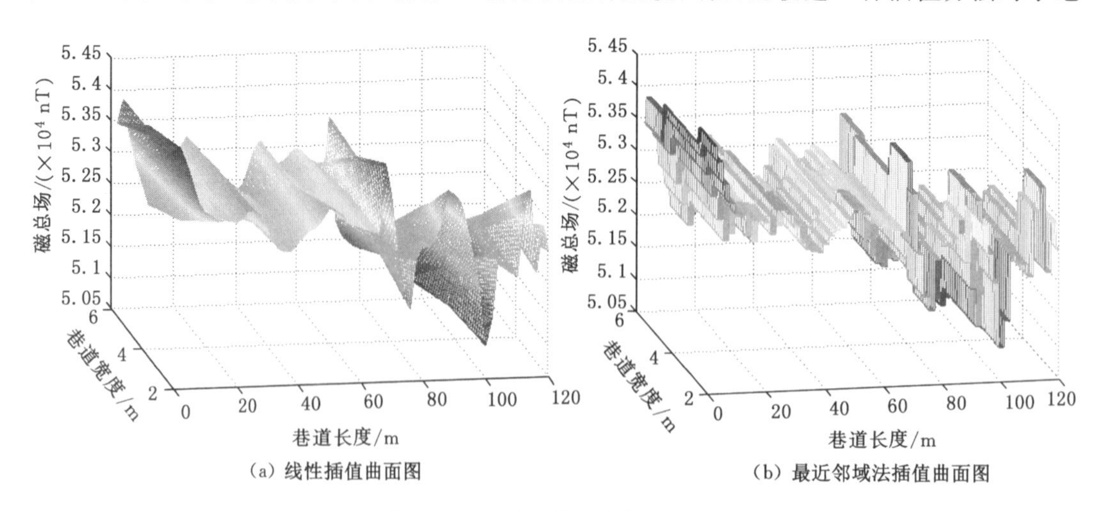

(a) 线性插值曲面图　(b) 最近邻域法插值曲面图

图3.14　几种插值三维曲面对比

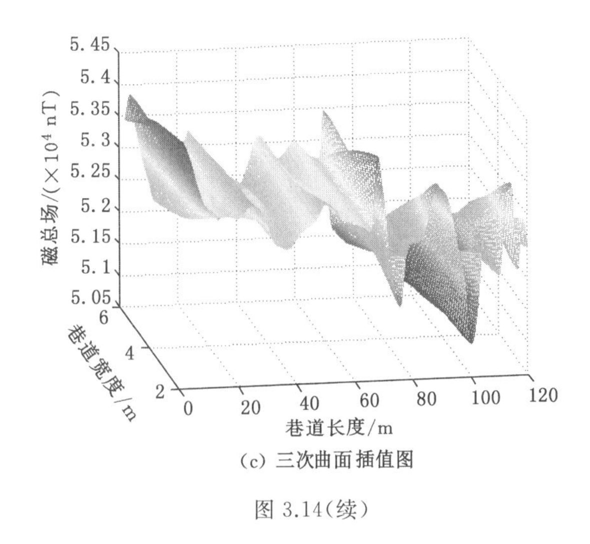

(c) 三次曲面插值图

图 3.14(续)

磁场建模的影响程度。图 3.15 为几种插值等值线对比,从图中可以看出,格点样条曲线插值与三次曲面插值等值线的拟合连续性较好,目视效果更加符合井下地磁分布的磁场强度特征。

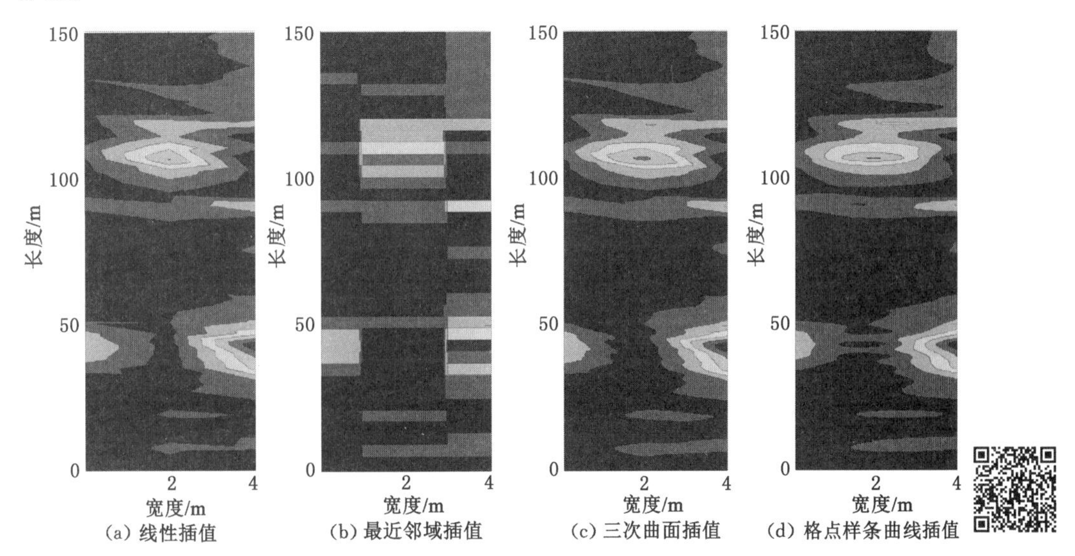

(a) 线性插值　(b) 最近邻域插值　(c) 三次曲面插值　(d) 格点样条曲线插值

图 3.15　几种插值等值线对比

为了更加形象地对四种插值方法进行对比分析,特绘制了三维曲面图,如图 3.16 所示。从图中可以看出,最近邻域法插值结果不连续,曲面变化明显有断点。线性插值与三次曲面插值以及格点样条曲线插值的拟合效果更加连续平滑,较为理想,且整体趋势相近。三次曲面插值和格点样条曲线插值曲面的表现更为柔和,但是三次曲面插值方法要求曲面函数高阶可导,由于巷道地磁数据分布具有明显条带边缘,地磁场建模的大量计算易加大数据噪声,降低数据精度。综合对比得出,在制作井下巷道的地磁图时,格点样条曲线插值方法可能更加理想,曲面精度较高,但计算量很大。当然,巷道区域地磁数值插值处理时应优先采用格点样条曲线插值法，大范围时也可以使用三次曲面插值法来完成。

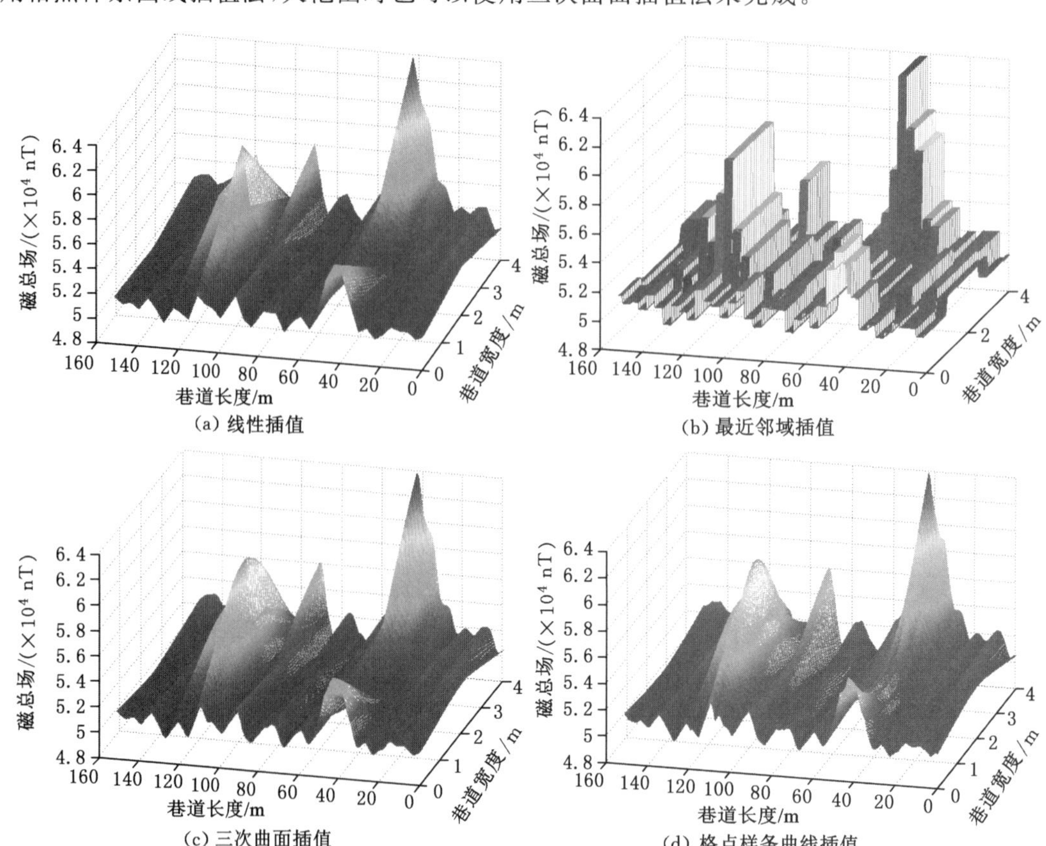


(a) 线性插值　(b) 最近邻域插值

(c) 三次曲面插值　(d) 格点样条曲线插值

图 3.16　几种插值曲面对比

### 3.3.4　不同模型的建模精度分析

建模检验点是具有明显代表性的磁测点，且分布相对均匀，有一定的代表性。插值过程中使用相对坐标，为了避免格网密度对插值模型分析造成影响，将格网密度设置为 0.1 m 以保证插值数据的完整性。试验共选用 21 个井下地磁验证点对插值建模结果进行定量检测，并按照日变测量结果，当实测地磁值与插值结果的残差超过 50 nT 时，可视为检验拟合的不准确点。

三种方法的空间地磁总场数据插值检验结果如表 3.8 所示，可以得出：(1) 三种检验残差超过 50 nT 的点号数量(不准确点个数)相差比较大。在利用不准确点个数对插值结果的比较中，线性插值法只有 1 个，最稳定；三次曲面插值法有 4 个，相对稳定；最近邻域插值法为 12 个，极不稳定。(2) 插值平均误差对比明显。最近邻域插值法拟合精度最低，达到了 194.74 nT，线性插值法的最高，拟合精度达到了 28.25 nT。(3) 单点检验残差对比，线性插值最大残差绝对值为 80.1 nT，三次曲面插值最大残差绝对值为 101.07 nT，线性插值表现稳定。

综合以上分析可得出在小区域内的插值中，线性插值法有很大的优势，其插值结果的精度总体稳定，符合井下巷道磁场分布的收敛性，能在小区域内快速拟合，精度较高，满足井下地磁定位的基准要求。

**表 3.8　三种方法的空间地磁总场数据插值检验结果**

| 点号 | 检验点实测值/nT | 建模后插值检验残差/nT | | |
|---|---|---|---|---|
| | | 线性 | 最近邻域 | 三次曲面 |
| 1 | 54 055.3 | −16.9 | 193.7 | −39.15 |
| 2 | 52 875.2 | 43.9 | 400.2 | 59.46 |
| 3 | 53 111.7 | 48.35 | 207.4 | 54.32 |
| 4 | 52 823.8 | 40.9 | −113.7 | −19.29 |
| 5 | 53 038.4 | 18.05 | −57.3 | 12.77 |
| 6 | 52 989.1 | 14.8 | 166.9 | 21.38 |
| … | … | … | … | … |
| 18 | 53 472.3 | 9.75 | 126.2 | −101.07 |
| 19 | 52 370 | −21.4 | 212.6 | −6.46 |
| 20 | 51 308.4 | −80.1 | 470.7 | −89.23 |
| 21 | 52 038.5 | −6.55 | 332.9 | 13.8 |
| 不准确点个数/个 | | 1 | 12 | 4 |
| 拟合精度/nT | | 28.25 | 194.74 | 39.93 |
| 最大残差绝对值/nT | | 80.1 | 470.7 | 101.07 |

## 3.4　格网密度对空间插值的影响

实际测量的地磁数据是离散的，为了匹配定位方便，在格网插值建模后，井下的磁测数据以及插值得到的插值数据会以“.fig”的点文件形式存储在格网模型中，形成井下匹配的基准数据库。基准数据库中模型的分辨率取决于格网密度，并且格网密度也决定基准数据库中对应点的精度与建模的效率[154-157]。

### 3.4.1　不同格网密度下的插值模型研究

通过以上研究发现线性插值法在插值过程中效果最好，因此将线性插值法作为插值模型，研究不同的格网密度对基准数据库建立的影响。磁测点位布设过程中地磁测量特征点的间距为 2 m，为了保证匹配过程中信息点的完整性，使井内巷道的定位精度更高，将格网间距分别设置为 0.1 m、0.3 m、0.5 m 和 1 m，并对数据进行了三维曲面建模。

图 3.17 所示为四组不同格网密度的线性插值模型对比，格网的每一个交点表示一组地磁插值结果，由以上模型可以看出，随着格网间距的不断减小，模型整体表现得更为连续、平滑，尤其是在 1 m 的插值模型与 0.1 m 的对比中可以清楚地看到，在 1 m 的格网密度下，数

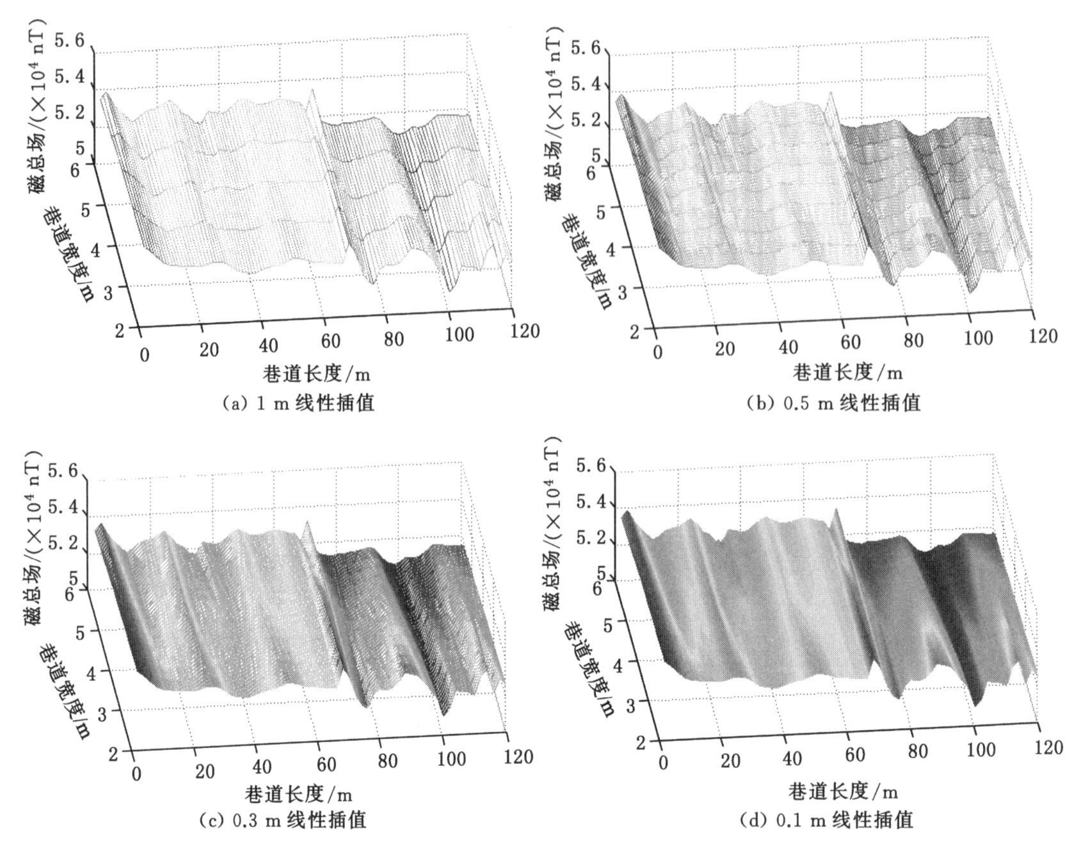


图 3.17　四组不同格网密度的线性插值模型对比

据点比较稀疏，因此地磁模型的空间分辨率也会相对较低，而在 0.1 m 的格网密度下数据点紧密贴近，已经趋近于一个平面。另外从模型的整体上看，随着格网间距的不断降低，数据表现得更为完整。

### 3.4.2　格网密度对于精度与效率的影响

井下地磁模型建立后，其坐标数据与其对应的地磁数据都在格网中一一对应，从而形成了匹配的基准数据库。在格网密度的研究中，格网密度决定着地磁匹配基准数据库的数据量，另外格网密度的不同大大影响了数据的空间分辨率，理论上格网间距越小插值密度越大，空间分辨率就会越高，插值数据量就越多，插值精度也会相对越高。但是，格网间距的不断减小不仅会影响插值建模过程中的效率，同时会影响匹配过程中的搜索速度。

因此，需要利用交叉验证的方法对建模的时间与精度进行综合取舍，选取不仅能满足模型精度，而且能够尽可能减少建模时间的格网间距。研究过程依然选择以上约 240 个磁测数据为建模的基础数据，以磁测过程中 21 个均匀分布的离散点为建模检验点，这有一定的代表性，试验中对不同密度的格网进行数值估计，然后求取估计值与检验点实测值的残差，其插值对比结果如表 3.9 所示。

**表 3.9　不同格网密度下井下地磁插值对比**

| 点号 | 检验点实测值/nT | 不同格网间距下的插值残差/m | | | |
|---|---|---|---|---|---|
| | | 1 m 间距 | 0.5 m 间距 | 0.3 m 间距 | 0.1 m 间距 |
| 1 | 54 055.3 | −70.7 | 25.2 | −43.8 | −16.9 |
| 2 | 52 875.2 | 115.2 | 48.9 | 25.6 | 43.9 |
| 3 | 53 111.7 | 80.2 | 49.2 | 49.8 | 48.35 |
| 4 | 52 823.8 | 55.1 | 10 | 37.5 | 40.9 |
| 5 | 53 038.4 | 24.4 | 18.1 | 18.1 | 18.05 |
| 6 | 52 989.1 | −10.1 | 42.5 | −1.6 | 14.8 |
| … | … | … | … | … | … |
| 18 | 53 472.3 | 8.6 | 33 | −42.2 | 9.75 |
| 19 | 52 370.0 | −69.4 | −102.5 | −33.9 | −21.4 |
| 20 | 51 308.4 | −31.6 | −80.1 | −80.1 | −80.1 |
| 21 | 52 038.5 | −62.7 | 61.3 | −46 | −6.55 |
| 数据库容量 | | 400 | 2 160 | 5 600 | 481 200 |
| 插值精度/nT | | 59.22 | 43.58 | 32.35 | 28.25 |
| 最大残差绝对值/nT | | 115.2 | 102.5 | 80.1 | 80.1 |
| 不准确点个数/个 | | 6 | 3 | 1 | 1 |
| 建模时间 $T$/s | | 5.73 | 6.24 | 8.78 | 13.42 |

由上述数据可以发现:(1) 对插值单点精度进行分析,验证点的格网间距越小其残差相对越小;最大残差的绝对值也会随着减小;不准确点个数减少地更为明显,且在 0.3 m 的间距减小后个数没有发生变化。(2) 从插值精度分析,在 1 m 的格网间距下,格网的插值精度为 59.22 nT,整体超过残差标准 50 nT,另外随着间距的减小插值精度不断提高。在数据库容量上,在 1 m 的数据库只有 400 个格网数据,随着间距的减小,数据库增加的速度不断加快。(3) 在建模时间方面,建模时间是衡量井下定位效率的因素之一,通过以上研究,可以看出格网间距越小所需建模时间越长。

由以上结果可以得出,格网间距越小,插值精度会相对提高,插值时间也会随之增加。综合所有评定指标,格网间距在 1 m 时的插值效率较高,但是插值精度较低,整体插值精度已经超过了单点日最大变化量 50 nT,因此 1 m 格网对精度的影响很大,可能会造成无法匹配的现象;在 0.1 m 处虽然格网精度最高,不准确点相对最少,但是插值速度比较慢,易导致数据库中的数据量过大,会严重影响匹配过程中的数据读取速度和数据搜索效率。因此,采用 0.3 m 和 0.5 m 格网间距的格网模型为较好的定位模型。

# 第 4 章　井下地磁场变化与扰动规律研究

天然地磁场主要由地球内、外部电流所产生的各种磁场和地球内部磁性岩石产生的磁场组成，不同地理环境和空间围岩会导致不一样的地磁变化特征。井下巷道是条带状地下区域，它的区域地磁场会随着巷道空间分布、监测时间的变化而变化。本章通过大量地磁测量试验和数据统计分析，从井下巷道空间分布（空域）、时间分布（时域）及噪声扰动 3 个方面研究了井下地磁场变化与扰动规律[158-159]。重点研究井下实际测量中磁场受到环境扰动的变化特点。

## 4.1　井下实测地磁场的扰动因子分析

### 4.1.1　地磁场要素与组成

（1）地磁场要素

地磁场是一个矢量场，通常利用地磁强度和它的各个分量描述地磁场的特征。在地磁磁测点建立地磁坐标系 $O-XYZ$，将坐标原点设置在磁测点上，原点处磁场值 $T$ 对应的垂直面为磁子午面，$X$ 轴沿着地理子午线向北为正，$Y$ 轴沿着纬度方向向东为正，$Z$ 轴垂直向下为正。

将磁总场 $T$ 投影到 $X$ 轴上的 $x$ 称为磁总场在北向的分量。$T$ 在 $Y$ 轴上的投影 $y$ 称为磁总场在东向的分量。$T$ 在 $Z$ 轴上的投影 $z$ 称为垂直分量。$T$ 在水平面 $O-XY$ 上的投影 $H$ 称为水平分量。磁子午面与地理子午面相交形成的夹角 $D$ 称为磁偏角，并规定 $H$ 向东偏为正，向西偏为负。$T$ 与水平面的夹角 $I$ 称为磁倾角，在北半球，$T$ 指向地平面之下，$I$ 角为正，在南半球，$T$ 向上，$I$ 为负。$T$、$H$、$z$、$x$、$y$、$I$ 和 $D$ 的方向和特征是对地磁分布情况的描述，被称为地磁七要素。地磁七要素关系如图 4.1 所示。

地磁要素之间存在着一定的几何关系，他们之间的关系如式(4.1)所示：

$$\begin{cases} H = T\cos I, z = T\sin I, I = \arctan\left(\dfrac{z}{H}\right) \\ x = H\cos D, y = H\sin D, D = \arctan\left(\dfrac{y}{x}\right) \\ T^2 = H^2 + z^2 = x^2 + y^2 + z^2 \end{cases} \tag{4.1}$$

除了地磁要素之间互相存在一定的关系以外，几乎每个要素都有自己的取值范围和变化特征。如地磁场强度 R 的取值范围为 0.3～0.7 Oe，其中 1 nT＝$10^{-5}$ Oe。变化特征为：大部分地区的等值线与纬线近乎平行，由赤道往两极逐渐增大，两极附近磁场值约为赤道附

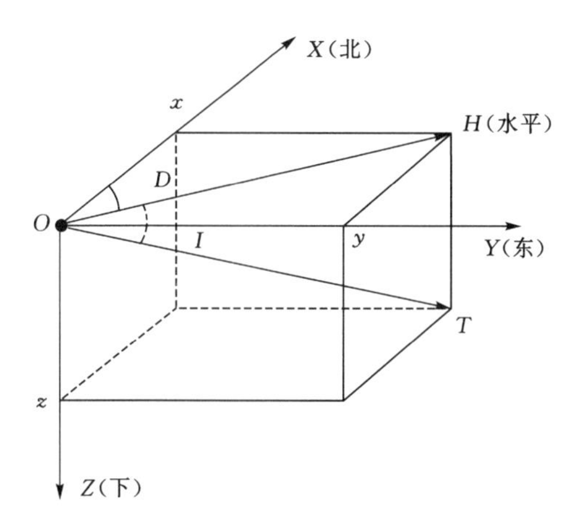


图4.1　地磁七要素关系

近的2倍。垂直磁场强度 $z$ 的变化范围为 $-0.1\sim0.56$ Oe,其变化特征为:正常情况下垂直分量在北半球向下、南半球向上,大致与等倾线分布相似,近乎与纬度线平行,垂直变化为每升高1 km减小20 nT。水平磁场强度 $H$ 的变化范围为 $0\sim0.7$ Oe,其变化特征为:大致方向是沿纬度方向排列的曲线族,在南北两极处达最大值,在赤道附近约为0;水平变化为每千米变化20～30 nT。磁倾角 $I$ 的取值范围为 $0^\circ\sim\pm90^\circ$,其变化特征是:大致沿着纬度圈分布一系列平行线,形态更为匀称和规则。磁偏角 $D$ 的取值范围为 $0^\circ\sim\pm180^\circ$,其变化特征是:南北两个半球汇聚于四个点,其中两个是磁极,另外两个是地极。

国际上大范围地磁观测通常对观测区域的地磁七个要素进行测量,通过海洋磁测、航空磁测、卫星磁测的方法并结合固定地磁观测站开展长期动态监测。针对小区域的地磁观测,主要对地磁垂直磁场($z$)、水平磁场($H$)、总场强度($T$)和梯度变化中的一个或者几个进行测量,来研究小区域的地磁变化趋势。

(2) 地磁场组成

地磁场是地球固有的矢量场之一,由主地磁场、磁化地壳岩石产生的磁场和干扰磁场三部分组成,其地磁强度会随着空间和时间的变化而变化。地磁场主要由地球内、外部电流所产生的各种磁场和地球内部磁性岩石产生的磁场组成,其数值由地球的稳定磁场和变化磁场组成。变化地磁场根据来源可细化为地球内部和外部磁场,实测总磁场场强 $B$ 由三部分组成,如式(4.2)所示:

$$B = B_M + B_C + B_D \tag{4.2}$$

其中 $B_M$ 为主地磁场,产生于地核,其强度占地表测量值的95%以上。主磁场水平面分量强度每千米变化20～30 nT,每升高1 km垂直分量减小20 nT,主磁场时间变化尺度按千年计。$B_C$ 产生于磁化地壳岩石,强度占地磁场总量的4%以上,在地球表面呈区域分布,典型的分布范围达到数千或数万平方千米,其强度随高度的增加而衰减,几乎不随时间变化。$B_D$ 为干扰磁场,源于磁层或电离层,大小约为5～500 nT,时间变化比较剧烈,从几分之一秒到几天。

天然地磁稳定场无论是在时间上还是在空间上几乎都是不变的,而变化场是地球外部各种各样的短期变化磁场的叠加,它们常常会受到太阳日的“日变”以及周围环境的辐射等综合影响。地磁稳定场和磁异常是相对的。对于大的地壳区域来说，通常把地核主磁场作为正常场，岩层磁变化和干扰场作为磁异常。在全球地磁等值线图中，主要以主地磁场 $B_M$ 来表示全球地磁变化趋势。对于一个小区域，通常将主地磁场 $B_M$ 和磁化地壳岩石视为恒定背景场，将干扰磁场 $B_D$ 作为磁异常，突出小范围地区空间内的局部磁异常场的变化情况来研究区域内磁异常随空间特征的丰富程度。局部地区磁异常的等值线图如图 4.2 所示。

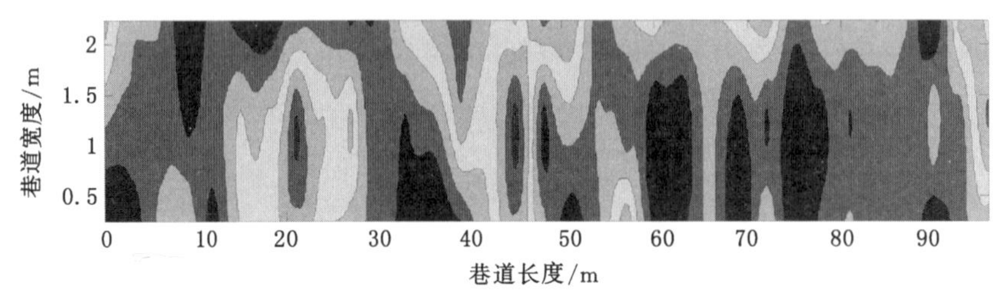

图 4.2　局部地区磁异常的等值线图

由图 4.2 可以看出，这个地磁图的磁异常变化反映出局部小空间的磁场强度随着空间变化的情况。那么这个地磁图背景场就是区域的地核主磁场和大范围异常场叠加后的数值。也就是说，地磁图背景场是相对的，可以根据研究区域灵活设定。

### 4.1.2　井下地磁场的变化因素

井下地磁场是一个小范围区域地磁场，它将主地磁场 $B_M$ 和磁化地壳岩石视为恒定背景场，将局部微小磁变化和干扰场之和作为异常场。如何确切突出显示井下异常场，如何用拓展地磁场定义，需要结合试验进行具体分析。

试验区面积在 0.2 平方千米以内，选取地面道路、建筑物的楼道及地下巷道 3 类测区，长度约 30 m 左右，用 FVM-400 进行区域磁总场的数据采集，采样间隔为 1 m。并且测区的建筑结构和材料都比较相似，图 4.3 是 3 个测区数据的点位磁场变化曲线。从图中可以看出，区域内道路、楼道及地下巷道的磁场变化是不一样的。从图 4.3(a)3 条道路点位磁场变化曲线中可以发现，地面道路整个地磁数据波动变化没有超过几千纳特斯拉，不同道路的地磁数据的差异不明显，整体变化量很小，基本不能满足地磁定位需求。由图 4.3(b)3 条楼道点位磁场变化曲线和图 4.3(c)3 条巷道点位磁场变化曲线可以发现，每条楼道或巷道不同位置的地磁数据的差异很大，数值在几万纳特斯拉间波动，并且不同楼道、巷道的地磁数据独特性较强，具备地磁匹配定位的空间分布特点。

试验分析的巷道、楼道和道路的地理空间坐标接近，应该具有数值大致相同的天然地磁正常场。从图 4.3 中看出道路磁数值空间变化特点不突出，整体趋势变化平缓，没有那么强烈的差异性；而楼道和巷道随着空间点位变化，磁总场变化明显，整体变化趋势突出。这说明在巷道、楼道的磁总场中，除了含有天然地磁的区域异常场外，还包含了楼道和巷道内部各种建筑材料和附属设备产生的磁场，即磁总场是这些磁场的综合叠加。

因此，小区域楼道或井下工程的地磁场不能用传统的正常场或异常场来简单区分，需要进行适当拓展，重新确立井下区域磁异常含义。根据现代地磁理论，局部地区地磁异常场是区域内多种磁场叠加的结果。

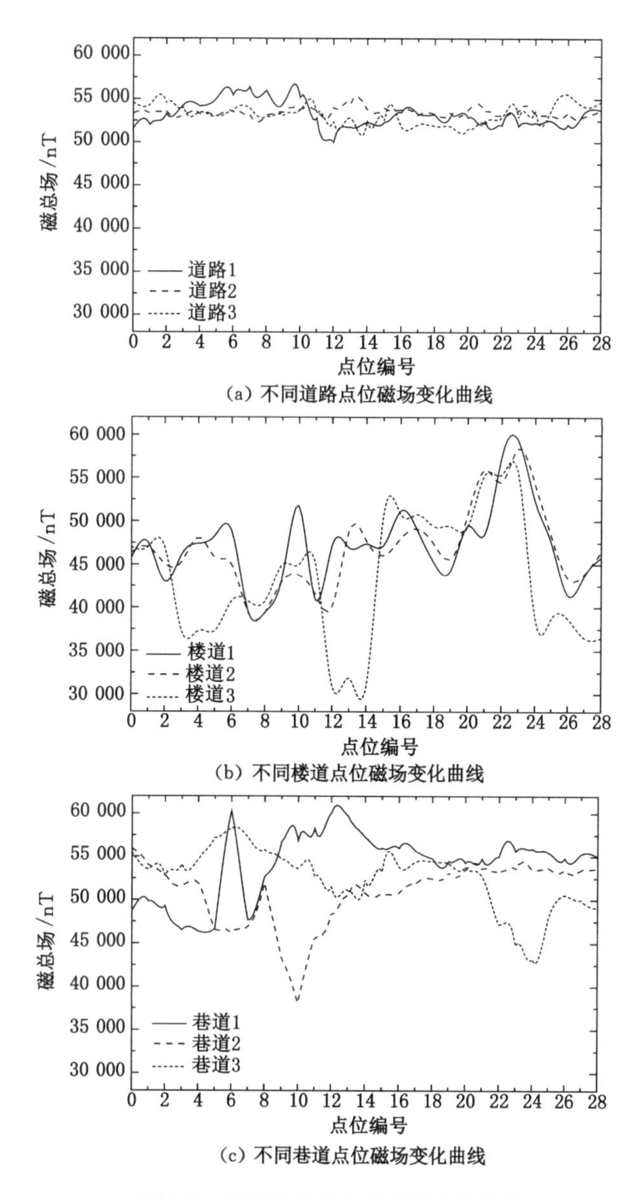


图 4.3　不同测区的点位磁场变化曲线

也就是说井下正常场(稳定场)为主地磁场与岩石磁化磁场之和,在井下小区域内理论上变化微小。区域磁异常(异常场),其数值除了日变、磁暴等扰动磁场外,还包含建造井下工程所需的混凝土、钢筋支护等材料产生的环境磁场,此外还有巷道内部的管道、通信设备等产生的磁场,是这些磁场的叠加。

### 4.1.3　井下地磁场测量的扰动因子

如果从室内或地下工程地磁匹配定位的角度,则没有必要知道这个区域异常场是如何构成的,是由哪些因素引起的,是线性叠加还是非线性叠加。我们更需要关注巷道内空间点的实际测量的地磁数值是怎么变化的,是否会随时间发生变化,又会有哪些因素影响地磁测量的过程。

假设实际采集地磁数据时参照式(4.3)[158]，将磁通门计的初始地磁值(定标数值)设定为区域稳定场 $B_M + B_C$，则实际测量每个空间点的地磁值就是区域磁异常 $B_D$。$B_D$ 理论上是多种因素磁场的叠加，如地磁的“日变”场、磁暴、周围环境产生的磁场、磁力仪测量时的磁噪声以及实际测量综合误差等。

$$B_i = g(x_i, y_i) + \Delta g_i + \Delta e_i + m_i + \varepsilon_i \tag{4.3}$$

式中 $B_i$——定位时磁力仪测得的磁场强度；

$g(x_i, y_i)$——点 $(x_i, y_i)$ 的磁异常场值，后文简称磁场值；

$\Delta g_i$——点 $(x_i, y_i)$ 是随时间变化的磁扰动，应包含“月变”“日变”的周期波动，但仍然是一个相对固定的基数；

$\Delta e_i$——是随环境变化的磁扰动。$\Delta e_i$ 为随机常值，是一个高斯白噪声组合误差，包含模型误差、测量误差，是影响地磁匹配算法匹配精度的主要因素；

$m_i$——磁力仪测量时的磁噪声，磁力仪载体的干扰场，如人员行走对地磁测量的影响值；

$\varepsilon_i$——实际测量综合误差。在小区域范围内，实际测量综合误差 $\varepsilon_i$ 根据磁通门计灵敏度来指示，当精度要求不高时，误差影响主要来自地磁匹配模型平差处理。

将式(4.3)中磁异常场值 $g(x_i, y_i)$ 移到公式左边，得到式(4.4)：

$$ET = B_i - g(x_i, y_i) = \Delta g_i + \Delta e_i + m_i \tag{4.4}$$

由式(4.4)可以看出，扰动变化 $ET$ 主要来源于 $\Delta g_i$ 和 $\Delta e_i$。综上可知，从实际地磁匹配定位角度，需要系统研究井下巷道点位地磁值的空域、时域变化规律和磁噪声特点，为井下地磁定位提供理论基础。

### 4.1.4 数值扰动分析的评价指标

井下空间任一点磁数值的真值是不可知的，它不仅会随着时间变化而发生变化，还会受到磁测量设备随机噪声的干扰。虽然任一点磁数值不是一个固定不变的数值，但是总体上会围绕一个数值上下波动，具有明显的偶然性。只是观测数值具有一定离散度，需要统计分析。确定井下地磁数值扰动范围和离散度需要用定量方式加以评价。本书在对井下地磁数值扰动分析过程中用到了两个量化指标：标准差和极限误差。

(1) 标准差

离散度就是一组数据的分散程度，标准差是反映一组数据离散程度最常用的一种量化形式，是表示评价数据精确度的重要指标。标准差通常是相对于样本数据的平均值而定的。若设一组观测数据的平均值为 $M$，每个观测值与平均值的差值为 $v$，标准差估值用 $\sigma$ 表示，表示样本数据相距平均值的分散程度。标准差越小，表明数据越聚集；标准差越大，表明数据越离散。表 4.1 是井下磁总场的数值统计分析。从该表中可以看出，巷道数值空间分布离散度最大的是巷道 3，其标准差为 18 701.32 nT，离散度最小的是巷道 2，其标准差为 1 034.23 nT。这间接说明了巷道 3 的地磁数据随空间点位的变化特征明显，而巷道 2 的地磁数据随空间点位的变化特征不明显，独特性差。

**表 4.1　井下地磁总场的数值统计分析**

| 点号 | 巷道 1 磁总场 $R_1$/nT | | | 巷道 2 磁总场 $R_2$/nT | | | 巷道 3 磁总场 $R_3$/nT | | |
|---|---|---|---|---|---|---|---|---|---|
| | 测线 11 | 测线 12 | 测线 13 | 测线 21 | 测线 22 | 测线 23 | 测线 31 | 测线 32 | 测线 33 |
| 1 | 45 726.82 | 46 351.43 | 47 023.02 | 51 602.16 | 53 341.54 | 54 571.69 | 48 709.49 | 79 650.29 | 55 447.45 |
| 2 | 47 519.11 | 47 037.49 | 47 022.19 | 51 999.61 | 53 289.56 | 54 302.02 | 49 827.55 | 44 753.42 | 53 500.16 |
| 3 | 43 020.35 | 45 043.99 | 47 023.09 | 53 261.64 | 53 543.2 | 54 551.55 | 49 268.52 | 43 955.09 | 52 773.28 |
| 4 | 46 117.53 | 45 292.71 | 37 287.74 | 54 274.29 | 53 221.59 | 54 079.53 | 46 501.81 | 77 245.04 | 54 075.51 |
| 5 | 47 402.29 | 48 087.82 | 37 285.58 | 54 187.94 | 53 203.26 | 53 469.42 | 46 351.57 | 109 128.8 | 54 568.13 |
| 6 | 48 331.62 | 45 789.82 | 37 287.78 | 55 053.03 | 53 141.61 | 53 061.76 | 46 652.05 | 93 640.93 | 57 231.41 |
| 7 | 48 825.36 | 44 964.89 | 40 722.83 | 55 438.73 | 53 443.79 | 53 591.44 | 60 284.16 | 95 798.55 | 58 230.99 |
| 8 | 39 504.27 | 39 385.83 | 40 722.32 | 56 385.17 | 53 191.91 | 53 957.97 | 47 653.71 | 112 238.4 | 57 229.78 |
| 9 | 39 435.83 | 39 411.56 | 40 723.78 | 55 965.88 | 53 166.26 | 53 005.60 | 52 656.52 | 70 409.39 | 55 801.45 |
| 10 | 43 552.36 | 43 061.36 | 44 964.13 | 54 583.60 | 53 470.45 | 53 068.22 | 56 718.67 | 57 182.37 | 54 574.01 |
| 均值 | 43 797.50 | | | 53 781.81 | | | 61 402.95 | | |
| 标准差 | 3 675.60 | | | 1 034.23 | | | 18 701.32 | | |

(2) 极限误差

大量数值统计显示,井下地磁数值分布趋近于正态分布,正态分布曲线与极限误差关系如图 4.4 所示。按照正态分布与标准差统计规律,在正态分布中,1 个标准差等于正态分布下曲线 68.26%的面积,1.96 个标准差等于 95%的面积。因此通常用 $M \pm k\sigma$ 来表示数据极限误差,$k$ 是常数。通常取 $k=2$,即取 2 倍标准差作为磁数值扰动极限误差,以此为标准定义仿真试验噪声水平上限。

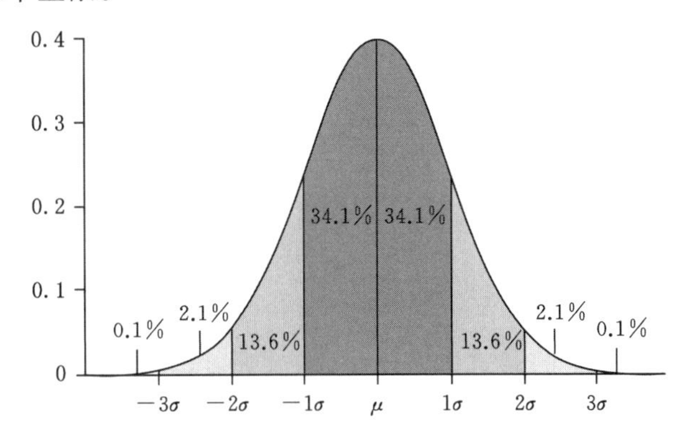


图 4.4　正态分布曲线与极限误差关系

表 4.2 显示了井下巷道的 3 个监测点在上午 4 点 AM 4:00 到下午 4 点 PM 4:00 这个时间段里的磁总场数值变化统计结果。从该表中可以看出,同一个监测点数据在 12 小时内有微小波动,标准差在十几 nT 左右,极限误差为三十几纳特斯拉。

表 4.2　井下磁总场数值时域变化统计结果

| 观测时间 | 监测点 1 磁总/nT | 监测点 2 磁总/nT | 监测点 3 磁总/nT |
|---|---|---|---|
| AM 4.00 | 40 196.37 | 37 191.14 | 53 201.43 |
| AM 5.00 | 40 202.31 | 37 199.7 | 53 204.91 |
| AM 6.00 | 40 200.53 | 37 198.63 | 53 202.43 |
| AM 7.00 | 40 198.92 | 37 198.02 | 53 199.94 |
| AM 8.00 | 40 201.45 | 37 191.71 | 53 211.18 |
| AM 9.00 | 40 201.18 | 37 201.6 | 53 200.57 |
| AM 10.00 | 40 202.19 | 37 198.75 | 53 205.51 |
| AM 11.00 | 40 203.9 | 37 200.33 | 53 207.54 |
| AM 12.00 | 40 198.5 | 37 193.11 | 53 203.91 |
| PM 1.00 | 40 181.95 | 37 175.47 | 53 188.3 |
| PM 2.00 | 40 166.36 | 37 159.81 | 53 172.91 |
| PM 3.00 | 40 160.13 | 37 153.29 | 53 166.62 |
| PM 4.00 | 40 165.27 | 37 159.69 | 53 170.48 |
| 标准差 | 16.263 0 | 17.726 3 | 15.271 3 |
| 极限误差 | 33.972 4 | 37.029 1 | 31.900 7 |

## 4.2　井下地磁空域变化分析

### 4.2.1　磁异常分量的差异性

任何一个空间点位都有磁总场、磁场北向分量 $X$、磁场东向分量 $Y$、磁场垂直地心方向分量 $Z$ 等磁要素。对于小区域来说，空间点的磁总场、三轴磁分量 $XYZ$ 和磁偏角的空域变化规律是否具有空间的差异性，是开展地磁匹配定位前提和基础。

选取一条长度约为 30 m 的巷道作为试验区域，进行磁场特征数据的采集工作。巷道内布设三条控制线，控制线的间隔为 1 m，地磁特征点采样间距为 1 m。使用 FVM-400 磁通门计测量每个采样点的磁场北向分量 $X$、磁场东向分量 $Y$、磁场垂直地心方向分量 $Z$、磁总场 $R$，并计算对应的水平分量 $H$、磁倾角 $I$、磁偏角 $D$，地磁场统计数据如表 4.3 所示。

由表 4.3 可以得出，区域内空间点的磁总场、三轴磁分量 $XYZ$ 和磁偏角随着空间变化而变化；每个量随着空间的变化幅度也不相同，巷道 30 m 范围内每种要素特征的均值和标准差均不相同；每个特征量与地理位置的相关程度也不相同，同一个点的 7 个地磁要素之间存在明显的差异。

**表 4.3 地磁场统计数据**

| 点号 | 磁总场 $R$ /nT | 磁场北向分量 $X$/nT | 磁场东向分量 $Y$/nT | 磁场垂直地心方向分量 $Z$/nT | 磁倾角 $I$ /(°) | 磁偏角 $D$ /(°) | 水平分量 $H$ /nT |
|---|---|---|---|---|---|---|---|
| 1 | 25 598.02 | 20 790.5 | 9 222 | −11 746 | −27.313 8 | 23.920 54 | −14 669.8 |
| 2 | 40 302.81 | 17 679 | −28 663 | 22 140.5 | 33.322 69 | −58.334 2 | −13 287 |
| 3 | 45 971.47 | 27 719.5 | 36 451.5 | 4 036.5 | 5.037 311 | 52.748 87 | 14 675.72 |
| 4 | 87 473.01 | 2 133.5 | −61 950.5 | 61 718 | 44.875 3 | −88.027 6 | 54 851.95 |
| 5 | 48 652.13 | −2 489.5 | −16 739 | 45 614 | 69.644 76 | 81.540 72 | 41 984.35 |
| 6 | 49 943.74 | 32 193.5 | −7 780.5 | 37 382 | 48.459 07 | −13.586 7 | −11 659 |
| 7 | 115 298 | −4 466.5 | −57 369.5 | 99 912 | 60.060 7 | 85.548 22 | −107 477 |
| 8 | 28 835.27 | 9 175 | −7 952 | 26 154.5 | 65.098 3 | −40.915 6 | −18 480.2 |
| 9 | 45 957.1 | −12 161.5 | 33 948.5 | 28 489.5 | 38.309 94 | −70.290 8 | 37 646.87 |
| … | … | … | … | … | … | … | … |
| 184 | 35 372.9 | −5 407.5 | −4 966.5 | −34 602.5 | −78.020 1 | 42.565 82 | −30 702.6 |
| 185 | 57 011.43 | 52 462 | −10 536 | 19 670.5 | 20.183 46 | −11.355 7 | 13 379.39 |
| 186 | 54 099.39 | 36 509.5 | 32 161 | −23 653 | −25.926 2 | 41.376 63 | 37 942.62 |
| 187 | 71 269.17 | 36 001.5 | 1 338 | 61 493 | 59.635 56 | 2.128 425 | −71 162.6 |
| 188 | 80 359.18 | 44 533.5 | 49 471 | 45 021 | 34.072 89 | 48.006 65 | −71 105.7 |
| 最大值 | 162 433 | 94 934.5 | 101 315.5 | 106 951.5 | 86.435 72 | 87.956 6 | 162 432.9 |
| 最小值 | 14 070.34 | −60 849.5 | −105 089 | −71 303 | −88.587 9 | −89.090 8 | −135 625 |
| 均值 | 60 215.9 | 18 202.38 | −2 936.21 | 37 038.9 | 39.521 3 | 2.970 722 | 129.677 8 |
| 标准差 | 27 074.01 | 25 485.22 | 26 955.66 | 35 650.99 | 36.376 81 | 48.542 98 | 48 863.59 |

将表4.3数据的制作成磁场各分量变化曲线，见图4.5所示。从图4.5中可以看出，区域磁总场以及$XYZ$分量、磁偏角、磁倾角和水平分量的变化趋势各不相同，独特性较强。其中磁总场数值空间整体波动较大，大部分数值在区间25 000～90 000 nT内变化，磁分量$X$数值主要在区间−15 000～45 000 nT内波动，但是磁分量$Y$的数值波动区间为−20 000～20 000 nT，比较平缓，变化量较小。通过对比可以发现：同一个区域地磁数据中的磁总场、$XYZ$三轴分量、磁偏角、磁倾角和水平分量都会随着巷道内部空间点位置的变化而变化，变化趋势不一样，并且彼此之间相关性较弱。

还可将地磁数据绘制成等值线图，见图4.6。从图4.6中可以看出，磁总场、$XYZ$三轴磁分量等值线图不相似，等值线数值变化程度也不一样，不具有明显的相关性。这种空间点多要素磁特征变化的差异性，为多维地磁特征量匹配定位提供了基础。

图4.7为试验区内另一巷道地磁数据等值线图。由图4.7中可以看出，同一巷道地磁场的三轴分量以及磁总场的变化趋势各不相同。综合对比可知，同一个区域磁总场与三轴分

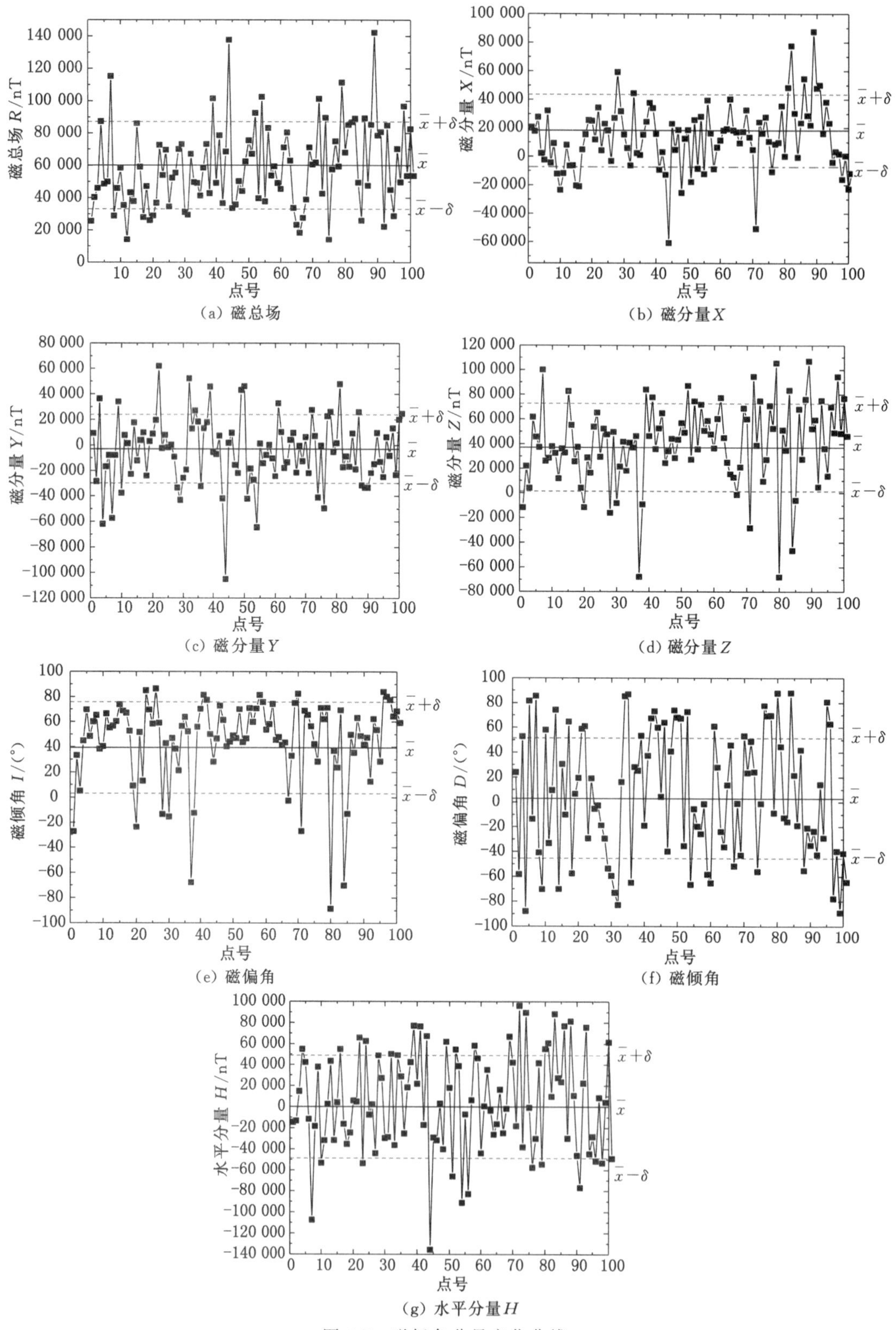


(a) 磁总场　　(b) 磁分量 $X$

(c) 磁分量 $Y$　　(d) 磁分量 $Z$

(e) 磁偏角　　(f) 磁倾角

(g) 水平分量 $H$

图 4.5　磁场各分量变化曲线

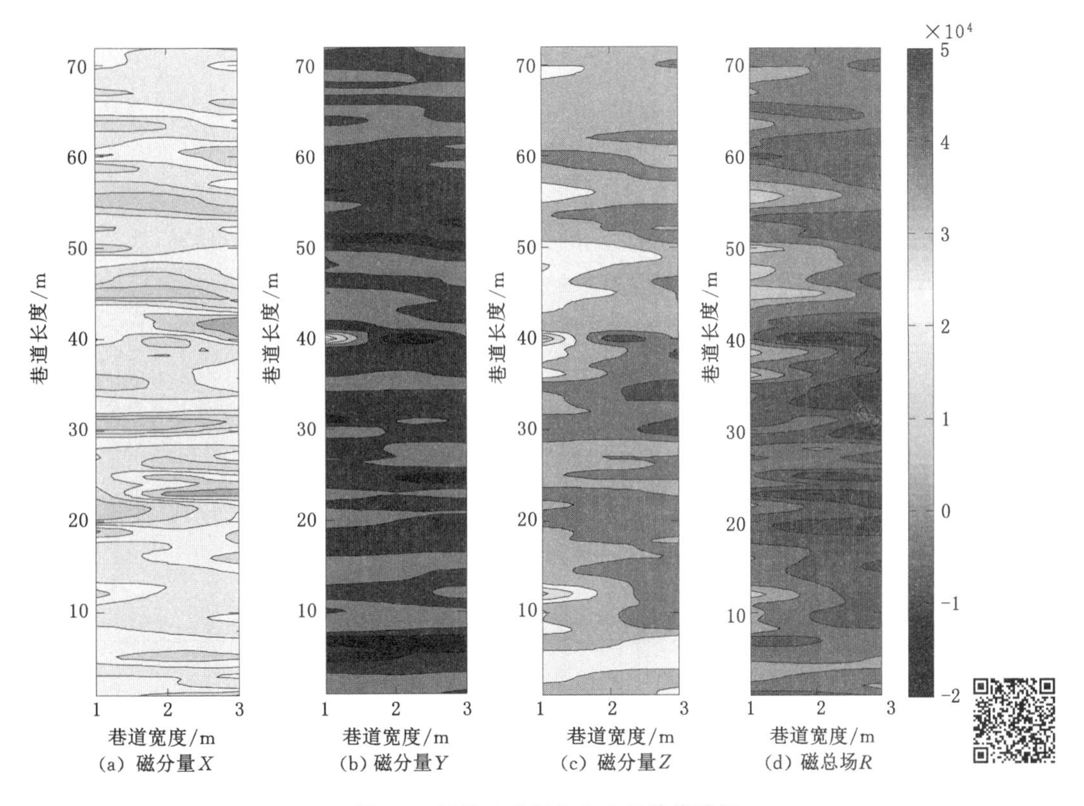


图4.6　区域1磁场各个分量等值线图

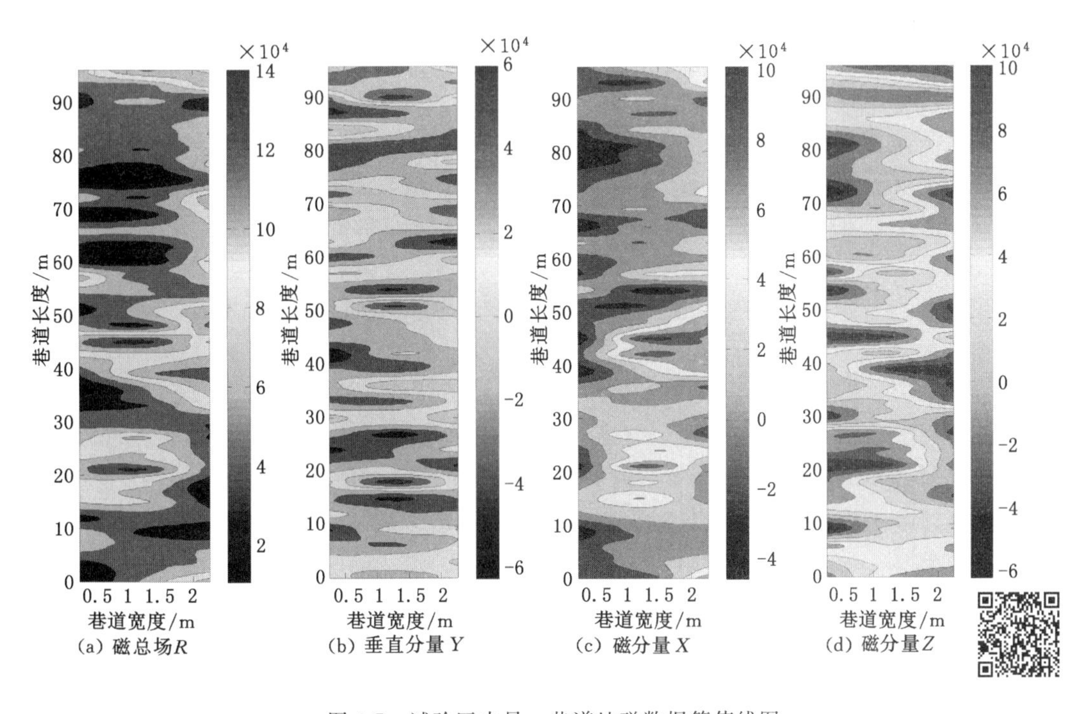


图4.7　试验区内另一巷道地磁数据等值线图

量的变化情况不相同，造就了磁场复杂性的特征，这是井下地磁图适合开展多维地磁匹配的原因。

综上所述，地磁场的每个地磁分量都有自己的变化特征，即使同一区域其变化也各不相同。对于井下巷道同一个点的 7 个磁要素，每个量的相对变化程度或空间丰富程度都是不一样的，不仅变化的数值区间不同，而且变化幅度也不一样。同一区域磁分量差异明显，变化趋势多样，为地磁匹配算法多维化研究和拓展提供了可行性。

### 4.2.2 磁异常空域的复杂性

从公开的文献看，通常描述一个区域内地磁空间分布复杂性（地磁图特征）的数学指标有很多，如均值、标准差、粗糙度、地磁熵、相关系数、峰态系数等十几种，它们从不同角度刻画了区域地磁数据独特性与复杂性，部分指标见表 4.4。如果一个巷道地磁数据随空间变化得比较明显，地磁空间分布特征明显丰富，那么其地磁图的标准差、粗糙度、信息熵等统计特征的数值往往偏大。

**表 4.4 描述地磁空间分布复杂性的数学指标**

| 序号 | 特征 | 含义 |
| --- | --- | --- |
| 1 | 均值 | 区域内地磁场的平均值 |
| 2 | 标准差 | 表示区域内地磁场的离散程度。数值越大，说明该区域地磁变化越明显。 |
| 3 | 峰态系数 | 反映数值的集中程度。数值越大，数据在均值附近的集中程度越高。 |
| 4 | 粗糙度 | 表示区域地磁场局部起伏状况。数值越大，越有利于地磁匹配定位。 |
| 6 | 相关系数 | 反映地磁场数据独立性。相关系数越小，越有利于地磁匹配定位。 |

井下工程范围一般不超过几十平方千米，区域变化范围较小。井下巷道又是线状结构，每种巷道因功能不同，其支护措施、布设装置都会不同。这些诸多的因素是否会让井下巷道地磁图空间分布具有一定的独特性，井下巷道地磁图空间分布变化复杂程度能否满足井下地磁定位要求，下面作举例探讨。

在试验区内选取几十条巷道，对它们的地磁图空间分布进行统计分析。发现巷道地磁数据随着空间点位变化而变化，而且变化范围不一样。有的巷道地磁数据波动范围是几千纳特斯拉，有的波动范围是几万纳特斯拉。不同试验矿井的巷道内部结构和建筑材料不一样，其地磁数值变化也各不相同，十分复杂。图 4.8 是其中 4 条井下巷道的磁总场的三维分布曲面图。从该图中可以看出，4 条巷道磁总场随着空间点位的波动情况不一样。有的曲面变化起伏剧烈，有的曲面变化平缓，有的曲面沿着巷道方向起伏变化很独特，有的曲面起伏变化很相似。

将 4 个巷道地磁数据进行数学指标统计，计算每个巷道区域地磁的均值、标准差、峰态系数、粗糙度、信息熵、相关系数等，其统计结果见表 4.5。

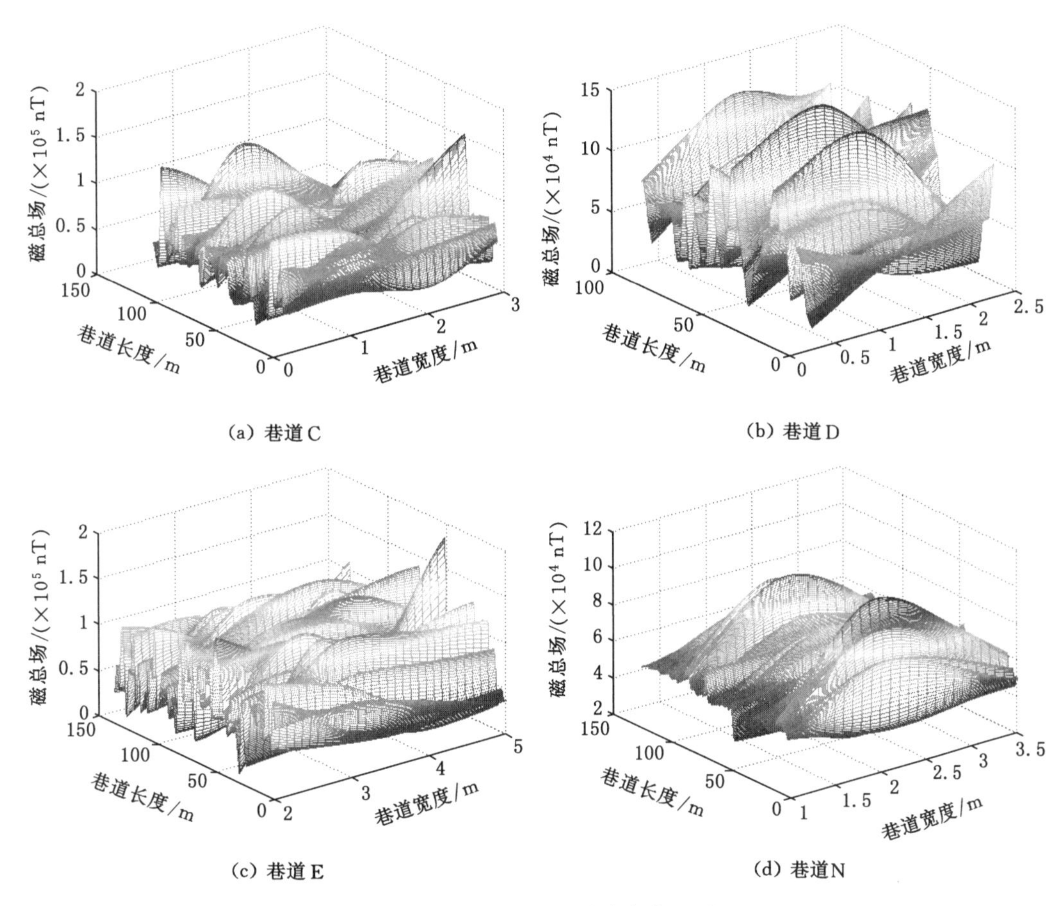


(a) 巷道 C　　(b) 巷道 D

(c) 巷道 E　　(d) 巷道 N

图 4.8　井下磁总场三维分布曲面图

**表 4.5　4 个巷道地磁数据数学指标统计结果**

| 编号 | 均值 | 标准差 | 峰态系数 | 粗糙度 | 相关系数 |
| --- | --- | --- | --- | --- | --- |
| 巷道 C | 60 215.90 | 27 146.31 | 0.765 174 | 34 636.93 | 0.180 174 |
| 巷道 D | 64 205.12 | 32 384.03 | −0.535 19 | 35 563.53 | 0.382 773 |
| 巷道 E | 69 001.13 | 31 357.16 | −0.318 54 | 40 546.05 | 0.163 819 |
| 巷道 N | 56 994.09 | 9 532.563 | 7.399 407 | 7 993.024 | 0.637 125 |

巷道 C、D、E 的地磁数据标准差、粗糙度都比较大，且峰态系数和相关系数不大，说明这 3 个巷道地磁空间分布特征丰富；但是巷道 C 整体的磁场复杂程度相较于巷道 D 和巷道 E 的弱，尤其在巷道 D 中受到环境设备的影响较大，其相邻点位间的地磁值出现了较大的差异，特征更为明显。巷道 N 的地磁标准差很小，且自相关系数很大，特征不明显。

### 4.2.3　磁异常空域的相关性

磁异常空间分布的相关性是指在某一个区域内，地磁数据在一定的长度（或匹配长度）内，沿剖面走向出现较大相似性的现象。地磁匹配的实质是一段地磁序列与基准图对应地磁序列的相关性计算，如果待匹配区域内出现了多处相似地磁序列或剖面，则匹配结果虚定位的概率会大大增加。如 4.2.2 节图 4.8 中巷道 N 的地磁数据，曲面变化多处相似。它的地磁图自相关系数很大，达到了 0.63 以上，说明巷道内多处地磁数据连续序列具有相似之处。提取巷道 N 的地磁数据，分段进行比对和分析，详见表 4.6。

**表 4.6 巷道 N 地磁原始数据表**

| 特征点号 | 磁总场 R/nT | 磁分量 $X$/nT | 磁分量 Y/nT | 磁分量 $Z$/nT |
|---|---|---|---|---|
| … | … | … | … | … |
| 25 | 44 656.06 | 18 516.07 | −217 12 | 34 338.13 |
| 26 | 43 786.57 | 17 914.53 | 13 165.27 | 37 703.33 |
| 27 | 76 897.58 | 62 265.2 | 4 475.067 | 44 737.47 |
| 28 | 72 757.3 | 33 052.27 | −8 747.33 | 57 197.67 |
| 29 | 93 221 | 74 950 | 14 376.33 | 53 519.07 |
| 30 | 95 465.99 | 78 191.27 | −12 642.3 | 53 169.93 |
| 31 | 109 781.4 | 94 968.67 | −22 849.9 | 49 975.87 |
| 32 | 70 298.67 | 49 200.47 | −11 134.5 | 48 918.27 |
| … | … | … | … | … |
| 63 | 496 576.09 | 17 558.32 | −41 811 | 32 338.45 |
| 64 | 48 796.81 | 20 914.53 | 14 165.33 | 35 703.18 |
| 65 | 81 897.34 | 64 265.28 | 5 775.067 | 45 334.99 |
| 66 | 77 757.12 | 32 952.45 | −9 747.36 | 57 997.84 |
| 67 | 54 762.92 | 32 023.67 | −5 328.13 | 44 089.53 |
| 68 | 54 511 | 31 133.47 | −5 811.33 | 44 322.6 |
| 69 | 585 667 | 47 235.82 | −5 572.9 | 39 318.76 |
| … | … | … | … | … |
| 250 | 54 055.06 | 30 915.87 | −7 597.93 | 43 674 |
| 251 | 53 395.28 | 30 444.2 | −6 761.33 | 43 338.13 |
| 252 | 53 045.2 | 28 935.07 | −5 374.13 | 44 105.07 |

从表 4.6 中可以看出，巷道格网点 25→26→27→28 序列的磁总场与 63→64→65→66→29 序列磁总场的变化趋势基本相似。将巷道 N 的磁总场的三维曲面图与中线剖面图进行对比，结果如图 4.9 所示。

由图 4.9 可以看出，当地磁匹配步长取 3 时，巷道内对应的 m1、m2、m3 区段的地磁序列变化趋势相似；当地磁匹配步长取 4 时，m1 和 m3 区段的地磁序列变化趋势相似，这种情况称为巷道磁异常空域的相关性比较大。如果在一个巷道内部存在多处地磁序列相似区段，其地磁图的自相关系数会比较大。这种巷道在地磁匹配计算时，一次匹配计算可能会出现多个匹配结果，发生模糊匹配，甚至出现虚定位。

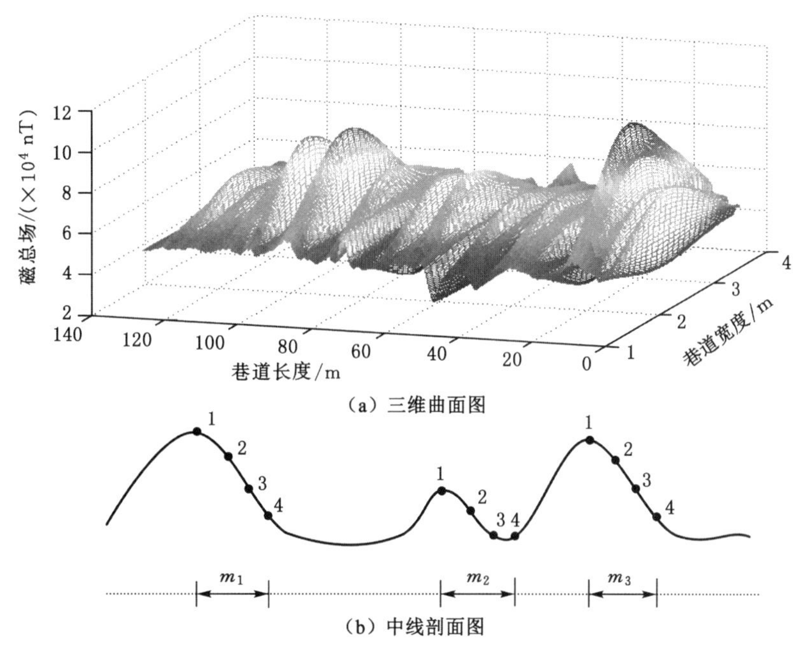


图 4.9　井下巷道 N 的磁总场三维曲面图和中线剖面图

## 4.3　井下地磁时域变化分析

对于磁场随时间的变化，从成因上一般分为两大类：一类是由于地球内部的磁场缓慢变化引起的长期变化，这类变化周期长、随时间变化缓慢，因此在测量过程中受到的影响很小，一般可以近似作为稳定磁场进行研究。另一类是地球短时间内的变化，一般可以分为两个方面，一方面是按照一定周期连续出现，变化平缓，规律性比较强，称为平静变化；另一方面是短暂而复杂的变化，变化幅度有时强烈有时很小，一般是由于与磁暴、地磁脉动和变化磁场有关的电磁感应等现象引起的。平静的变化根据变化周期和幅度包括平静的太阳日变化、太阴日变化和年变化等变化。太阳日变化是指一个太阳日(24 小时)内点位地磁变化情况，一般的变化为几纳特斯拉到几十纳特斯拉；太阴日是地球相对月球自转一周的时间，变化幅度很小，一般为 1～2 nT；年变化以一年为一个周期，变化极值出现在夏季和冬季，年变化幅度约为 15～30 nT。

分析几种变化特点，地磁太阴日变化和年变化在一天或者一段时间内变化幅度小，在地磁测量中两种变化叠加在太阳日变化中，对于地磁变化总体影响较小。因此地磁的日变是地磁定位过程中一项重要的误差来源，另外《地面高精度磁测技术规程》对地磁测量日变观测进行了规范要求，因此对井下小区域而言，应重点研究井下地磁一个太阳日、不同太阳日变化的影响。

### 4.3.1　一个太阳日的时域变化

在试验区域内选取若干个监测点进行一个太阳日地磁值的时域变化监测。监测时长是

3 天,隔天观测一天。一天内 24 小时连续采集地磁数据,观察监测点 24 小时的时域变化情况。图 4.10 为监测点磁场数据波动情况的原始图,Day1、Day2、Day3 为 3 个太阳日的连续 24 小时监测的磁总场原始数据图。

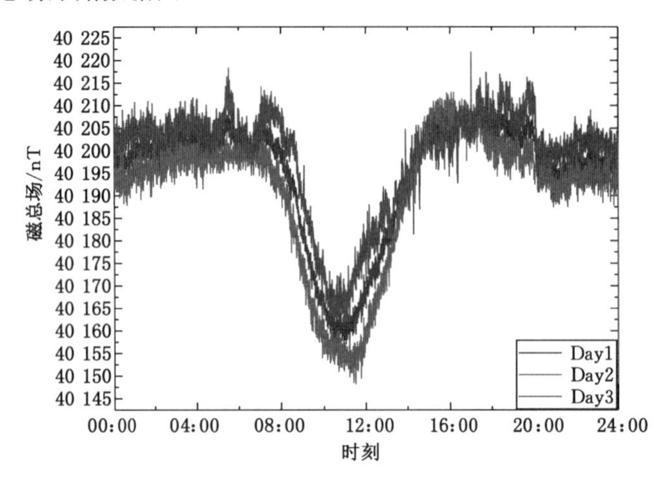


图 4.10 24 小时监测的磁总场原始数据图

对磁总场原始数据图进行去噪平滑等预处理后,按照观测时间绘制成 24 小时地磁波动曲线,见图 4.11。横轴为一个太阳日的 24 小时,纵轴是磁总场数值。从该图中可以看出,单点磁总场 24 小时变化规律明显,符合“日变”规律。磁总场从 00:00—08:00(大约为日出时刻)一直处于较为稳定的状态,约为 40 195 nT,在 11:00、12:00(日中左右)时达到了极小值,约为 40 160 nT。随后总磁场逐渐升高,在 16:00 回到原水平值并趋于稳定。总体上地磁总场在一个太阳日的变化特征是白天磁场变化较大,夜间较平静。

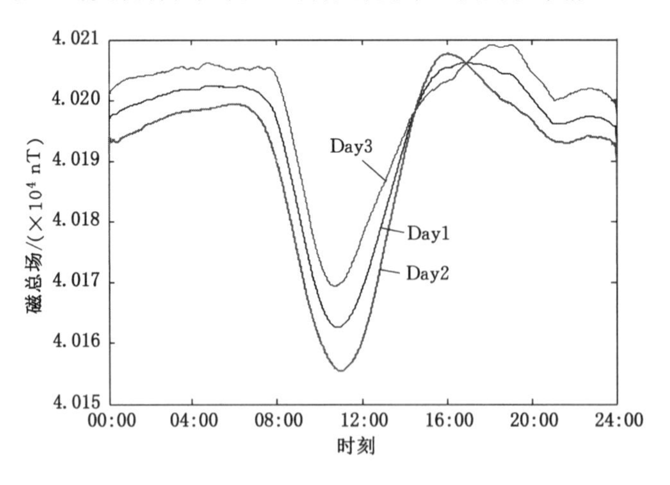


图 4.11 24 小时地磁波动曲线

将 24 小时磁总场变化曲线的数值分时段进行统计分析,其结果见表 4.7。同一个点一个太阳日磁总场的均值基本保持不变,24 小时内数值稍有变化。在 00:00—08:00 以及 16:00以后的波动都是较为平稳的,变化幅度都在 20 nT 左右;08:00—16:00 的波动较大,波动幅度达到了 60 nT 左右。

表 4.7　磁总场的变化特征统计表

| 时间 | 磁总场均值/nT | 磁总场波动幅度/nT | | |
|---|---|---|---|---|
| | | 00:00—08:00 | 08:00—16:00 | 16:00—24:00 |
| Day1 | 40 195 | −1～15 | −39～15 | −3～19 |
| Day2 | 40 191 | −3～23 | −43～22 | −2～12 |
| Day3 | 40 199 | −4～19 | −38～12 | −6～23 |

以监测点地磁场均值为基准值，设定纵坐标为监测点磁总场变化量，横坐标为 24 小时内各时间节点，所绘制的 24 小时磁总场变化量波动曲线如图 4.12 所示。

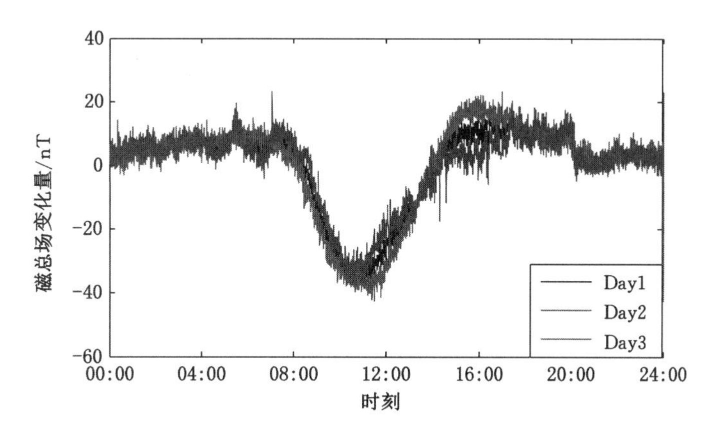


图 4.12　24 小时磁总场变化量波动曲线

从图 4.12 中可以看出，3 天 24 小时每个对应时刻的地磁变化量基本一致，规律明显，中午 12 点（日中时分）左右的波动变化量最为明显。

将监测点 24 小时的地磁变化量进行统计分析，绘制成柱状图，见图 4.13。从图 4.13 中可以看出，监测点一个太阳日地磁变化量大部分基本集中在 0～10 nT 之间，地磁变化量的极限值不大于 40 nT。

对试验区内多个点位的“日变”监测地磁数值进行处理，绘制磁总场的波动变化曲线。图 4.14 为在 3 个监测点连续 24 小时监测得到的磁总场波动变化曲线，其横轴为整个监测的时域范围，纵轴为磁总场的数值。从图 4.14 中可以看出，3 个监测点的磁总场波动变化稍有不同，但是其总体变化趋势是一致的，规律明显，都是白天变化明显，夜间变化较小。00:00—08:00 和 16:00—24:00 的波动平稳，08:00—16:00 的波动相对较大，在 12:00（日中时分）左右出现极值，其余时段变化相对平缓。

### 4.3.2　不同太阳日的时域变化

（1）单点的不同太阳日变化

在试验区内选取多个监测点，进行了 3 个太阳日的地磁测量，每一个太阳日测量 24 次，间隔 1 小时测量 1 次。表 4.8 是其中一个监测点 3 个太阳日的 24 小时地磁数值，从表中可

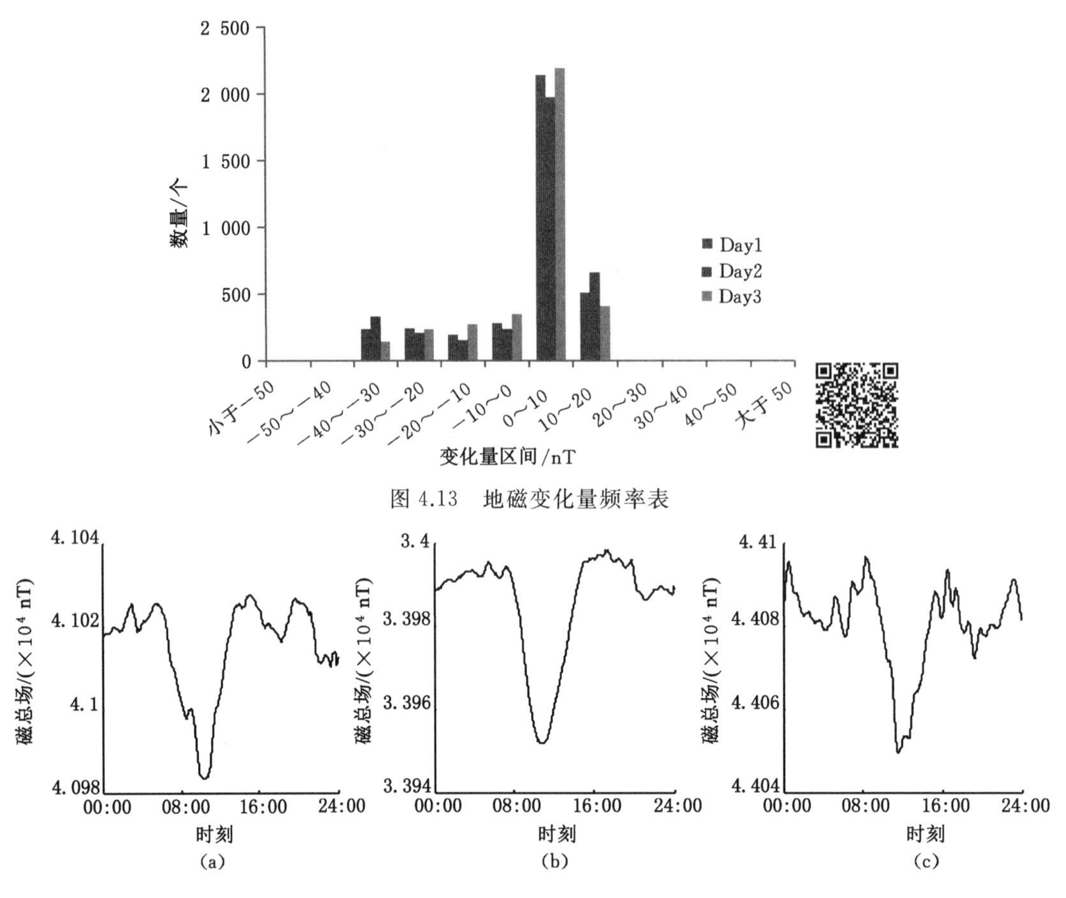


图 4.13　地磁变化量频率表

图 4.14　3 个监测点的磁总场波动变化曲线

以看出，单点时域变化不明显，变化幅值为几十纳特斯拉。

**表 4.8　单点连续 3 个太阳日的磁总场**

| 序号 | 磁总场/nT | | |
|---|---|---|---|
| | Day1 | Day2 | Day3 |
| 1 | 40 202.31 | 40 199.70 | 40 204.91 |
| 2 | 40 200.53 | 40 198.63 | 40 202.43 |
| 3 | 40 198.98 | 40 198.02 | 40 199.94 |
| 4 | 40 201.45 | 40 191.71 | 40 211.18 |
| 5 | 40 201.18 | 40 201.6 | 40 200.77 |
| 6 | 40 202.13 | 40 198.75 | 40 205.51 |
| 7 | 40 203.90 | 40 200.25 | 40 207.54 |
| 8 | 40 198.50 | 40 193.11 | 40 203.91 |
| 9 | 40 181.95 | 40 175.47 | 40 188.44 |
| 10 | 40 166.36 | 40 159.80 | 40 172.91 |

表 4.8(续)

| 序号 | 磁总场/nT | | |
|---|---|---|---|
| | Day1 | Day2 | Day3 |
| 11 | 40 160.13 | 40 153.64 | 40 166.62 |
| 12 | 40 165.08 | 40 159.69 | 40 170.48 |
| 13 | 40 181.64 | 40 175.48 | 40 187.80 |
| 14 | 40 195.42 | 40 194.07 | 40 196.76 |
| 15 | 40 206.57 | 40 205.78 | 40 207.35 |
| 16 | 40 204.20 | 40 207.20 | 40 201.19 |
| 17 | 40 208.12 | 40 211.46 | 40 204.78 |
| 18 | 40 205.72 | 40 202.03 | 40 209.41 |
| 19 | 40 203.02 | 40 199.06 | 40 206.98 |
| 20 | 40 204.21 | 40 197.40 | 40 212.13 |
| 21 | 40 195.51 | 40 191.68 | 40 200.45 |
| 22 | 40 197.76 | 40 194.46 | 40 202.15 |
| 23 | 40 197.21 | 40 192.84 | 40 202.67 |
| 24 | 40 197.33 | 40 195.28 | 40 200.49 |

将实测的单点不同太阳日的各相同时段的磁总场变化量频率进行统计，按照相同的时间间隔进行统计，结果见表 4.9，相应差值频率如图 4.15 所示。从表 4.9 和图 4.15 中可以看出，不同点位在不同太阳日同一时段采集到的地磁数值差值较小，其变化量的绝对值没有超过 30 nT 的。

表 4.9　单点不同太阳日磁总场变化量频率

| 磁总场变化量区间/nT | Day1～2/个 | Day1～3/个 | Day2～3/个 |
|---|---|---|---|
| 小于－50 | 0 | 0 | 0 |
| －50～－40 | 0 | 0 | 0 |
| －40～－30 | 0 | 0 | 0 |
| －30～－20 | 0 | 0 | 105 |
| －20～－10 | 0 | 106 | 1 222 |
| －10～－0 | 414 | 3 096 | 1 868 |
| 0～10 | 3 084 | 400 | 368 |
| 10～20 | 104 | 0 | 39 |
| 20～30 | 0 | 0 | 0 |
| 30～40 | 0 | 0 | 0 |
| 40～50 | 0 | 0 | 0 |
| 大于 50 | 0 | 0 | 0 |

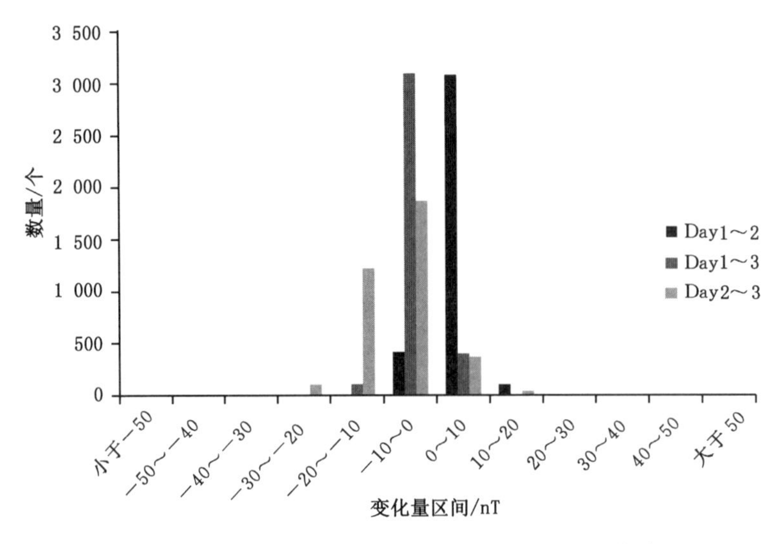


图 4.15　单点不同太阳日磁总场变化量的区间统计

(2) 多点不同太阳日的变化分析

在不同的研究区选取多个点位进行地磁数据采集，间隔一天，对于每个点位在不同太阳日的同一时刻进行数据采集。表 4.10 为三个不同太阳日不同点位的地磁数值以及其差值。

**表 4.10　不同太阳日不同点位地磁数值变化**

| 点号 | 磁场值/nT | | | 磁场变化量/nT | | |
|---|---|---|---|---|---|---|
| | Day1 | Day3 | Day5 | Day1－3 | Day1－5 | Day3－5 |
| 1 | 79 205.80 | 79 311.03 | 79 650.29 | －105.23 | －444.49 | －339.26 |
| 2 | 44 786.41 | 44 428.35 | 44 753.42 | 358.06 | 32.99 | －325.07 |
| 3 | 43 648.50 | 43 756.14 | 43 955.09 | －107.64 | －306.59 | －198.95 |
| 4 | 76 884.11 | 76 563.59 | 77 245.04 | 320.52 | －360.93 | －681.45 |
| 5 | 54 598.08 | 54 545.06 | 109 128.8 | 53.02 | －54 530.72 | －54 583.74 |
| 6 | 92 924.03 | 93 098.03 | 93 640.93 | －174.00 | －716.90 | －542.90 |
| 7 | 95 295.77 | 95 303.64 | 95 798.55 | －7.87 | －502.78 | －494.91 |
| 8 | 106 700.7 | 110 405.1 | 112 238.4 | －3 704.40 | －5 537.70 | －1 833.30 |
| 9 | 70 339.18 | 70 147.45 | 70 409.39 | 191.73 | －70.21 | －261.94 |
| 10 | 57 317.49 | 57 144.90 | 57 182.37 | 172.59 | 135.12 | －37.47 |
| 11 | 52 251.29 | 52 173.80 | 52 185.47 | 77.49 | 65.82 | －11.67 |
| 12 | 48 183.91 | 48 210.53 | 48 177.19 | －26.62 | 6.72 | 33.34 |
| 13 | 45 546.32 | 46 984.75 | 47 419.02 | －1 438.43 | －1 872.70 | －434.27 |
| 14 | 33 376.49 | 33 326.48 | 33 387.90 | 50.01 | －11.41 | －61.42 |
| 15 | 46 919.14 | 46 990.09 | 46 938.05 | －70.95 | －18.91 | 52.04 |
| 16 | 48 097.82 | 48 080.30 | 48 074.37 | 17.52 | 23.45 | 5.93 |
| 17 | 62 512.01 | 62 559.85 | 62 297.51 | －47.84 | 214.50 | 262.34 |

表 4.10(续)

| 点号 | 磁场值/nT | | | 磁场变化量/nT | | |
|---|---|---|---|---|---|---|
| | Day1 | Day3 | Day5 | Day1－3 | Day1－5 | Day3－5 |
| 18 | 63 864.15 | 63 782.71 | 63 945.54 | 81.44 | －81.39 | －162.83 |
| 19 | 65 874.62 | 66 040.05 | 66 094.50 | －165.43 | －219.88 | －54.45 |
| 20 | 62 905.94 | 62 888.24 | 62 899.65 | 17.70 | 6.29 | －11.41 |
| … | … | … | … | … | … | … |
| 238 | 55 295.83 | 55 376.86 | 55 185.18 | －81.03 | 110.65 | 191.68 |
| 239 | 54 760.74 | 54 837.49 | 54 670.73 | －76.75 | 90.01 | 166.76 |
| 240 | 54 477.23 | 54 544.97 | 54 403.61 | －67.74 | 73.62 | 141.36 |
| 241 | 54 325.14 | 54 360.18 | 54 226.38 | －35.04 | 98.76 | 133.80 |
| 242 | 54 948.64 | 54 973.01 | 54 822.72 | －24.37 | 125.92 | 150.29 |
| 243 | 55 409.52 | 55 440.25 | 55 299.85 | －30.73 | 109.67 | 140.40 |
| 244 | 55 272.57 | 55 297.84 | 55 153.42 | －25.27 | 119.15 | 144.42 |
| 245 | 54 867.39 | 54 905.48 | 54 753.94 | －38.09 | 113.45 | 151.54 |
| 246 | 54 424.74 | 54 464.68 | 54 317.95 | －39.94 | 106.79 | 146.73 |
| 247 | 54 165.37 | 54 201.73 | 54 063.92 | －36.36 | 101.45 | 137.81 |
| 248 | 54 805.46 | 54 824.65 | 54 658.63 | －19.19 | 146.83 | 166.02 |
| 249 | 54 536.12 | 54 585.52 | 54 411.35 | －49.40 | 124.77 | 174.17 |
| 250 | 54 080.61 | 54 121.15 | 53 963.43 | －40.54 | 117.18 | 157.72 |
| 251 | 53 396.32 | 53 472.71 | 53 316.81 | －76.39 | 79.51 | 155.90 |
| 252 | 53 079.26 | 53 103.95 | 52 952.39 | －24.69 | 126.87 | 151.56 |

将多个点位的磁场变化量数据绘制成图，如图 4.16 所示。

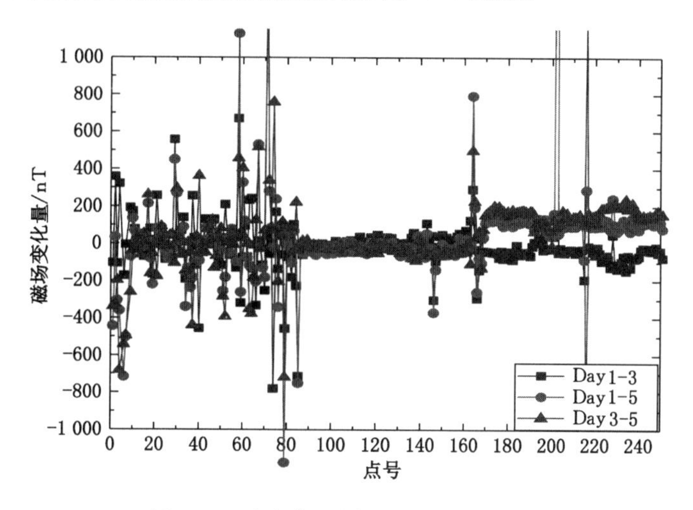


图 4.16　多点位不同太阳日磁场变化量

由图 4.6 可知,多个点位在不同太阳日的地磁值不同,大多集中在－200～200 nT 之间,对其差值进行统计,结果如表 4.11 和图 4.17 所示。

**表 4.11　不同点位不同太阳日磁总场变化量统计表**

| 磁总场变化量区间/nT | Day1－3/个 | Day1－5/个 | Day3－5/个 |
|---|---|---|---|
| 小于－300 | 9 | 13 | 14 |
| －300～－200 | 3 | 6 | 3 |
| －200～－100 | 20 | 11 | 10 |
| －100～－50 | 40 | 23 | 24 |
| －50～0 | 92 | 67 | 66 |
| 0～50 | 56 | 25 | 25 |
| 50～100 | 11 | 37 | 20 |
| 100～200 | 9 | 57 | 71 |
| 200～300 | 6 | 6 | 11 |
| 大于 300 | 6 | 7 | 8 |

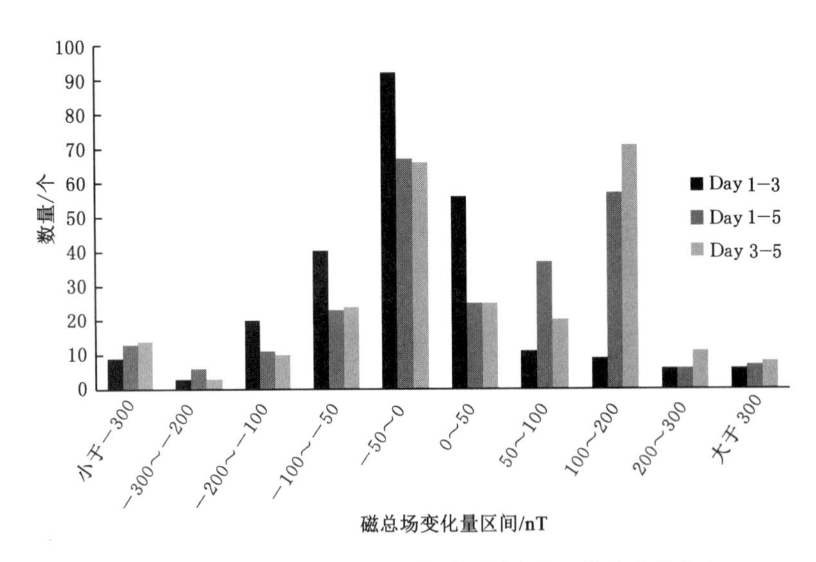


图 4.17　不同点的磁总场在不同太阳日的变化量分布

### 4.3.3　不同太阳日的井下磁数值波动分析

为了确认井下巷道实际不同太阳日的磁数值波动情况,选取两个试验矿井 20 条巷道,开展不同太阳日的磁数据变化监测。每个巷道长度约为 20 m,在巷道中轴线上布设监测点,点间的间隔为 1 m。观测周期是 2 个太阳日重复观测一次,重复观测开始时间点相同。图 4.18 是其中的 4 个巷道不同太阳日重复观测的点位磁总场的数值曲线。

从图 4.18 中可以看出,同一个监测点在不同太阳日的磁数值趋于一致,没有明显的差值,只存在微小磁变化,4 个巷道中监测点 2 个太阳日磁数值见表 4.12。从表 4.12 中可以看

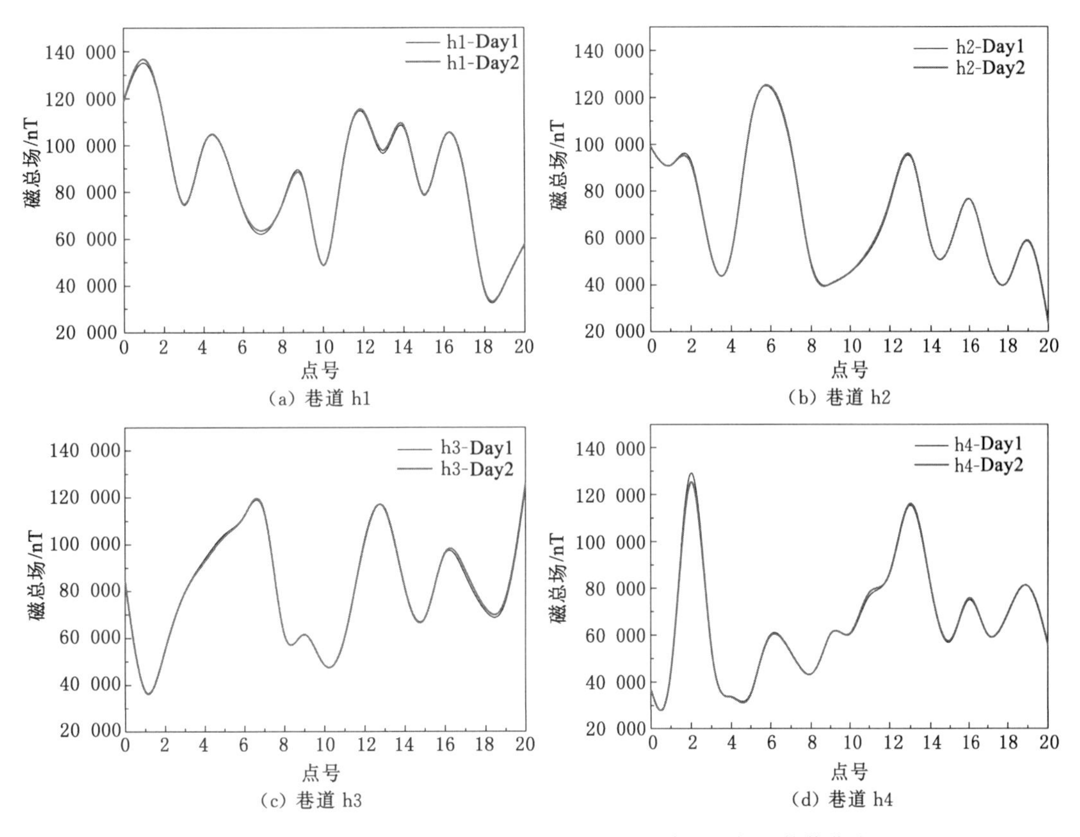


图 4.18　4 个巷道不同太阳日重复观测的点位磁总场的数值曲线

出，同一个监测点的磁数值在不同太阳日内有变化，变化较小的为几十纳特斯拉，变化较大的达到了几百纳特斯拉，存在时域的变化和差异。

**表 4.12　4 个巷道中监测点 2 个太阳日磁数值**

| 点号 | 磁总场/nT | | | | | | | |
|---|---|---|---|---|---|---|---|---|
| | 巷道 h1 | | 巷道 h2 | | 巷道 h3 | | 巷道 h4 | |
| | Day1 | Day2 | Day1 | Day2 | Day1 | Day2 | Day1 | Day2 |
| 0 | 118 354.90 | 118 895.94 | 99 255.58 | 99 280.85 | 84 192.48 | 84 272.35 | 36 879.18 | 36 774.73 |
| 1 | 143 909.16 | 146 181.92 | 84 488.10 | 84 951.95 | 20 418.54 | 21 023.52 | 11 934.19 | 12 096.13 |
| 2 | 116 712.87 | 116 552.07 | 108 382.81 | 106 427.32 | 56 658.33 | 56 672.05 | 183 698.25 | 177 861.04 |
| 3 | 54 985.56 | 55 852.37 | 42 239.73 | 42 288.20 | 81 915.44 | 82 074.29 | 27 617.19 | 27 745.42 |
| 4 | 110 010.06 | 109 851.44 | 39 174.97 | 39 152.99 | 93 826.70 | 92 362.27 | 37 925.21 | 37 610.01 |
| 5 | 103 584.47 | 102 978.94 | 120 818.54 | 120 651.86 | 106 013.69 | 104 991.65 | 23 882.68 | 23 266.84 |
| 6 | 67 672.54 | 68 329.40 | 129 521.80 | 129 802.20 | 108 539.08 | 108 646.77 | 78 731.29 | 78 046.94 |
| 7 | 58 206.84 | 60 354.53 | 106 137.06 | 108 311.55 | 132 373.22 | 133 603.78 | 81 379.52 | 81 016.29 |
| 8 | 73 280.03 | 72 082.63 | 37 624.69 | 35 462.10 | 41 440.98 | 41 247.69 | 27 562.46 | 27 699.89 |
| 9 | 105 736.14 | 104 751.73 | 39 894.51 | 40 832.30 | 71 246.88 | 71 604.66 | 70 708.76 | 70 699.02 |

表 4.12(续)

| 点号 | 磁总场/nT | | | | | | | |
|---|---|---|---|---|---|---|---|---|
| | 巷道 h1 | | 巷道 h2 | | 巷道 h3 | | 巷道 h4 | |
| | Day1 | Day2 | Day1 | Day2 | Day1 | Day2 | Day1 | Day2 |
| 10 | 21 682.20 | 21 663.21 | 44 493.81 | 44 307.40 | 41 588.60 | 41 688.69 | 51 988.54 | 51 935.11 |
| 11 | 100 665.81 | 101 094.60 | 53 051.84 | 54 380.46 | 53 528.81 | 52 855.78 | 83 012.50 | 85 630.17 |
| 12 | 125 373.71 | 126 241.46 | 69 935.24 | 70 956.38 | 105 325.21 | 107 343.44 | 75 015.11 | 73 793.94 |
| 13 | 81 834.34 | 83 269.91 | 113 374.54 | 114 066.70 | 128 048.73 | 126 922.77 | 135 519.31 | 136 649.97 |
| 14 | 126 903.90 | 127 913.57 | 44 729.98 | 44 450.94 | 77 402.95 | 76 562.86 | 74 887.33 | 76 019.19 |
| 15 | 57 416.20 | 58 128.19 | 52 084.89 | 52 700.65 | 56 572.58 | 56 279.28 | 44 810.31 | 45 264.00 |
| 16 | 115 008.41 | 114 632.95 | 90 604.73 | 90 258.38 | 108 272.46 | 108 226.50 | 88 443.72 | 89 669.04 |
| 17 | 97 710.76 | 99 027.46 | 45 660.06 | 46 072.42 | 85 767.30 | 88 831.24 | 50 669.54 | 50 666.80 |
| 18 | 20 883.57 | 21 703.70 | 32 826.51 | 32 312.31 | 69 327.16 | 70 091.14 | 68 898.86 | 68 395.84 |
| 19 | 41 334.18 | 41 600.71 | 73 786.87 | 74 480.37 | 64 996.95 | 66 647.24 | 90 072.81 | 90 194.95 |
| 20 | 57 802.38 | 57 830.77 | 22 843.21 | 23 677.18 | 124 189.37 | 125 893.95 | 55 652.10 | 56 097.28 |

将 4 条测线上的点位在不同太阳日的磁总场数值进行统计,结果如图 4.19 所示。从图 4.19中可以看出,井下同一个点位不同太阳日的磁总场数值波动统计规律明显,整体变化区间在－300～300 nT 之间,大部分集中在－150～150 nT 之间。在利用地磁匹配算法进行匹配仿真试验时,可以考虑将同一点位不同太阳日的噪声水平设置在 300 nT 以内。

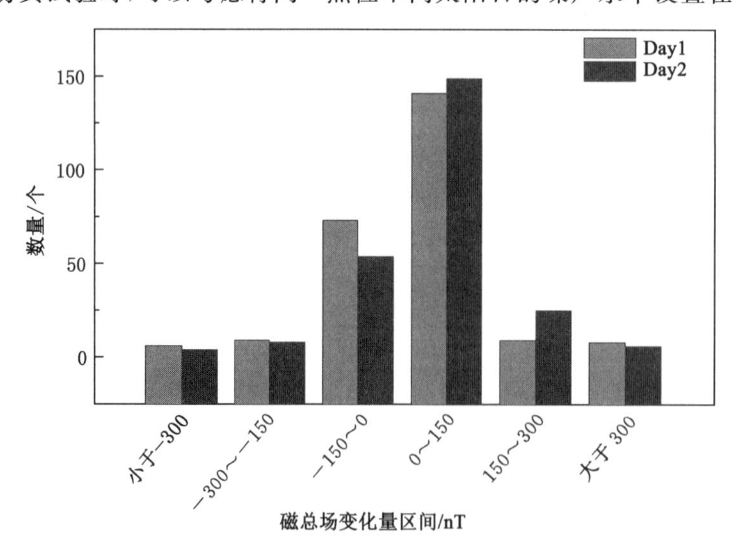


图 4.19　井下巷道不同太阳日的磁总场变化量统计

对某金矿 4 个巷道开展了不同太阳日的磁数据变化监测。在巷道中轴线上布设监测点,点间的间隔为 1 m,观测周期是 2 个太阳日重复观测一次,重复观测起始时间相同。表 4.13 为监测区域内不同太阳日点位重复观测的磁总场数值。

**表 4.13　监测区域内不同太阳日点位重复观测的磁总场数值**

| 点位 | 磁总场/nT | | | | | | | |
|---|---|---|---|---|---|---|---|---|
| | 巷道 h1 | | 巷道 h2 | | 巷道 h3 | | 巷道 h4 | |
| | Day1 | Day2 | Day1 | Day2 | Day1 | Day2 | Day1 | Day2 |
| 0 | 63 671.81 | 63 657.52 | 63 267.53 | 63 272.15 | 41 693.25 | 41 744.81 | 5 713.47 | 25 071.61 |
| 1 | 72 520.91 | 72 518.05 | 57 703.05 | 57 707.00 | 45 264.94 | 45 552.39 | 42 659.36 | 42 673.34 |
| 2 | 88 139.79 | 88 156.62 | 60 404.20 | 60 399.75 | 51 740.48 | 51 673.70 | 49 088.72 | 49 115.07 |
| 3 | 68 061.98 | 68 065.80 | 57 037.20 | 57 038.83 | 49 989.27 | 49 922.36 | 50 456.25 | 50 467.96 |
| 4 | 59 416.95 | 59 482.14 | 55 546.20 | 55 543.66 | 52 100.50 | 52 135.63 | 51 491.04 | 51 665.55 |
| 5 | 55 130.15 | 55 205.76 | 53 224.34 | 53 242.67 | 52 235.61 | 52 076.14 | 51 938.05 | 51 945.99 |
| 6 | 48 698.82 | 48 690.07 | 52 233.73 | 52 231.75 | 53 134.81 | 53 272.37 | 52 279.50 | 52 139.95 |
| 7 | 42 593.31 | 42 606.24 | 52 871.47 | 52 873.35 | 53 551.69 | 53 596.68 | 51 833.54 | 51 998.68 |
| 8 | 51 934.12 | 51 855.76 | 51 822.34 | 51 824.69 | 55 159.37 | 55 122.44 | 53 175.25 | 53 340.25 |
| 9 | 53 803.84 | 53 814.05 | 51 810.58 | 51 827.75 | 53 510.45 | 53 294.74 | 55 095.25 | 54 300.01 |
| 10 | 53 931.16 | 53 927.58 | 51 326.86 | 51 325.36 | 53 809.70 | 53 678.91 | 53 171.60 | 53 172.71 |
| 11 | 48 959.44 | 48 968.14 | 51 332.51 | 51 329.30 | 52 819.75 | 52 763.95 | 54 377.17 | 54 343.89 |
| 12 | 54 147.69 | 54 146.72 | 52 688.44 | 52 685.51 | 52 366.65 | 52 191.91 | 54 770.38 | 54 446.72 |
| 13 | 55 989.73 | 55 988.05 | 54 887.55 | 54 883.82 | 52 212.75 | 52 009.83 | 53 572.82 | 54 470.53 |
| 14 | 55 447.66 | 55 448.73 | 54 341.65 | 54 344.29 | 52 353.67 | 52 431.26 | 54 310.31 | 55 163.06 |
| 15 | 54 480.21 | 54 466.27 | 52 951.04 | 52 944.29 | 53 753.74 | 53 762.13 | 52 836.01 | 52 834.63 |
| 16 | 56 139.00 | 56 156.98 | 52 069.52 | 52 068.13 | 53 495.19 | 53 497.90 | 53 579.68 | 53 588.41 |
| 17 | 57 586.42 | 57 584.54 | 52 501.26 | 52 505.81 | 52 896.39 | 52 875.05 | 53 169.93 | 53 176.55 |
| 18 | 56 548.60 | 56 545.67 | 52 432.11 | 52 420.86 | 53 719.71 | 53 720.46 | 53 542.62 | 53 548.00 |
| 19 | 55 120.99 | 55 112.82 | 52 059.64 | 52 062.29 | 53 294.15 | 53 315.91 | 52 348.71 | 52 340.85 |
| 20 | 53 642.01 | 53 639.32 | 51 870.48 | 51 829.12 | 53 348.56 | 53 367.84 | 52 481.01 | 52 461.65 |

将 4 条测线不同太阳日磁总场变化量进行数值统计，结果如图 4.20 所示。从图 4.20 中可以看出，井下同一个点位不同太阳日的变化量区间较小，只在－150～150 nT 之间波动，没有超过前文统计的 300 nT。与试验矿井、地表相比，金矿的井下环境的时域磁扰动数值较小，说明金矿井下地磁测量相对更稳定，更有利于地磁匹配。

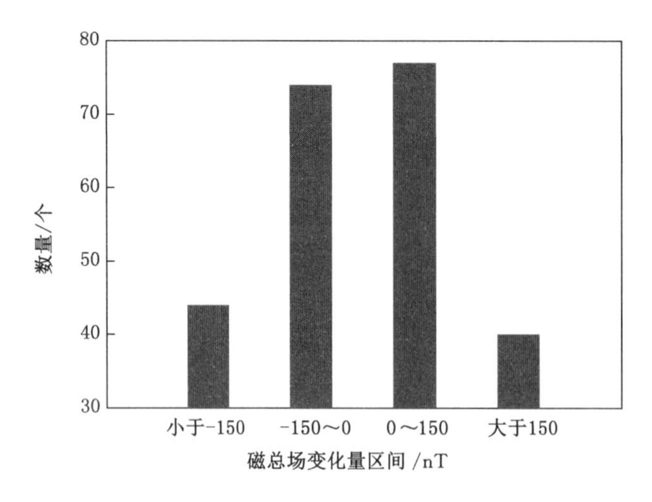


图 4.20　井下不同太阳日的磁总场变化量统计

## 4.4　井下地磁噪声的扰动分析

地磁扰动变化有长期变化和短期变化两大类。长期变化场的总体特征表现为地磁场随时间变化比较缓慢，变化周期一般为几年甚至几十年。短期变化分为平静变化和扰动变化。平静变化以太阳日变为主，其表现特征是地磁场的强度随着太阳时变，振幅变化相对来说比较稳定，地磁日变平均幅度为 10 nT。扰动变化则是指叠加在平静变化场上的地磁扰动变化，例如磁暴、地磁亚暴和地磁脉动。研究表明，磁暴等扰动所带来的磁干扰具有偶然性，对地磁场的影响并没有规律。另外某些磁性物体的动态变化对空间点位磁场所带来的磁干扰具有一定的规律性，一般来说，当干扰源靠近某点时，会在几秒内产生较大的波动，当干扰源远离后，该点位磁场强度值的波动比较小。例如引言中提到的“人员行走”，由于下井人员戴有安全帽，身上还有照明工具等物品，行走时这些设备有可能会对点位磁场产生扰动；另外“运输车辆”是大体积的铁质物体，它的运动会直接影响车辆通行路径附近的点位磁数值。井下存在多种这样的影响因素，如井下人员行走、车辆运输、作业面采掘、机电设施工作状态等等。由于这种磁性物体动态变化的干扰磁场，一般是突发的、不连续的、短期或瞬时的，属于运动状态下的一种磁扰动，需要系统分析这种随机噪声对点位磁数值的扰动时间、扰动距离和扰动幅度。

### 4.4.1　井下人员对磁场的干扰

为了研究人员走动、人员密集度及人员与设备的距离等因素对磁数据采集的干扰程度，选取试验区内相距 15 m 的一段距离进行试验。设距离的中点为测站点，将点位长期监测磁数据作为参考磁数值。试验时，考虑人员平均高度，将地磁探头放置在离地面大约 1.4 m 的位置进行测量。

(1) 单个井下人员运动磁扰

单个井下人员正常行走，并携带手机，从试验距离一端出发，大约距离测站 7 m 远处，缓步匀速经过监测点后，并向相方向走至另一端。在这个过程中采集并记录监测点的磁数值，井下人员通过监测点的磁总场变化值如图 4.21 所示，从图 4.21 中可以看出，人员走动对监测点磁总场存在一定的影响，大约离测站中心 1 m 左右开始产生干扰。

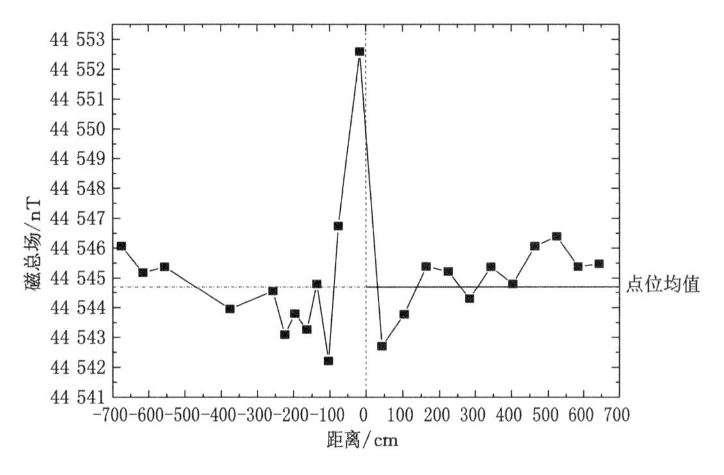


图 4.21　井下人员通过监测点的磁总场变化值

为了保证数据的可靠性，在无任何其他外界干扰的条件下，安排不同的人员缓步经过测站，每次只允许一个人通过，连续采集测站点位磁数据，见表 4.14。表 4.14 中为测站点位磁数值连续 500 次的统计结果，单个人员经过测站点位时产生约 20 nT 的磁干扰。

**表 4.14　井下人员通过监测点位的磁总场**

| 通过人数/个 | 磁总场/nT | | | |
|---|---|---|---|---|
| | *X* | *Y* | *Z* | *R* |
| 1 | 23 872 | −3 396 | 37 275 | 44 394.04 |
| 2 | 23 869 | −3 396 | 37 276 | 44 393.27 |
| 3 | 23 866 | −3 395 | 37 277 | 44 392.42 |
| 4 | 23 867 | −3 394 | 37 279 | 44 394.56 |
| 5 | 23 878 | −3 394 | 37 282 | 44 397.61 |
| 6 | 23 866 | −3 395 | 37 280 | 44 394.94 |
| 7 | 23 867 | −3 393 | 37 282 | 44 397.00 |
| … | … | … | … | … |
| 496 | 23 865 | −3 392 | 37 282 | 44 395.85 |
| 497 | 23 869 | −3 391 | 37 283 | 44 396.61 |
| 498 | 23 866 | −3 390 | 37 281 | 44 395.39 |
| 499 | 23 875 | −3 390 | 37 283 | 44 396.54 |
| 500 | 23 865 | −3 390 | 37 284 | 44 397.38 |
| 均值 | 23 864 | −3 392 | 37 283 | 44 397.26 |

(2) 多个井下人员运动磁扰

在环境不变的情况下,从1到10依次递增经过测站点人员数量,观测人员数量对测站磁数值的扰动影响。为了确保数据的精确性,每种情况下对测站磁数据进行200次采集后取平均值作最终观测结果。测站点 $XYZ$ 三轴磁分量、磁总场磁数值已知,设参考磁向量 $(X, Y, Z, R)$=(23 865.66,−3 392.32,37 283.23,44 397.26)。表4.15为不同数量人员经过测站点位的磁总场。表4.16为通过不同人数时磁数值与参考磁数值的差值。

**表4.15 通过不同数量人员时的磁总场**

| 通过人数/个 | 磁总场/nT | | | |
|---|---|---|---|---|
| | *X* | *Y* | *Z* | *R* |
| 0 | 23 865.66 | −3 392.32 | 37 283.23 | 44 397.26 |
| 1 | 23 879.88 | −3 380.5 | 37 308.29 | 44 425.05 |
| 2 | 23 879.7 | −3 376.16 | 37 309.5 | 44 425.64 |
| 3 | 23 880.2 | −3 376.6 | 37 310.84 | 44 427.06 |
| 5 | 23 880.41 | −3 377.24 | 37 310.76 | 44 427.16 |
| 8 | 23 878.23 | −3 375.93 | 37 310.21 | 44 425.43 |
| 9 | 23 878.65 | −3 376.69 | 37 312.88 | 44 427.95 |
| 10 | 23 879.4 | −3 367.88 | 37 304.07 | 44 420.53 |

**表4.16 通过不同人数时的磁总场变化值**

| 通过人数/个 | 磁总场变化值/nT | | | |
|---|---|---|---|---|
| | *X* | *Y* | *Z* | *R* |
| 0 | 14.217 31 | 11.817 31 | 25.066 83 | 27.792 53 |
| 1 | 14.039 68 | 16.152 83 | 26.273 08 | 28.379 91 |
| 2 | 14.538 39 | 15.716 00 | 27.609 68 | 29.803 71 |
| 3 | 14.752 25 | 15.075 07 | 27.530 84 | 29.901 28 |
| 5 | 12.576 59 | 16.391 59 | 26.984 51 | 28.173 13 |
| 8 | 12.991 31 | 15.628 57 | 29.653 87 | 30.695 80 |
| 9 | 13.744 22 | 24.441 71 | 20.844 85 | 23.270 11 |
| 10 | 14.217 31 | 11.817 31 | 25.066 83 | 27.792 53 |

由表4.16可以看出,在点位附近不断出现1个人、2个人直到10个人的时候,该点位相对于没有人员走动时磁场变化基本相同。磁场北向分量 $X$ 的磁总场变化值为14 nT左右,磁场东向分量 $Y$ 的磁总场变化值为15 nT左右,磁场垂直分量 $Z$ 的磁总场变化值为26 nT左右,磁总场 $R$ 的变化值几乎都不超过30 nT。将这些变化值绘制成折线,如图4.22所示。

在同一个巷道内,选取另外一个监测点开展同样条件磁扰动试验。通过监测点的人数从0逐渐增加到5个。当通过人数为0时地磁数值是该点的点位磁数值,可作为基准数据,见表4.17。从表4.17中可以看出,不同数量人员通过监测点时,会产生一定的磁扰动,但数

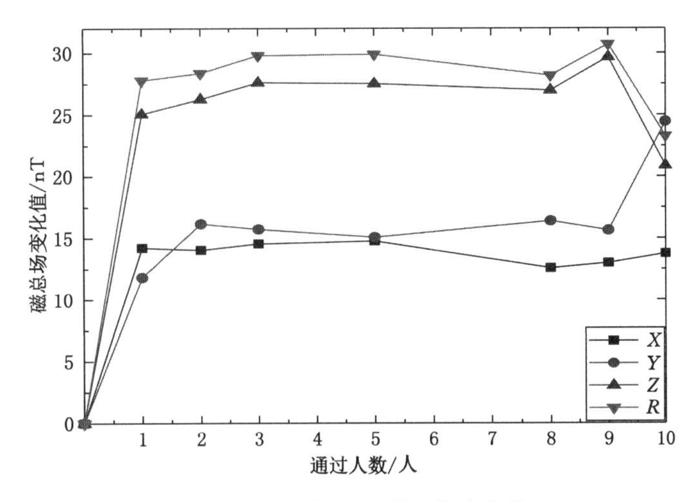


图 4.22　不同通过人数磁场变化值

值波动不大。不管是监测点磁总场还是 *XYZ* 磁分量，人员经过监测点产生的磁扰动只有几十纳特斯拉，小于磁力仪本身测量时随机噪声带来的影响。

**表 4.17　井下人员对监测点磁扰动时的实测值**

| 通过人数/个 | 磁总场/nT | | | |
|---|---|---|---|---|
| | *X* | *Y* | *Z* | *R* |
| 0 | 23 360.38 | −3 271.1 | 37 760.24 | 44 522.39 |
| 1 | 23 355.71 | −3 263.55 | 37 791.26 | 44 545.70 |
| 2 | 23 354.46 | −3 263.16 | 37 789.89 | 44 543.85 |
| 3 | 23 353.93 | −3 263.01 | 37 789.89 | 44 543.56 |
| 4 | 23 354.27 | −3 262.64 | 37 791.45 | 44 545.04 |
| 5 | 23 356.34 | −3 262.42 | 37 791.82 | 44 546.42 |

将不同数量人员对磁场的影响值绘制成折线图，如图 4.23 所示。从图 4.23 中可以看出，不同数量人员经过监测点产生的磁扰动大小是不一样的，其中 *XYZ* 分量差异也不一样，扰动小的只有几纳特斯拉，扰动大的达到了 30 nT。另外，其扰动幅值没有随着人数增多而发生明显变化。这说明井下人员的正常行走对巷道内点位的磁数值影响很小，可以忽略不计。

### 4.4.2　井下运输车对磁场的干扰

在金矿井下实际来往运输的主要是小车，如图 4.24 所示。为了测量运输小车对空间点位磁数值的扰动影响。在井下不同水平处选择 101 和 102 巷道进行试验，巷道长度分别约为15 m、24 m，平均宽度约为 3 m，设其中点为磁扰动监测点，其参考磁数值是不同太阳日无车辆通行时长期监测磁数据的均值。

试验时将地磁探头固定放置在离地面 67 cm 高处的木质平台上。考虑运输小车平均高

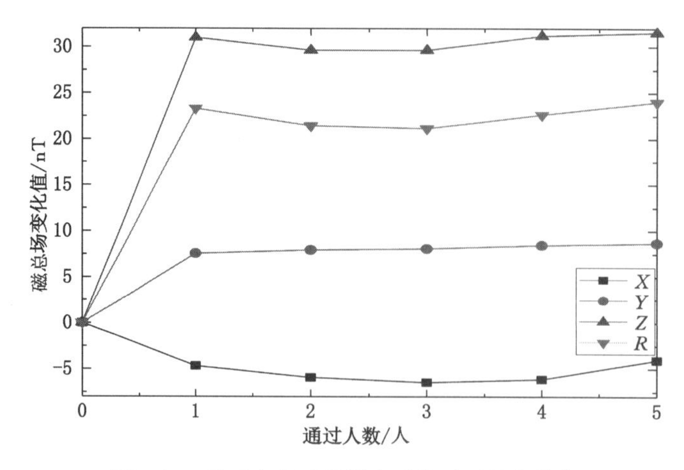


图 4.23　井下人员对监测点磁扰动时的变化值

(a)

(b)

图 4.24　运输小车磁扰动试验

度，试验时磁力仪探头放置在离地面大约 45 cm 高的位置，一个小车从试验巷道一端出发，运输小车匀速经过测站点后，并向相同方向走至另一端。

监测一个时间段内的某点位磁数值，从中提取最大、最小值进行分析，见表 4.18。从该表中可以看出，有小车通过时的点位磁场极值的波动变化约为 1 000 nT，无小车通过时的点位磁场极值基本保持不变。

**表 4.18　101 与 102 巷道空间点位磁扰动统计**

| 巷道 | 数值 | 有小车通过时点位磁场值/nT | 无小车通过时点位磁场值/nT |
|---|---|---|---|
| H101 | 最小值 | 52 670.56 | 53 342.12 |
|  | 最大值 | 53 357.59 | 53 355.90 |
| H102 | 最小值 | 52 452.96 | 53 531.28 |
|  | 最大值 | 53 691.55 | 53 535.72 |

图 4.25 是 101、102 巷道内，运输小车通行对测站点磁数值的扰动影响曲线图。每个点

位磁扰动监测方式都是连续采集 200 s,可以看出运输小车的通行会对空间点位磁数值产生一定扰动。101 巷道监测点受运输小车通行产生瞬时磁干扰的最大数值约为380 nT,102 巷道监测点受运输小车通行产生瞬时磁干扰的最大数值约为 970 nT。同时运输小车对点位产生磁扰动的时间不到 30 s,最大数值瞬间扰动时间仅约 10 s,这与运输小车通行速度有直接关系。

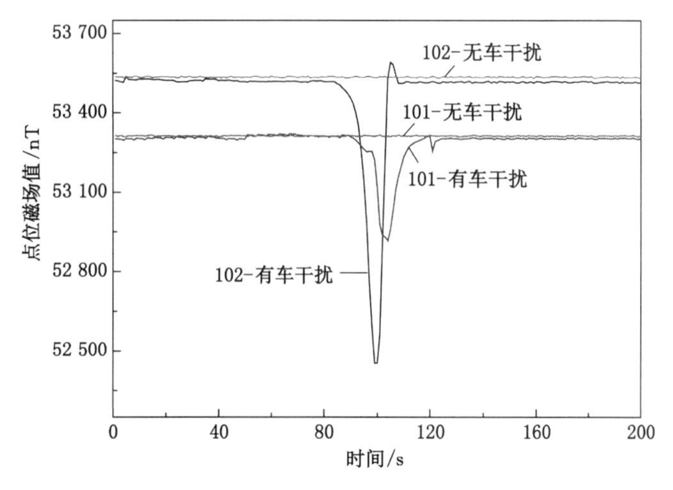


图 4.25 运输小车通行时磁扰动时间分析曲线

为了研究井下运输小车距离测站点不同距离对测站点磁数据的干扰程度,1 个人员驾驶运输小车从巷道一端(距离监测点约 12 m 处)开始,匀速通过监测点并继续前行。整个过程中由在监测点安置的磁力仪实时记录点位磁数值,其磁场数值变化曲线如图 4.26 所示。从图 4.26 中可以看出,运输小车通行对点位磁场存在一定的影响,在 101 巷道区域,运输小车距离监测点约 4 m 时开始产生磁干扰,初始扰动值 50 nT 左右,越接近监测点磁扰动越大,最大至 380 nT 左右,远离后磁扰动值开始逐渐减小。在 102 巷道区域,运输小车距离监测点约 5 m 时开始产生磁干扰,初始磁干扰约 30 nT 左右。

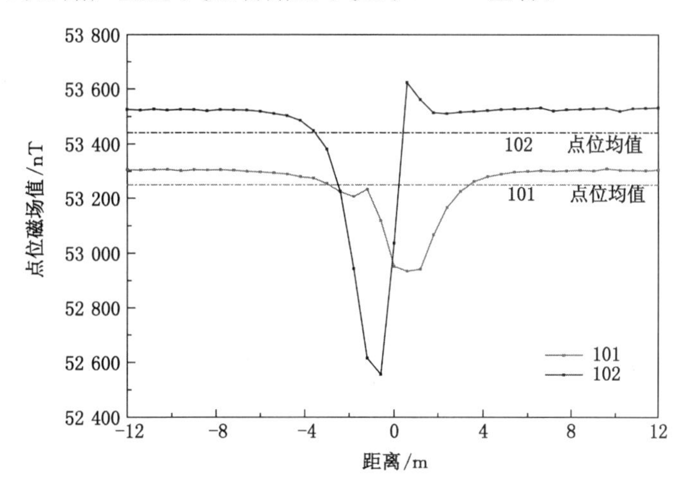


图 4.26 运输小车通行时扰动距离分析曲线

另外在某水平巷道中某个位置安放磁力仪木质平台，平台距离巷道底面的高度为20 cm左右，选择3个运输车按一定间隔经过监测点。车辆通行时，运输车距离监测点的侧方距离为30 cm左右。图4.27是多个车辆间隔通行时对监测点产生的磁扰动曲线。其中在101巷道选取3个运输车按一定间隔通过，102区域是2个运输车依次间隔通过。从图4.27中可以看出，通行小车经过监测点时会产生瞬间磁扰动，101巷道曲线有3次扰动波谷，102的有2次波谷出现，其数值在几千纳特斯拉不等。

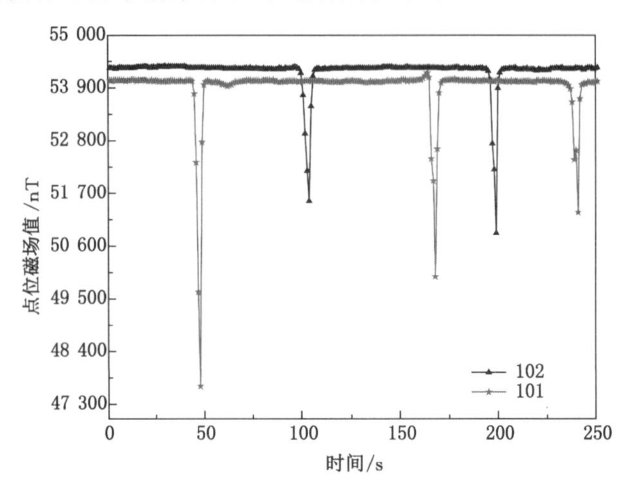


图4.27　多个运输车通行时对监测点产生的磁扰动曲线

### 4.4.3　罐笼运行对磁场的干扰

罐笼运行(升降或者停止瞬间)也会对附近巷道的空间点磁数值产生扰动影响，为了测量罐笼运行通过监测点水平巷道的瞬间产生的扰动数值，选取井下3个水平巷道与竖井连接处进行试验。试验监测点选取在距离罐笼经过时1.5 m左右的水平巷道内，试验时将地磁探头固定放置在监测点对应的离地面高度67 cm处的木质平台上，见图4.28。

图4.28　罐笼运行磁扰动的监测点

罐笼运行从竖井最高点下降，平稳运行，经过监测点水平巷道，继续运行至竖井最低点，然后上升至监测点的水平巷道，最后到竖井最高点位置。在这个过程中，罐笼启停运行多次，发现每次启停罐笼都会对水平巷道附近监测点产生较强磁噪声（干扰）。罐笼运行对监测点磁扰动的影响如图 4.29 所示，从该图中可知，罐笼每次经过监测点所在水平巷道时都会产生一定的磁干扰，产生的瞬时磁干扰大约为 1 500 nT。

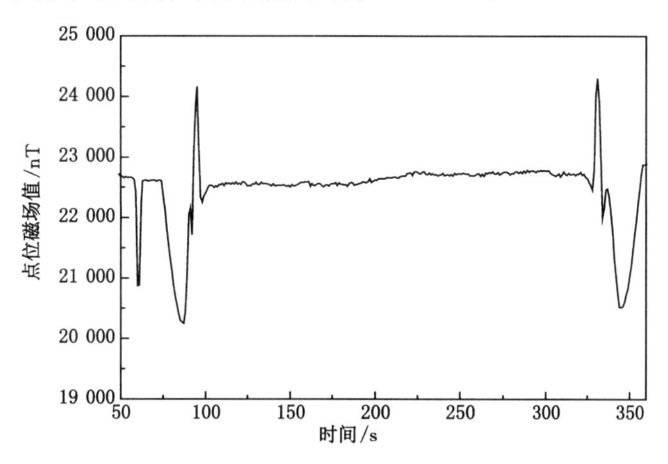


图 4.29　罐笼运行对监测点的磁扰动曲线

# 第5章 井下地磁图适配性评价方法优化

在地磁匹配定位中,匹配精度不仅与所选用匹配算法有关,还与地磁图特征或者适配性有着重要关系。适配性是指地磁图对匹配的适应性,即地磁场特征在匹配定位中表征地理位置的能力。适配性评价就是对待匹配区的地磁图进行定性或定量评价。本章介绍了区域地磁图宏观特征、微观特征及相似特征,提出了井下地磁图适配特征的指标体系。并从特征优选、地磁特征规范化处理、熵值定权和联合评价等方面研究了评价模型的优化方法,构建了基于回归分析的多因子联合评价模型、基于贡献权因子的BP适配性评价模型,提高井下地磁图适配性定量或定性评价的准确度。

## 5.1 井下地磁图特征

### 5.1.1 井下地磁图的适配特征

地磁图是以网格形式存储在计算机中的。地磁图数据是一个格网数据,可以进行数字特征统计,这些数字特征能从一定程度上反映地磁图特征。在进行适配性分析时,地磁图特征也称为基本适配特征。每一个基本适配特征都反映了地磁图适配性能的一个方面。从公开的文献来看,描述地磁图特征的数学指标有很多,如平均地磁场值、地磁标准差、地磁粗糙度、地磁熵、相关系数、峰态系数、累加梯度均值等十几种,它们从不同角度刻画了地磁图的适配性能。地磁空间分布数学指标如表5.1所示。

表5.1 地磁空间分布数学指标

| 类型 | 特征 | 含义 |
| --- | --- | --- |
| 宏观起伏特征 | 平均地磁场值 | 表示区域内地磁场的平均值 |
| | 地磁标准差 | 表示区域内地磁场离散程度。数值越大,说明该区域地磁变化越明显 |
| | 累加梯度均值 | 描述地磁场复杂度。数值越大,说明区域内包含信息量越大 |
| | 峰态系数 | 反映数值的集中程度。数值越大,数据在均值附近集中程度越高 |
| | 偏态系数 | 反映地磁图的对称性或歪斜度。数值越大,不对称性越高 |
| | 地磁费歇信息量 | 度量地磁图信息量。数值越大,区域地磁场信息越丰富 |
| 微观破碎特征 | 地磁粗糙度 | 表示区域地磁场局部起伏状况。数值越大,越有利于地磁匹配定位 |
| | 粗糙方差比 | 度量地磁起伏变化。数值较大时,表示相邻采样间隔的起伏较大 |
| | 地磁信息熵 | 反映区域信息量。数值越小,表明地磁变化越独特,越有利于匹配 |
| 相似特征 | 相关系数 | 反映地磁场数据独立性。相关系数越小,越有利于地磁匹配定位 |

井下地磁空间分布复杂，有的区域地磁数据的空间分布独特性强，有的区域特征分布不明显，变化平缓。另外井下巷道是带状空间，表5.1有些统计特征不明显，效果不好。经过大量的试验对比，选取一些量化指标作为巷道适配性评价的依据，并建立了井下地磁图特征体系，见表5.2。

**表5.2 井下地磁图特征体系**

| 地磁特征量 | | 意义 | 符号 | 单位 |
|---|---|---|---|---|
| 宏观特征 | 平均地磁场值 | 对井下候选匹配区内地磁场均值的一种描述 | $\overline{f}$ | nT |
| | 地磁标准差 | 反映了井下地磁场的离散程度和地磁场总体起伏 | $\sigma$ | nT |
| | 峰态系数 | 反映的是井下地磁数值的集中程度 | $C_e$ | — |
| 微观特征 | 地磁粗糙度 | 反映了地磁场的平均光滑程度和磁场局部起伏状况 | $r$ | nT |
| | 粗糙方差比 | 可以作为地磁场起伏变化的度量，值越大表示其起伏相对越大，反之较小 | $r/\sigma$ | — |
| 相似特征 | 相关系数 | 反映了地磁场数据各个特征自身数据的独立性，相关系数越小，适配性强 | $\rho$ | — |
| 相对特征 | 变异系数 | 地磁标准差与地磁平均值的比值，数值越大，适配性强 | $K$ | — |

表5.2中选取了地磁分布的宏观特征、微观特征、相似特征及相对特征的指标，综合计算井下巷道地磁空间分布状况。相对表5.1，在表5.2井下地磁图特征体系中新增加了变异系数。其中地磁标准差、粗糙度、信息熵数值越大，则说明该分量的空间地磁分布的独特性越明显，适配性越强。自相关系数、互相关系数越大，说明该区域内部特征相似区段较多，在地磁匹配时易出现模糊匹配，适配性差。表5.2中的粗糙方差比和变异系数是地磁数据离散分布的相对指标，是地磁特征的引申指标，可以消除地磁特征参量量纲不同带来的影响，便于后续的适配性建模研究。

(1) 变异系数

变异系数是原始数据标准差与原始数据平均数的比，它和极差、标准差和方差相似，是反映数据离散程度的绝对值，数值越大，离散程度越大，数据分布的特征越明显。变异系数$K$如式(5.1)所示，$K$没有量纲，表示一个空间区域地磁数据离散分布相对指标，不会受平均地磁值场的影响。式中$\overline{f}$为平均地磁场值，如式(5.2)所示；$\sigma$为地磁标准差，如式(5.3)所示，$M_1$、$M_2$分别为地磁图采样间隔，网格点的值记为$f(i,j)$。

$$K=\frac{\sigma}{\overline{f}} \tag{5.1}$$

$$\overline{f}=\frac{1}{M_1M_2}\sum_{i=1}^{M_1}\sum_{j=1}^{M_2}f(i,j) \tag{5.2}$$

$$\sigma=\sqrt{\frac{1}{M_1(M_2-1)}\sum_{i=1}^{M_1}\sum_{j=1}^{M_2}[f(i,j)-\overline{f}]^2} \tag{5.3}$$

由于井下不同区域的磁场数据的测量尺度相差太大，其数据量级差距太大，直接使用标准差进行对比，有时评价结果不一定客观，变异系数在一定程度上可以消除井下地磁测量尺度和量纲的影响。例如，表 5.3 为 3 个巷道的空间地磁特征统计数值。对比巷道 A、B 的地磁标准得出巷道 A 地磁空间分布特征更明显，但是对比变异系数发现两者特征相似，均为 0.11。对比巷道 A、C 地磁统计数值，两者标准差相差较多，其变异系数相差较大。

**表 5.3　3 个巷道的空间地磁特征统计数值**

| 区域 | 地磁均值 | 标准差 | 变异系数 |
| --- | --- | --- | --- |
| 巷道 A | 46 822.02 | 5 504.88 | 0.11 |
| 巷道 B | 41 211.27 | 4 610.85 | 0.11 |
| 巷道 C | 45 150.76 | 7 380.09 | 0.16 |

(2) 相关系数

相关系数是用以反映变量之间相关关系密切程度的统计指标，见式(5.4)。相关系数可按积差方法计算，同样以两变量与各自平均值的离差为基础，通过两个离差相乘来反映两变量之间相关程度，着重研究线性的单相关系数。地磁场的相关系数反映了地磁场数据各个特征自身数据的独立性，相关系数越小，区域特征越独特，越有利于匹配定位。式中 $\rho_x$ 和 $\rho_y$ 分别为两个方向的相关系数，见式(5.5)和式(5.6)。

$$\rho = \frac{\rho_x + \rho_y}{2} \tag{5.4}$$

$$\rho_x = \sqrt{\frac{1}{M_1(M_2 - 1)\sigma^2} \sum_{i=1}^{M_1} \sum_{j=1}^{M_2-1} [f(i,j) - \bar{f}][f(i,j+1) - \bar{f}]} \tag{5.5}$$

$$\rho_y = \sqrt{\frac{1}{(M_1 - 1)M_2\sigma^2} \sum_{i=1}^{M_1-1} \sum_{j=1}^{M_2} [f(i,j) - \bar{f}][f(i+1,j) - \bar{f}]} \tag{5.6}$$

(3) 地磁粗糙度和粗糙方差比

地磁粗糙度可以反映地磁场的平均光滑程度和磁场局部起伏状况，见式(5.7)。粗糙方差比是指地磁粗糙度与地磁标准差的比，可作为地磁场起伏变化的度量。与变异系数相仿，粗糙方差比相对于粗糙度更能突出局部特征量化评定，有利于适配性模型的评价。当粗糙方差比数值较小时，表示相邻采样点间的地磁变化量较小；反之则表示相邻采样点间的地磁变化量比整个区域的平均起伏变化量大。式(5.7)中的 $r_x$ 和 $r_y$ 分别为两个方向的地磁粗糙度，分别见式(5.8)和式(5.9)。

$$\left.\begin{aligned} r &= \frac{r_x + r_y}{2} \\ C &= \frac{r}{\sigma} \end{aligned}\right\} \tag{5.7}$$

$$r_x = \sqrt{\frac{1}{M_1(M_2 - 1)} \sum_{i=1}^{M_1} \sum_{j=1}^{M_2-1} [f(i,j) - f(i,j+1)]^2} \tag{5.8}$$

$$r_y = \sqrt{\frac{1}{(M_1 - 1)M_2} \sum_{i=1}^{M_1-1} \sum_{j=1}^{M_2} [f(i,j) - f(i+1,j)]^2} \tag{5.9}$$

### 5.1.2　适配性评价的技术指标

迄今为止，研究人员采用了匹配概率、匹配精度、匹配误差、截获概率、虚警概率、圆概率偏差等多个参数作为适配性的评价精度，其中以匹配概率的应用最为广泛。匹配概率是评价待匹配区适配性能重要的定量依据，它表示在待匹配区内进行地磁匹配时匹配结果的可信度。显然，匹配概率越大，表明该区域的适配性越好，地磁匹配定位结果就越可信。

目前关于匹配概率的计算方法还没有统一的标准。如果不考虑一个位置不同方向的差异，通常用匹配仿真的方法来计算匹配概率。井下工程多属于条带状区域，对于一条巷道来说，通常只需要考虑巷道伸长方向的匹配定位，所以依据匹配仿真试验结果来确定匹配概率。这种方法通常是指在待匹配区域进行若干次的匹配仿真试验，将正确匹配次数与总匹配次数之比作为匹配概率。具体描述如下：

选择待匹配区中的任意一点作为参考点 $P$，将点 $P$ 向巷道伸长的方向延伸出长度为 $L$ 的一条序列作为匹配序列，同时将参考点 $P$ 作为待匹配点。在待匹配区内，通过相关匹配算法对与匹配序列大小相对应的实测序列进行搜索匹配，如果配准点(即真实定位点)$P_M$ 与匹配点 $P$ 的距离小于既定误差 $\varepsilon$，则认为匹配成功，反之则认为匹配失败。若将匹配结果定义为参考点 $P$ 的配准度 CMM($P$)，匹配成功时 CMM($P$)＝1，匹配失败时 CMM($P$)＝0，则匹配概率为：

$$P_{\mathrm{CMA}}=\frac{\sum \mathrm{CMM}(P)}{N_{\mathrm{CMA}}} \tag{5.10}$$

式中　CMA——待匹配区；

$\sum \mathrm{CMM}(P)$——所有匹配试验成功的次数；

$N_{\mathrm{CMA}}$——试验总次数。

利用式(5.10)计算匹配概率时，有两个问题是必须注意的，即匹配序列长度的设置和相关度量准则的选取。

① 匹配序列长度的设置。在实际应用中，为防止由于匹配序列长度设置不当而影响适配性的客观评价，可以取一个系列的序列长度 $L_j$($j=1,2,3,\cdots$)，计算各长度下的 $P_{\mathrm{CMA}}$，然后取其平均作为最终的匹配概率。

② 相关度量准则的选取。利用相关匹配算法进行地磁匹配时，应当确定常用算法作为相关度量准则，例如平均绝对差(mean absolute difference，MAD)、均方差(mean square difference，MSD)等。

### 5.1.3　区域地磁适配性的分析方法

地磁适配性的评价是对井下所有巷道进行地磁空间特征的丰富度评价，可以分为定性和定量两种评价方式。定性评价是评价该区域地磁定位的适配程度，分为适配、弱适配、非适配三个等级。基于多属性决策有距离判别、贝叶斯判别、决策树判别、BP神经网络等判别方法。定量评价是对待匹配区进行匹配概率的量化评价，从匹配实用性和准确率上进行评价。

适配性定性分析方法的基本思想是以基本适配特征作为分类依据，将候选匹配区划分成可以用于匹配的适配区和不适合匹配的非适配区。可见，与基于决策选优和基于建模预测的适配性分析方法不同，基于筛选分类的适配性分析方法是从定性的角度对候选匹配区的适配性能进行评价。这类方法的优势在于，在实际应用中有时并不需要知道某区域确切的适配性能值，而只需要了解该区域是否适合匹配即可，因此开展对此类方法的研究具有重要意义。当前,关于候选匹配区分类问题的研究大致有如下几种类型。

(1) 单一基本适配特征策略。此策略以某一基本适配特征为研究对象,通过设定阈值的方法将候选匹配区划分为适配区和非适配区。例如,部分文献利用信息熵、分形维数、粗糙方差比等基本适配特征实现了对候选匹配区适配性能的定性评价。该策略的表现形式为:

$$\text{Feature} \geqslant \text{Threshold or Feature} \leqslant \text{Threshold} \tag{5.11}$$

(2) "交集"策略。为了解决单一基本适配特征评价适配性不全面的问题,采用多个特征作为分类依据,分别对每个特征设定判定阈值来确定适配区符合的条件,当候选匹配区的各基本适配特征均满足条件后即可被判定为适配区。此策略可通过如下形式表达:

$$\text{Feature1} \geqslant \text{Threshold1} \cap \text{Feature2} \leqslant \text{Threshold2} \tag{5.12}$$

(3) 层次筛选策略。与"交集"策略不同的是,层次筛选策略在选择适配区时更具有次序性。筛选过程一般是从粗到细并经过层层判断,最后将满足条件的候选匹配区认定为适配区。

事实上,这三类策略本质上是一样的,都是采用对基本适配特征设定阈值的方法实现候选匹配区的分类,只不过所形成的判定准则在实际操作层面上有所不同。这种方法主要存在两个缺点:一是阈值是人为设置的。基本适配特征与适配性评价指标之间存在着较为复杂的关系,这使得设定合理的阈值是一件非常困难的事。以高优型基本适配特征(即特征值越大,适配性就越好)为例,如果设置的阈值过大,判定准则就会比较保守,易将原本可以作为适配区的区域判定为非适配区;而如果设置的阈值过小,则容易将非适配区误判为适配区,这样的错误更是适配性研究中所无法接受的。二是判定准则的提取难度大。同样,基本适配特征与适配性评价指标之间复杂的关系,导致"交集"策略和层次筛选策略评定准则提取的难度非常大,而这项工作大多又是由研究人员凭借经验来完成的,因此存在着较大的主观性。

(4) 公式判定策略。该策略将分类准则抽象成数学公式,当候选匹配区满足公式成立的条件时,即可被判定为适配区。

(5) 分类器策略。这是一类更为高级的分类策略,它是将基本适配特征指标的量化数值作为分类器的输入,通过自主学习的方式建立分类器判别规则。然后利用训练好的分类器对候选区域的适配性进行定性分析。

为了使提取的判定准则更为客观,策略(4)以数学公式为判定准则,虽然清晰明了,但是它建立的判定公式能否真实反映基本适配特征与适配性评价指标之间的复杂关系还有待考察。策略(5)利用人工智能领域中的分类器作为适配性能的评判工具,其优势在于一方面可以通过机器学习的方式将分类知识融入分类器;另一方面可以最大程度减少人为因素的影响。因此分类器策略将是适配性研究领域中定性分析方法的研究重点。

需要说明的是,这些适配性评价方法没有主次、优劣之分,只是分析和解决问题的角度不同而已。在实际应用中可以根据问题需求单独或者联合使用上述方法,从而为区域适配性评价提供更好的依据和指导。

## 5.2 井下地磁特征适配性的评价分析

### 5.2.1 井下磁总场的适配性评价

利用"交集"策略进行区域适配性评价的方法简单快捷,可以根据地磁图统计指标数值确定每个特征指示的阈值。试验选取编号为 J1、J2、J3、J4 和 J5 的水平巷道，长度为 20 m 左右，巷道平均宽度在 3～4 m 之间。磁总场数值采样间隔为 1 m，通过数值采集插分后的巷道磁总场空间分布曲面如图 5.1 所示。

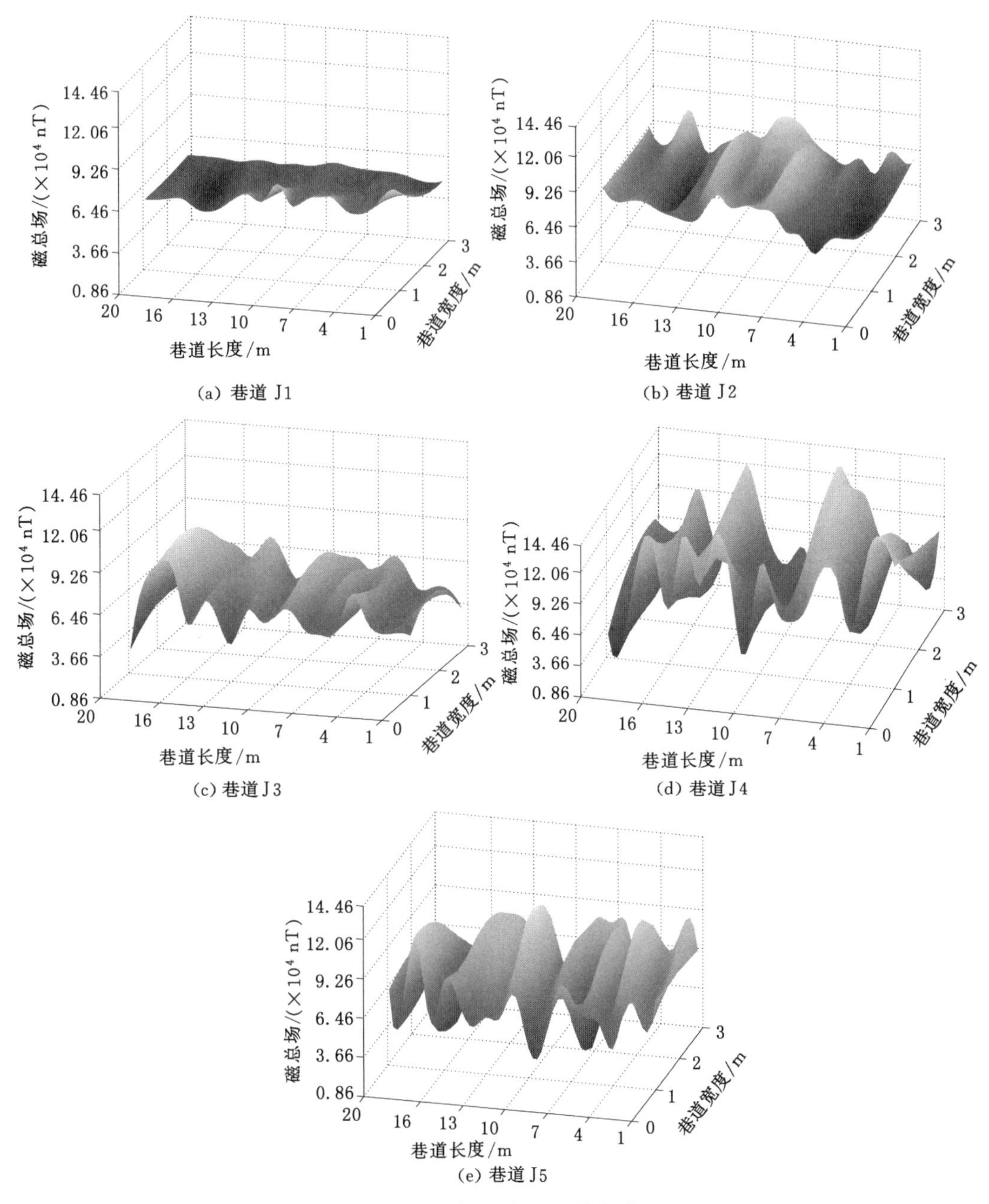


图 5.1　巷道磁总场空间分布曲面

从图 5.1 中可以看出，巷道 J1 磁总场空间变化很小，趋于平缓，巷道 J2 和 J3 磁总场变化相对明显。巷道 J4 和 J5 磁总场变化空间特征突出，信息较为丰富。将 5 个巷道磁总场数值进行空间地磁特征的统计分析，表 5.4 为巷道的磁场均值、地磁标准差、峰态系数、粗糙度、相关系数、变异系数等适配特征计算结果。

从表5.4中可以看出，5个巷道磁场均值、地磁标准差、粗糙度差异明显，信息熵区分度很小，都集中在8～9之间，巷道之间的变异系数数值差别也不大，因此信息熵和变异系数不能作为首选的判别指标。峰态系数特征也较为突出，其中巷道J2的峰态系数达到了3.729，这说明该区域大部分磁数值集中在相同区间段，相似度较高。

**表5.4 巷道磁场适配特征计算结果**

| 特征指标 | 磁场均值 | 地磁标准差 | 峰态系数 | 粗糙度 | 信息熵 | 相关系数 | 变异系数 |
|---|---|---|---|---|---|---|---|
| 巷道J1 | 57 544.2 | 10 907.94 | −0.239 | 4 405.001 | 8.781 | 0.713 | 0.403 |
| 巷道J2 | 56 350.25 | 4 263.549 | 3.729 | 1 572.323 | 8.803 | 0.851 | 0.368 |
| 巷道J3 | 59 659.04 | 11 322.84 | 0.496 | 4 220.724 | 8.781 | 0.507 | 0.372 |
| 巷道J4 | 75 747.45 | 30 606.28 | −0.975 | 12 496.19 | 8.685 | 0.421 | 0.408 |
| 巷道J5 | 64 381.89 | 18 411.23 | −0.273 | 10 572.83 | 8.744 | 0.357 | 0.374 |

交集适配性评价采用多个特征作为分类依据，并对每个特征采取分别设定阈值的方式来确定适配区符合的条件。适配性评价结果分为两类，即适配区和非适配区。在建立适配性评价的定性分析规则时应当考虑每个统计特征的具体意义。如当一个巷道地磁数值随空间点位变化波动很大时，其地磁的标准差、粗糙度的统计特征的数值往往偏大，说明该巷道地磁空间分布特征丰富，独特性强，适合开展地磁匹配定位。在标准差、粗糙度数值相近的情况下，粗糙方差比更适合作为参考评价指标，其数值越大表示区域磁总场起伏相对越大，反之较小。另外如果一个区域地磁数据的自相关系统和变异系数越小，则代表该区域地磁特征越独立、越明显，越适合匹配。

为了提高区域适配性评价精度，选取磁总场标准差、粗糙度、自相关系数及变异系数建立一个判别规则Ⅰ和判别规则Ⅱ策略，如表5.5所示。根据实际测试和反复试验确定每个规则阈值，从而进行适配性评价。

**表5.5 适配性评价判别规则**

| 判别规则Ⅰ策略 | 判别规则Ⅱ策略 |
|---|---|
| 磁总场标准差⩾8 000 | 磁总场标准差⩾8 000 |
| 粗糙度⩾5 000 | 粗糙方差比⩾5 000 |
| 相关系数⩽0.5 | 变异系数⩽0.4 |

根据上述两个判别规则可得出的适配性评价结果见表5.6。

**表5.6 适配性评价结果**

| 判别规则 | 巷道J1 | 巷道J2 | 巷道J3 | 巷道J4 | 巷道J5 |
|---|---|---|---|---|---|
| Ⅰ策略 | 不适配 | 不适配 | 不适配 | 适配 | 适配 |
| Ⅱ策略 | 不适配 | 不适配 | 适配 | 不适配 | 适配 |

从这两个策略评价结果(表 5.6)中可以看出,交集判别规则的指标选取和阈值确定需要通过反复试验来确定,评价对于特征不明显区域的识别效果明显。但是对于特征相近巷道,不同适配性评价规则的评价结果是不一样的,有一定的随意性。

### 5.2.2　井下磁分量的适配性评价

大量统计试验表明,地磁场的每个元素空间分布具有复杂性,同一巷道地磁场的三轴分量以及磁总场的变化趋势在大体上有一定的相似性,但是磁分量 $XYZ$ 变化趋势并不相同,各具特色。如果一个巷道磁总空间特征丰富,那么三个分量进行适配性如何?选取 5.2.1 中适配性较好的巷道 J4 和 J5,磁分量 $XYZ$ 对适配性进行评价。

图 5.2 是巷道 J4 磁分量 $XYZ$ 空间变化曲面图。从图 5.2 中可以看出,磁分量 $XYZ$ 变化趋势不同,曲面变化峰值不相似,差异性明显。磁分量 $X$ 曲面变化相对平缓,磁分量 $Z$ 曲面特征最为突出。

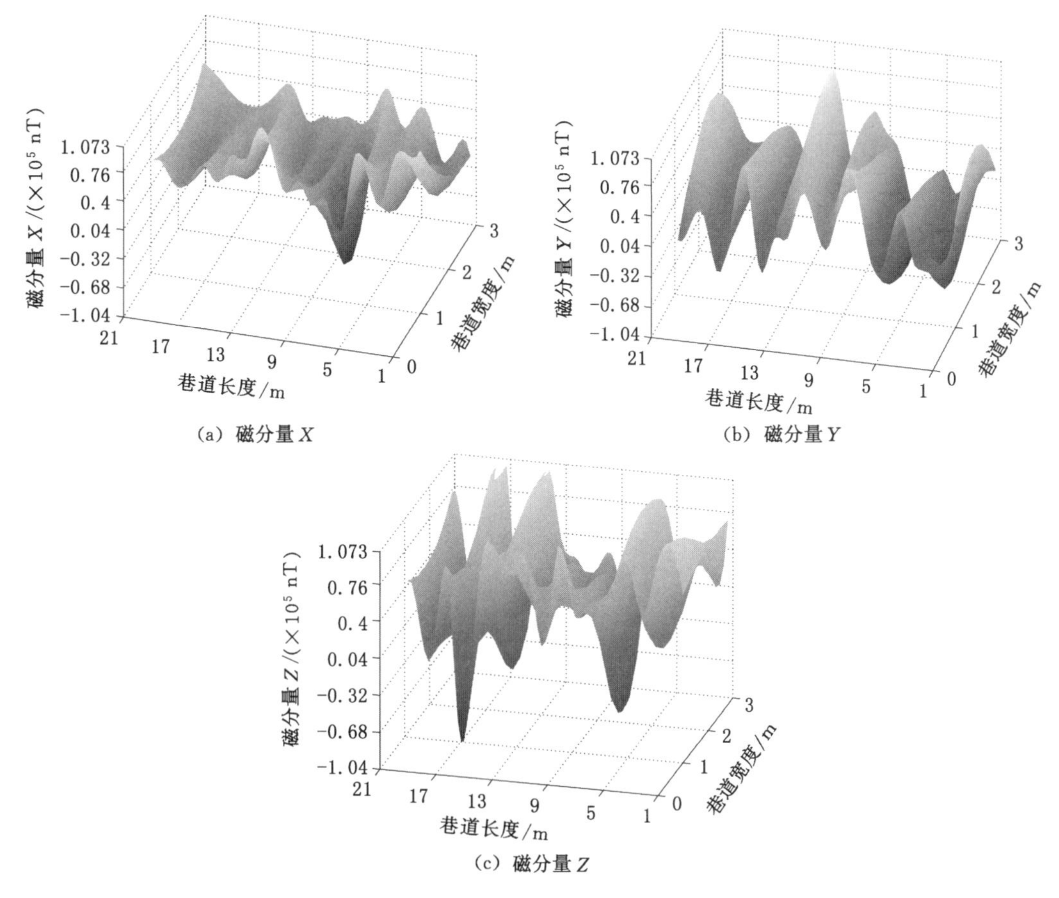


图 5.2　巷道 J4 磁分量 $XYZ$ 空间变化曲面图

对巷道 J4 的磁分量 $XYZ$ 数值进行空间地磁特征统计分析,分别计算每个分量的均值、标准差、峰态系数、偏态系数、粗糙度、信息熵、相关系数等,统计结果如表 5.7 所示。从表 5.7中可以看出,磁分量 $Y$ 和磁分量 $Z$ 标准差数值大,差异明显,但磁分量 $Y$ 信息熵较高且相关系数达到了 0.838，说明该区域内曲面变化特征丰富，但相似度较高，适配性不好。综合对比巷道 J4 三个分量，磁分量 $Z$ 的磁空间特征最明显，适配性较好。

**表 5.7 巷道 J4 的磁分量 $XYZ$ 数值空间特征统计**

| 特征指标 | 磁分量 $X$ | 磁分量 $Y$ | 磁分量 $Z$ |
| --- | --- | --- | --- |
| 均值/nT | 16 362.439 | −6 335.5 | 28 483.6 |
| 标准差/nT | 28 882.447 | 39 948.8 | 44 870.7 |
| 峰态系数 | 2.596 | −0.306 | −0.157 |
| 偏态系数 | −3.441 | −3.195 | −3.34 |
| 粗糙度/nT | 14 501.9 | 15 510.2 | 20 892.8 |
| 信息熵 | 11.945 | 31.288 | 12.15 |
| 相关系数 | 0.543 | 0.838 | 0.479 |
| 粗糙方差比 | 0.502 | 0.388 | 0.465 |

图 5.3 是巷道 J5 磁分量 $XYZ$ 空间变化曲面图。从图 5.3 中可以看出，磁分量 $XYZ$ 变化趋势比较接近，曲面变化峰值差异性较明显。其中磁分量 $X$ 曲面变化相对平缓，磁分量

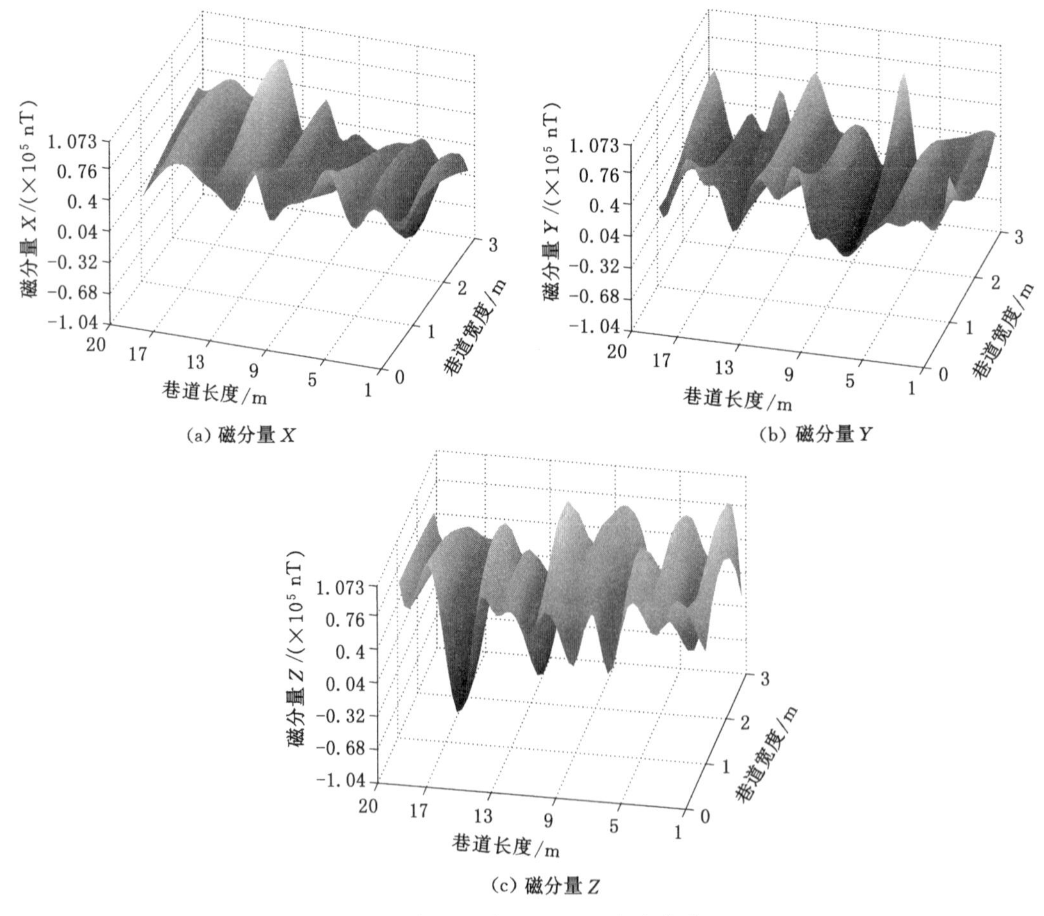


(a) 磁分量 $X$

(b) 磁分量 $Y$

(c) 磁分量 $Z$

图 5.3 巷道 J5 磁分量 $XYZ$ 空间变化曲面图

$YZ$ 曲面特征最为突出。

对巷道 J5 的磁分量 $XYZ$ 数值进行空间地磁特征的统计分析，分别计算每个分量的均值、标准差、峰态系数、偏态系数、粗糙度、信息熵、相关系数、粗糙方差比，统计结果如表 5.8 所示。从表 5.8 中可以看出，磁分量 $Y$ 和磁分量 $Z$ 标准差数值大，差异明显。其中磁分量 $Y$ 的信息熵(51.209)较高，且相关系数(0.543)较小，说明该区域内曲面变化特征丰富，且相似度不高。磁分量 $Z$ 特征也明显，但相关系数达到 0.671。经综合对比发现巷道 J5 磁分量 $Y$ 的磁空间特征最明显，适配性较好。

**表 5.8 巷道 J5 的磁分量 *XYZ* 数值空间地磁特征统计**

| 特征指标 | 磁分量 $X$ | 磁分量 $Y$ | 磁分量 $Z$ |
|---|---|---|---|
| 均值/nT | 18 649.75 | 1 827.678 | 35 003.642 |
| 标准差/nT | 21 939.78 | 28 141.607 | 36 118.607 |
| 峰态系数 | 0.832 | −0.109 | 0.468 |
| 偏态系数 | −2.826 | −2.934 | −3.713 |
| 粗糙度/nT | 9 560.061 | 14 696.543 | 18 535.547 |
| 信息熵 | 9.896 | 51.209 | 10.321 |
| 相关系数 | 0.437 | 0.543 | 0.671 |
| 粗糙方差比 | 0.435 | 0.505 | 0.513 |

通过研究同一区域的磁总场与磁分量的适配性评价结果，发现同一区域的磁总场与磁分量 $XYZ$ 的适配性评价结果不一致，磁总场只会与其中一个或两个分量的适配性特点相符。即使磁总场空间特征明显，适配性较好，这个区域内磁分量 $XYZ$ 的适配性也可能不强，差异明显。因此在进行多维向量匹配计算时，在开展区域的磁总场适配性评价的同时，还需要开展磁分量的适配性评价，为后期二维匹配算法确定分量。

### 5.2.3 传统方法的地磁适配性评价

为检验单因子评价、多因子“交集”策略以及所构建的综合特征等方法在井下地磁适配性评价中的可靠性，选取了 10 个相同大小的研究区域并计算其地磁特征参数及匹配概率，磁场特征数据如表 5.9 所示。

**表 5.9 磁场特征数据**

| 样本编号 | 地磁特征参数 | | | 匹配概率 $P$ |
|---|---|---|---|---|
| | 粗糙度 $r$ | 粗糙方差比 $o$ | 相关系数 $t$ | |
| j1-01 | 7 347.8 | 0.670 5 | 0.713 5 | 0.81 |
| j1-02 | 4 953.7 | 0.834 6 | 0.600 3 | 0.86 |
| j1-03 | 6 196.5 | 0.889 4 | 0.526 5 | 0.33 |
| j1-04 | 3 583.4 | 0.626 5 | 0.765 8 | 0.77 |
| j2-01 | 4 627.2 | 0.945 6 | 0.483 4 | 0.55 |

**表 5.9(续)**

| 样本编号 | 地磁特征参数 | | | 匹配概率 $P$ |
|---|---|---|---|---|
| | 粗糙度 $r$ | 粗糙方差比 $o$ | 相关系数 $t$ | |
| j2-02 | 3 712.8 | 0.873 6 | 0.563 6 | 0.8 |
| j2-03 | 32 567 | 1.329 6 | 0.014 | 0.6 |
| j3-01 | 11 712 | 0.911 5 | 0.419 6 | 0.76 |
| j3-02 | 20 593 | 1.257 | 0.254 3 | 0.89 |
| j3-03 | 2 438.9 | 1.123 2 | 0.303 7 | 0.25 |

为了消除不同指标的量纲影响，将地磁特征自变量 $X_1, X_2, \cdots, X_n$ 进行规范化处理，规范化后的矩阵如式(5.13)所示。

$$\boldsymbol{X}_{mn}=\begin{bmatrix}\delta_1 & C_{e1} & C_{f1} & r_1 & o_1 & G_1 & t_1\\ \delta_2 & C_{e2} & C_{f2} & r_2 & o_2 & G_2 & t_2\\ \vdots & \vdots & \vdots & \vdots & \vdots & \vdots & \vdots\\ \delta_m & C_{em} & C_{fm} & r_m & o_m & G_m & t_m\end{bmatrix}=\begin{bmatrix}x_{11} & x_{12} & x_{13} & x_{14} & x_{15} & x_{16} & x_{17}\\ x_{21} & x_{22} & x_{23} & x_{24} & x_{25} & x_{26} & x_{27}\\ \vdots & \vdots & \vdots & \vdots & \vdots & \vdots & \vdots\\ x_{m1} & x_{m2} & x_{m3} & x_{m4} & x_{m5} & x_{m6} & x_{m7}\end{bmatrix} \tag{5.13}$$

其中 $m$ 代表样本编号，$n$ 代表地磁特征数，建立一个映射 $R$。

$$x_k \rightarrow R_{(x_k)}=\frac{x_k - x_{\min}}{x_{\max} - x_{\min}} \tag{5.14}$$

式中　$x_k$——需要归一化处理的样本原始数值；

$x_{\min}$——样本数据最小值；

$x_{\max}$——样本数据最大值。

多因子“交集”策略是在常见的单因子阈值评价的基础上进行的，如表 5.10 所示，按照匹配概率高低划分了强适配区、适配区、弱/非适配区 3 个等级。判定因子有粗糙度、粗糙方差比和相关系数等基本适配特征参数，并对每个参数设定了不同等级的阈值区间。

**表 5.10　巷道适配性评价阈值**

| 适配性<br>匹配概率 | | 单因子评价 | | | 多因子“交集”策略 | | |
|---|---|---|---|---|---|---|---|
| | | 粗糙度 | 粗糙方差比 | 相关系数 | $T(w_1)$ | $o(w_2)$ | $t(w_3)$ |
| 强适配区 | $P \geqslant 0.85$ | $T \leqslant 0.35$ | $o \leqslant 0.15$ | $t \leqslant 0.25$ | 若 $T \cup o \cup t \geqslant 2$，则表示一致 | | |
| 适配区 | $0.65 < P < 0.85$ | $0.35 < T < 0.65$ | $0.15 < o < 0.5$ | $0.25 < t < 0.55$ | | | |
| 弱/非适配区 | $P \leqslant 0.65$ | $0.65 \leqslant T$ | $0.5 \leqslant o$ | $0.55 \leqslant t$ | | | |

注：$P$—匹配概率阈值区间；$T$—粗糙度阈值区间；$o$—粗糙方差比阈值区间；$t$—相关系数阈值区间。

由表 5.10 阈值范围的规则可得，根据匹配概率对适配性进行评价，当匹配概率高于 0.85为强适配区，当匹配概率低于 0.65 时为弱或非适配区(需要特征增强的区域)，其他情况视为适配区，以粗糙度、粗糙方差比和相关系数等单个因子对区域进行适配性评价。多因子“交集”策略以粗糙度、粗糙方差比和相关系数三者中至少满足两者为条件，满足条件则表示评价正确。

将原始地磁源数据代入式(5.14)规范化处理后，可计算出粗糙度、粗糙方差比和相关系数的权重以构建综合适配特征，特征值与对应权重如表5.11所示。

表5.11　特征值与对应权重

| 权重 | 粗糙度 $r$ | 粗糙方差比 $o$ | 相关系数 $t$ |
| --- | --- | --- | --- |
| $w_i$ | 0.312 | 0.331 | 0.357 |

利用单因子阈值法、多因子“交集”策略以及综合特征构建等方法分别对10块区域进行评价分析，表5.12所示为三种方法的评价结果。

表5.12　磁场特征测试数据集

| 研究区编号 | 实际匹配概率 $P$ | 粗糙度 $r$ | $r$ 的一致性 | 粗糙方差比 $o$ | $o$ 的一致性 | 相关系数 $t$ | $t$ 的一致性 | 多因子“交集”策略 | 综合特征构建 | 综合特征一致性 |
| --- | --- | --- | --- | --- | --- | --- | --- | --- | --- | --- |
| j1-01 | 0.81 | 0.302 | √ | 0.163 |  | 0.060 | √ | √ | 0.849 | √ |
| j1-02 | 0.86 | 0.529 |  | 0.084 | √ | 0.081 | √ | √ | 0.579 |  |
| j1-03 | 0.33 | 0.677 |  | 0.125 |  | 0.976 | √ |  | 0.538 |  |
| j1-04 | 0.77 | 0.181 | √ | 0.038 | √ | 0.913 |  | √ | 0.898 | √ |
| j2-01 | 0.55 | 0.182 |  | 0.073 |  | 1.000 |  |  | 0.843 |  |
| j2-02 | 0.80 | 0.001 | √ | 0.042 | √ | 0.734 |  | √ | 0.792 | √ |
| j2-03 | 0.60 | 0.872 |  | 0.008 |  | 0.673 |  |  | 0.601 | √ |
| j3-01 | 0.76 | 0.628 |  | 0.308 |  | 0.367 |  |  | 0.716 |  |
| j3-02 | 0.89 | 0.680 |  | 0.603 |  | 0.326 |  |  | 0.821 | √ |
| j3-03 | 0.25 | 1.000 |  | 1.000 | √ | 0.001 | √ | √ | 0.468 |  |

注：表中“√”表示1，即评价结果与实际的匹配概率一致。

由表5.12可得，由于受人为主观因素的影响，单因子阈值评价方法的评价准确率均不高于40%；多因子“交集”策略和综合特征构建的结果与实际的匹配概率结果虽然达到了50%的相符率且稍高于单一因素评价策略，但在井下地磁适配性评价上仍不能达到满意的效果。

## 5.3　基于回归分析的适配性评价方法建立

### 5.3.1　基于回归分析的适配性评价原理

如果区域巷道的地磁适配性较强，那么对匹配算法性能要求会低一些；区域巷道的适配性越弱，则要求匹配算法性能越好。井下巷道哪些区域的地磁定位适配性强，哪些区域的适配性弱，需要利用一种更科学合理的适配性评价方法来确定。一般适配性常用评价方法有基于单因子的阈值评价、多因子联合评价以及“交集”策略等方法，每种方法都有各自优缺点,其共性问题是阈值不易确定。

本节在多因子联合评价数学模型基础上,结合井下巷道地磁图特征进行模型优化,建立了一种基于回归分析的地磁适配性的评价方法[160]。基于回归分析因子的地磁适配性评价属于多因子联合评价,主要包含两个步骤。一是根据线性回归分析贡献率筛选适配性评价的地磁统计特征因子,二是设定权值进行多因子联合评价。适配性联合评价流程如图 5.4 所示,一个区域地磁匹配适配性评价需要经过地磁特征指标选取、地磁特征规范化处理、权值确定和联合评价几个步骤。

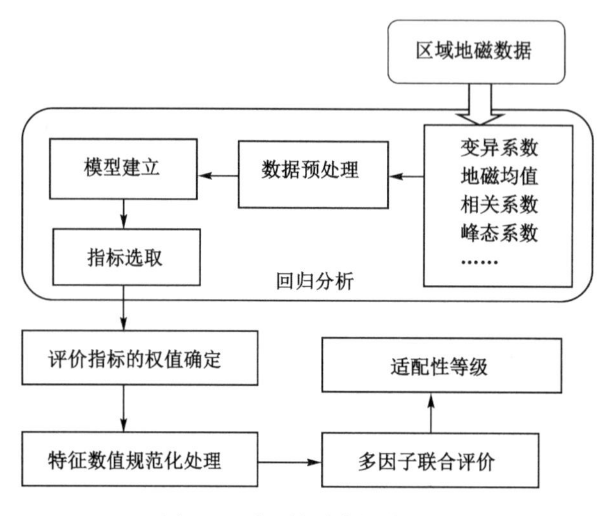


图 5.4　适配性联合评价流程

(1) 特征指标选取

地磁适配性是地磁场区域的一种内在属性,在适配性研究过程中将地磁图的地磁特征称为基本适配特征,也叫作区域地磁特征,地磁特征是反映区域地磁适配性强弱的基本指标,不同的地磁特征对地磁适配性影响程度是不相同的。假设因变量 $Y$ 和自变量 $X_1, X_2, \cdots, X_n$ 之间存在线性相关关系,其数学模型是:

$$Y=\beta_0+\beta_1 X_1+\cdots+\beta_n X_n+\varepsilon(n=1,2,3,\cdots,n) \tag{5.15}$$

式中　$Y$——匹配概率,是表达适配性强弱的指标;

$X_1, X_2, \cdots, X_n$ ——平均地磁场、地磁标准差、峰态系数和地磁粗糙度等地磁图特征(适配特征)指标;

$\varepsilon$ ——模型误差,是服从偶然分布的随机误差;

$\beta_0, \beta_1, \beta_1, \cdots, \beta_n$ ——$n+1$ 个未知参数,是模型回归后的系数,是根据逐次回归分析得到地磁特征 $X_1, X_2+\cdots X_n$ 的回归系数 $\beta_k$ 的估计值。

从式(5.15)中可以看出,模型解算不仅与匹配概率有关,还与地磁统计特征差异性有关。一般情况下,地磁数据统计特征越明显,其特征的影响越大,求解模型系数的数值相对越突出。

(2) 特征因子规范化

为了消除不同指标的量纲影响,可采取相关方法对评价矩阵进行规范化处理,规范化后的矩阵为:

$$\boldsymbol{R}=\begin{pmatrix} r_{11} & \cdots & r_{1n} \\ \vdots & \ddots & \vdots \\ r_{m1} & \cdots & r_{mn} \end{pmatrix}=[r_{ij}]_{m\times n}(i=1,2,\cdots,m;j=1,2,\cdots,n) \tag{5.16}$$

其中 $0\leqslant r_{ij}\leqslant 1$，越大越好。采用成本指标和效益型指标对其进行计算，成本指标为 $r_{ij}=\dfrac{a_{ij}}{\max(a_{ij})}$，$\max(a_{ij})$ 表示第 $j$ 个特征指标的最大值，效益型指标为 $r_{ij}=\dfrac{\min(a_{ij})}{a_{ij}}$，$\min(a_{ij})$ 表示第 $j$ 个指标的最小值。

(3) 特征因子定权

评价因子定权即对选取的地磁特征的权重进行确定。根据离差最大化原则和 Jaynes 最大熵原理[13-17]可将求解权系数问题转化为求解最优化问题，根据求解的权系数可确定每个因子权值大小。

$$\boldsymbol{W}=[w_1,w_2,\cdots,w_j]^{\mathrm{T}} \tag{5.17}$$

$$\boldsymbol{W}=\left[\frac{s_1}{\sum_{j=1}^{3}s_j},\frac{s_2}{\sum_{j=1}^{3}s_j},\frac{s_3}{\sum_{j=1}^{3}s_j}\right]^{\mathrm{T}} \tag{5.18}$$

$$s_j=\exp\left[\frac{\mu}{1-\mu}\sum_{i=1}^{m}\sum_{k=1}^{3}|r_{ij}-r_{kj}|-1\right] \tag{5.19}$$

参数 $\mu(0<\mu<1)$ 表示离差最大化原则和离差熵原理的平衡系数，取值一般为 0.5。

(4) 适配性评价

地磁适配性评价是评价该区域地磁定位的适配程度，可将区域适配性分为强适配、适配、非适配的等级。多因子联合评价是在常见的单因子阈值评价的基础上进行的。例如可以参考表 5.13，该表中按照匹配概率高低划分了强适配区、适配区和非适配区 3 个等级。判定因子有相关系数、变异系数和粗糙方差比，并设定了每个等级的阈值区间。

**表 5.13　巷道适配性评价阈值**

| 适配性 | 编码 | 匹配概率 $P$ | 单因子评价体系 | | | 多因子联合评价 | |
|---|---|---|---|---|---|---|---|
| | | | 相关系数 $T$ | 变异系数 $K$ | 粗糙方差比 $C$ | … | 联合评价结果 $M$ |
| 强适配区 | GP | $P\geqslant P_1$ | $T<T_1$ | $K\geqslant K_1$ | $C\geqslant C_1$ | … | $M\geqslant M_1$ |
| 适配区 | PP | $P_1>P\geqslant P_2$ | $T_1\leqslant T<T_2$ | $K_1>K\geqslant K_2$ | $C_1>C\geqslant C_2$ | … | $M_1>M\geqslant M_2$ |
| 非适配区 | NP | $P<P_2$ | $T\geqslant T_2$ | $K<K_2$ | $C<C_2$ | … | $M<M_2$ |

注：$P_1$，$P_2$ —匹配概率阈值区间；$T_1$，$T_2$ —相关系数阈值区间；$C_1$，$C_2$ —粗糙方差比阈值区间；$K_1$，$K_2$ —变异系数阈值区间；$M_1$，$M_2$ —综合评价阈值区间。

设多因子联合评价的评价因子为 $X_i(i=1,2,3,\cdots,n)$，各个评价因子所占的权重为 $w_i(i=1,2,3,\cdots,n)$，则联合评价值 $M_i$ 为：

$$M_i=\sum_{i=1}^{m}X_iw_i(i=1,2,3,\cdots,m) \tag{5.20}$$

### 5.3.2　试验数据

试验选取了 15 个研究区域，长度约为 50～70 m，宽度约为 4 m。地磁测量采用便携式

FVM-400磁通门磁力仪，其量程达到100 000 nT，分辨率达到了1 nT。测量噪声方差为50 nT，测量随机常值误差为10～30 nT。按照0.5 m间隔采集了一定点位的磁总场和三轴分量的地磁数据，经过粗差剔除、去噪后，建立了巷道多维向量的地磁基准数据。计算每个巷道的区域磁总场的地磁均值、地磁标准差、峰态系数和地磁粗糙度数值等各项磁场特征参量，如表5.14所示。

**表5.14　地磁数据的特征参量统计**

| 区域 | 地磁均值 | 地磁标准差 | 地磁粗糙度 | 变异系数 | 相关系数 | 粗糙方差比 | 峰态系数 | 匹配概率 |
|---|---|---|---|---|---|---|---|---|
| H1-01 | 58 458.91 | 24 976.87 | 29 762.99 | 0.43 | 0.25 | 1.19 | 5.38 | 0.96 |
| H1-02 | 59 161.20 | 24 245.45 | 34 116.51 | 0.41 | 0.01 | 1.41 | 6.84 | 0.85 |
| H1-03 | 51 574.72 | 13 056.22 | 18 906.26 | 0.25 | −0.05 | 1.45 | 3.90 | 0.91 |
| H1-04 | 50 671.53 | 11 683.01 | 16 202.16 | 0.23 | −0.01 | 1.39 | 1.08 | 0.84 |
| H2-01 | 51 642.34 | 1 081.29 | 1 525.13 | 0.02 | 0.00 | 1.41 | 4.26 | 0.27 |
| H2-02 | 52 664.85 | 2 834.47 | 1 895.51 | 0.05 | 0.77 | 0.67 | 3.53 | 0.48 |
| H2-03 | 48 830.56 | 7 508.79 | 6 337.51 | 0.15 | 0.64 | 0.84 | 0.30 | 0.82 |
| H3-01 | 46 822.02 | 5 604.88 | 4 285.83 | 0.12 | 0.66 | 0.76 | 0.13 | 0.58 |
| H3-02 | 46 098.47 | 5 625.35 | 5 923.78 | 0.12 | 0.44 | 1.05 | −0.35 | 0.63 |
| H3-03 | 49 415.37 | 4 779.91 | 4 933.07 | 0.10 | 0.40 | 1.03 | 2.65 | 0.48 |
| H4-01 | 48 915.65 | 16 590.27 | 10 407.07 | 0.34 | 0.79 | 0.63 | 0.06 | 0.82 |
| H4-02 | 61 491.82 | 19 358.87 | 13 650.32 | 0.31 | 0.72 | 0.71 | −0.95 | 0.97 |
| H4-03 | 62 163.85 | 9 068.38 | 9 113.02 | 0.15 | 0.49 | 1.00 | −0.69 | 0.75 |
| H4-04 | 52 086.86 | 10 514.22 | 11 399.15 | 0.20 | 0.38 | 1.08 | −0.25 | 0.91 |
| H4-05 | 45 358.00 | 5 935.76 | 5 275.58 | 0.13 | 0.60 | 0.89 | 0.96 | 0.69 |

通过样本数据分析可得，1个区域的各个统计特征参量的变化规律各不相同，均能在一定程度上反映区域的地磁适配能力。表5.14中磁场均值最小为45 000 nT，最大为60 000 nT；地磁标准差变化范围从几千到几万纳特斯拉；地磁粗糙度最小仅为1 700 nT，最大达到了30 000 nT，差异大，对比度明显。

### 5.3.3　数据预处理与多元回归定权

(1) 特征选取

用MATLAB软件对采集的地磁特征数值和匹配仿真试验的匹配概率进行回归分析，图5.5为回归分析后得到的残差图，残差分布在限差范围内，因而无须剔除异常数据。回归分析得到的七个地磁特征参量的回归系数如表5.15所示。

**表5.15　回归方程中特征参量的系数**

| 系数 | 常数项 | 均值 $X_1$ | 标准差 $X_2$ | 粗糙度 $X_3$ | 变异系数 $X_4$ | 相关系数 $X_5$ | 粗糙方差比 $X_6$ | 峰态系数 $X_7$ |
|---|---|---|---|---|---|---|---|---|
| $\beta_k$ | 0.170 4 | 0 | 0 | 0 | 1.207 3 | 0.254 4 | 0.185 5 | −0.052 8 |

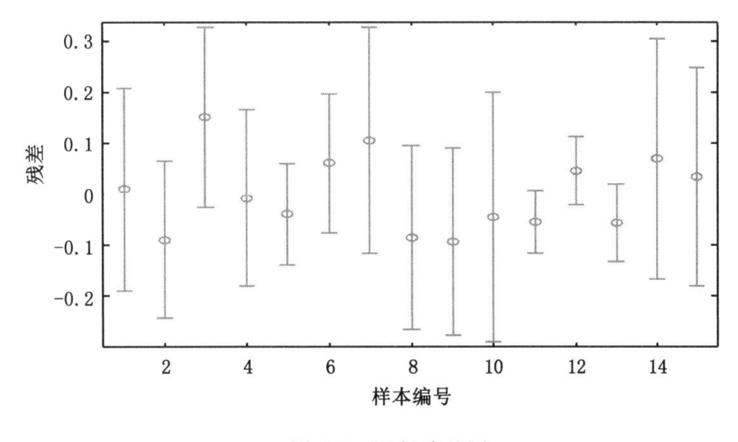


图 5.5　回归残差图

则地磁匹配概率与地磁特征之间的回归方程为：

$$Y = 0.1704 + 1.2073 * X_4 + 0.2544 * X_5 + 0.1855 * X_6 - 0.0528 * X_7 \quad (5.21)$$

由回归系数可知，该区域的匹配概率与区域地磁分布的相关系数、粗糙方差比、变异系数以及峰态系数都存在一定的关系，但峰态系数对其影响甚小。因此选用变异系数、相关系数和粗糙方差比三个地磁特征参量对地磁场区域适配性进行评价。

(2) 规范化处理及求解权重

选取相关系数、变异系数、粗糙方差比三个因子进行联合评价，设定相关系数为成本指标，变异系数和粗糙方差比为效益型指标。对 15 个研究区地磁图的相关系数、变异系数和粗糙方差比的数字统计特征进行了规范化处理。根据离差最大化原则和 Jaynes 最大熵原理计算其求解权系数，得到三个地磁特征权系数的比重为 0.19∶0.28∶0.53，根据各个因子的权重进行加权得到综合评价值，如表 5.16 所示。

**表 5.16　数据预处理和多元回归定权**

| 研究区编号 | 规范化数据结果 | | | 权重计算结果值 | | |
|---|---|---|---|---|---|---|
| | 相关系数 | 变异系数 | 粗糙方差比 | 变异系数 | 相关系数 | 粗糙方差比 |
| H1-01 | 0.32 | 0.05 | 0.53 | 0.05 | 0.12 | 0.63 |
| H1-02 | 0.01 | 0.05 | 0.45 | 0.00 | 0.11 | 0.75 |
| H1-03 | −0.06 | 0.08 | 0.43 | −0.01 | 0.07 | 0.77 |
| H1-04 | −0.02 | 0.09 | 0.45 | 0.00 | 0.06 | 0.74 |
| H2-01 | 0.01 | 1.00 | 0.44 | 0.00 | 0.01 | 0.75 |
| H2-02 | 0.97 | 0.39 | 0.94 | 0.15 | 0.02 | 0.35 |
| H2-03 | 0.81 | 0.14 | 0.74 | 0.12 | 0.04 | 0.45 |
| H3-01 | 0.83 | 0.17 | 0.82 | 0.13 | 0.03 | 0.41 |
| H3-02 | 0.55 | 0.17 | 0.60 | 0.08 | 0.03 | 0.56 |
| H3-03 | 0.50 | 0.22 | 0.61 | 0.08 | 0.03 | 0.55 |
| H4-01 | 1.00 | 0.06 | 1.00 | 0.15 | 0.10 | 0.33 |

**表 5.16(续)**

| 研究区编号 | 规范化数据结果 | | | 权重计算结果值 | | |
|---|---|---|---|---|---|---|
| | 相关系数 | 变异系数 | 粗糙方差比 | 变异系数 | 相关系数 | 粗糙方差比 |
| H4-02 | 0.91 | 0.07 | 0.89 | 0.14 | 0.09 | 0.37 |
| H4-03 | 0.62 | 0.14 | 0.62 | 0.09 | 0.04 | 0.53 |
| H4-04 | 0.47 | 0.10 | 0.58 | 0.07 | 0.06 | 0.57 |
| H4-05 | 0.75 | 0.16 | 0.71 | 0.11 | 0.04 | 0.47 |

### 5.3.4 基于回归分析的适配性评价与验证

(1) 适配性阈值设定

对单个因子设定评价阈值，由单因子的阈值范围以及各个因子的权重可得多因子评价的区间，巷道适配性评价阈值如表 5.17 所示。

**表 5.17 巷道适配性评价阈值**

| 适配性 | 编码 | 匹配概率 $P$ | 单因子评价 | | | 多因子评价 |
|---|---|---|---|---|---|---|
| | | | 相关系数 $T$ | 变异系数 $K$ | 粗糙方差比 $C$ | 综合评价值 $M$ |
| 强适配区 | GP | $P\geqslant0.85$ | $T<0.2$ | $K\geqslant0.12$ | $C\geqslant1$ | $M\geqslant0.72$ |
| 适配区 | PP | $0.85>P\geqslant0.4$ | $0.2\leqslant T<0.5$ | $0.12>K\geqslant0.05$ | $1>C\geqslant0.5$ | $0.72>M\geqslant0.37$ |
| 非适配区 | NP | $P<0.4$ | $T\geqslant0.5$ | $K<0.05$ | $C<0.5$ | $M<0.37$ |

由表 5.17 阈值范围以及表 5.13 的规则可得，区域适配性与匹配概率之间关系可设定为：当匹配概率高于 0.85 时为强适配区，当匹配概率低于 0.4 时为非适配区，其他为适配区。若依据变异系数对区域进行适配性评价，当区域地磁数据的变异系数达到 0.12 以上，则认为该区域是强适配区，小于 0.05 则为非适配区。若依据相关系数对区域进行适配性评价，当区域地磁数据相关系数达到 0.5 时，则认定为非适配区。若依据地磁粗糙方差比对区域进行适配性评价，当粗糙方差比高于 1 时为强适配区，当小于 0.5 时为非适配区。当综合评价值高于 0.72 时为强适配区，当综合评价值低于 0.37 时为非适配区，其他为适配区。

(2) 适配性评价

运用式(5.21)求得 15 块区域的综合评价值，利用单因子评价以及多因子评价方法分别对 15 块区域进行评价分析对比，表 5.18 为 15 块区域实际评价、综合评价以及单因子评价结果之间的对应关系。由表 5.18 可知，多因子综合评价结果与实际评价结果达到了 80%的相符率，相对单一因素评价策略应该更加符合评价要求，一定程度上提高了区域地磁适配性判断的正确率，更加接近评价结果，由此可得“多因子联合评价”比较适合地磁图适配性评价，而且该方法综合考虑多个地磁特征指标，可使地磁图适配性的评价结果更加可靠。

表 5.18　15 块区域地磁适配性评价结果对比表

| 研究区编号 | 匹配概率 | 综合评价值 | 实际评价结果 | 综合评价一致性 | | 变异系数评价一致性 | | 相关系数评价一致性 | | 粗糙方差比评价一致性 | |
|---|---|---|---|---|---|---|---|---|---|---|---|
| H1-01 | 0.96 | 0.80 | GP | GP | √ | GP | √ | PP | — | GP | √ |
| H1-02 | 0.85 | 0.86 | GP | GP | √ | GP | √ | GP | √ | GP | √ |
| H1-03 | 0.91 | 0.83 | GP | GP | √ | GP | √ | GP | √ | GP | √ |
| H1-04 | 0.84 | 0.80 | PP | GP | — | GP | — | GP | — | GP | — |
| H2-01 | 0.27 | 0.75 | NP | GP | × | NP | √ | GP | × | GP | × |
| H2-02 | 0.48 | 0.52 | PP | PP | √ | NP | — | NP | — | PP | √ |
| H2-03 | 0.82 | 0.61 | PP | PP | √ | GP | — | NP | — | PP | √ |
| H3-01 | 0.58 | 0.56 | PP | PP | √ | GP | — | NP | — | PP | √ |
| H3-02 | 0.63 | 0.68 | PP | PP | √ | GP | — | PP | √ | GP | — |
| H3-03 | 0.48 | 0.65 | PP | PP | √ | PP | √ | PP | √ | GP | — |
| H4-01 | 0.82 | 0.58 | PP | PP | √ | GP | — | NP | — | PP | √ |
| H4-02 | 0.97 | 0.60 | GP | PP | — | GP | √ | NP | × | PP | — |
| H4-03 | 0.75 | 0.67 | PP | PP | √ | GP | — | PP | √ | GP | — |
| H4-04 | 0.91 | 0.70 | GP | PP | — | GP | √ | PP | — | GP | √ |
| H4-05 | 0.69 | 0.62 | PP | PP | √ | GP | — | NP | — | PP | √ |
| 评价一致率 | | | | 0.80 | | 0.64 | | 0.36 | | 0.71 | |

注:"√"表示评价结果一致,符合度为 1;"—"代表评价结果相差较小,符合度为 1/3;"×"表示评价结果完全不一致,符合度为 0。

(3) 检验分析

随机选取 10 个待匹配区地磁图的地磁特征进行基于回归分析的适配性评价的验证试验。表 5.19 是基于回归分析的适配性评价结果和匹配概率阈值法适配性评价结果的对比分析,从该表中可以看出,基于回归分析的评价方法得到的综合评价结果与仿真试验的匹配结果达到了高度的一致性(达到了 90%),效果很好。

表 5.19　多因子联合评价结果对比表

| 待匹配区编号 | 综合评价值 | 综合评价结果 | 实际匹配概率 | 实际评价结果 | 评价一致性 |
|---|---|---|---|---|---|
| 1 | 0.70 | PP | 0.39 | NP | — |
| 2 | 0.67 | PP | 0.43 | PP | √ |
| 3 | 0.57 | PP | 0.75 | PP | √ |
| 4 | 0.63 | PP | 0.72 | PP | √ |
| 5 | 0.63 | PP | 0.78 | PP | √ |
| 6 | 0.93 | GP | 0.98 | GP | √ |
| 7 | 0.95 | GP | 0.97 | GP | √ |
| 8 | 0.93 | GP | 1.00 | GP | √ |
| 9 | 0.94 | GP | 0.99 | GP | √ |
| 10 | 0.91 | GP | 1.00 | GP | √ |

## 5.4 基于 BP 神经网络适配性评价

为克服传统的地磁适配性评价方法易受研究者主观因素影响的缺点，本节根据机器学习智能分类器策略搭建了基于 BP 神经网络的地磁适配性评价模型并利用回归分析、信息熵分析和偏最小二乘分析等方法确定基本适配特征参数的贡献率，改进 BP 神经网络的初始权值，优化了网络易陷入局部最优的缺陷，为井下地磁定位的适配性评价提供了新思路。

通过单因子阈值评价、多因子"交集"策略以及综合特征构建等传统方法获得的综合适配特征结构简单、表达式清晰简洁，但特征参数的选择、阈值的规则、综合适配特征的属性权重和配置等均是由研究者人工设定的，具有一定的主观性，评价结果精度不高。为了使更全面的特征参数参与计算和克服人工主观因素对评价模型的影响，本节将构建基于机器学习的 BP 神经网络评价模型[161]。

### 5.4.1 基于 BP 神经网络的适配性评价模型

结合地下工程特征因子，以 BP 神经网络数学模型为基础，将 BP 神经网络的地磁适配性评价模型设计为 7-$n$-1 的网络结构。输入层是地磁标准差($\delta$)、峰态系数($C_e$)、偏态系数($C_f$)、地磁粗糙度($r$)、粗糙方差比($o$)、地磁信息熵($G$)和相关系数($t$)7 个地磁空间分布特征参数。输入层初始权为 F1 至 F7 的贡献因子；隐蔽层主要包含更新权值 $w$ 和偏置 $b$ 以及激活函数 $f$ 的设置。输出层为适配性评价等级 0～3，磁场适配的 BP 神经网络模型如图 5.6 所示。从图 5.6 中可以看出 BP 神经网络精度和实际匹配效率受到多个因子影响，主要有神经元数目、激活函数类型以及贡献因子 $W$ 设定。

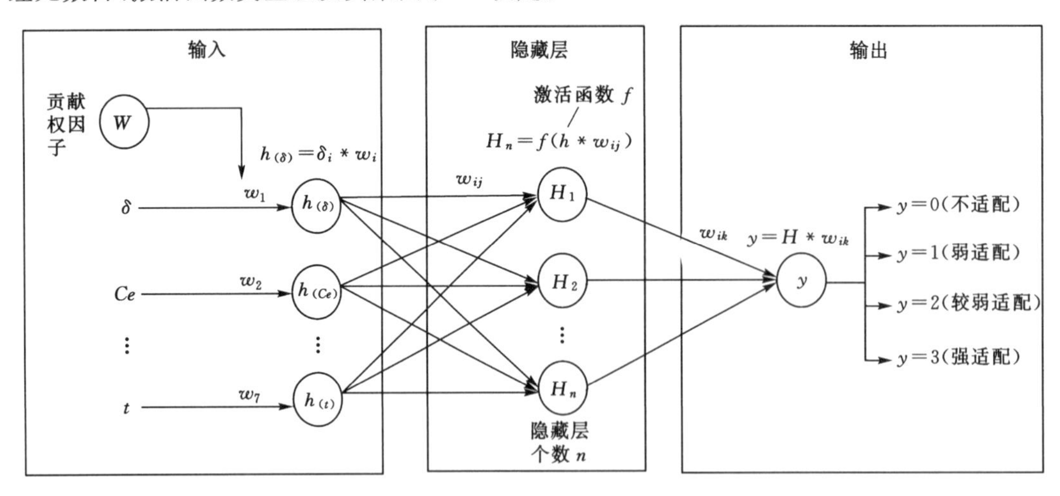


图 5.6 磁场适配的 BP 神经网络模型

基于 BP 神经网络的数据处理流程如图 5.7 所示，整个流程包括 BP 神经网络的输入即描述井下地磁特征的参数值、网络初始权的计算以及网络训练中各个参数的计算与设置等。

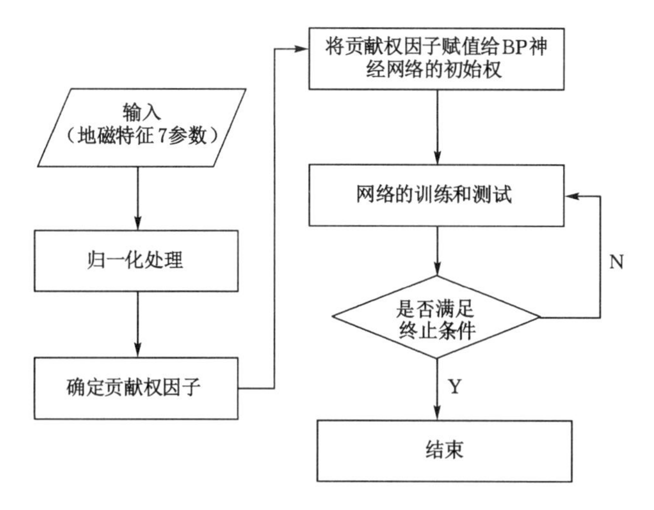


图 5.7　基于 BP 神经网络的数据处理流程

### 5.4.2　BP 神经网络参数设置

神经元的数目、激活函数类型可以通过反复训练对比得出最佳结果。

(1) 神经元的数目 $h$

根据经验公式 $h=\sqrt{m*g}+b$（其中 $h$ 为神经元个数，$m$ 为输入数据的维数，$g$ 为输出端类别个数，$b$ 为 2 至 10 的常数）可计算并设置神经元的个数。就本次试验而言，在 4～12 范围内分别选取 $b$ 值进行试验，通过试验得到最佳的隐蔽层个数。

通常情况下，神经元个数太少会导致网络的拟合精度较差，太多则会导致网络过拟合，太多或太少都会降低网络的识别准确率，因此最佳的神经元个数需要反复试验并依据训练精度曲线的拐点来确定。图 5.8 所示为一般的神经网络在测试数据集上网络识别准确率与神经元个数关系的函数曲线，试验 1 在拐点 48 处出现的极大值即最佳的神经元数目，试验 2 在拐点 97 处的为最佳神经元个数。

(2) 激活函数 $f$

激活函数 $f$ 的选择可通过几种常见激活函数的对比实现，几种常见激活函数的对比如表 5.20 所示，通过反复试验可确定最佳的激活函数。

**表 5.20　几种常见激活函数的对比**

| 激活函数类别 | 优点 | 缺点 |
|---|---|---|
| sigmoid | 输出映射在(0,1)之间，用于输出层，求导容易 | 容易产生梯度消失，导致训练出现问题，输出不是以 0 为中心的 |
| tanh | 这个函数和 sigmoid 相比收敛速度更快 | 容易产生梯度消失 |
| relu | 这是一种线性和不饱和的形式。与前两种形式相比，它能快速收敛。另外，relu 能有效缓解梯度消失问题并提供神经网络稀疏表达能力 | 随着训练的进行，神经元可能死亡，权重无法更新。如果发生这种情况，那么此时流经神经元的梯度将始终为 0 |

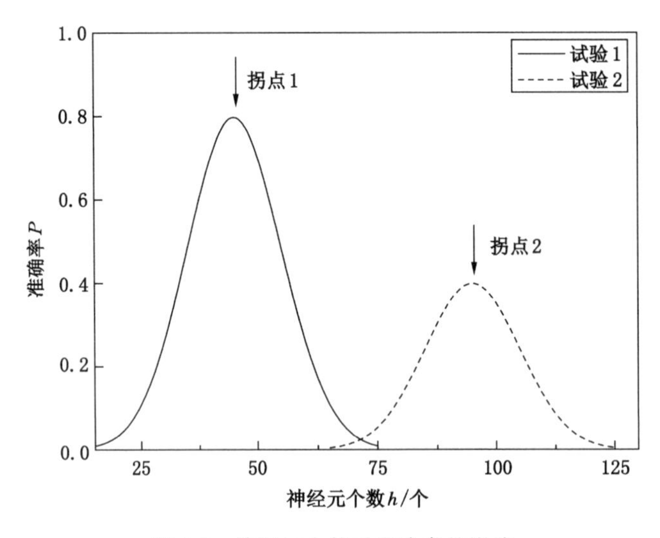


图 5.8　神经元个数对准确率的影响

(3) 输出层定义

输出层通过前向传播输出模型的计算结果；反向传播中通过设置对应的期望值 $y$ 进行迭代训练。

试验中，根据 MSD 匹配算法计算各个样本区域的磁场匹配概率，并根据不同的匹配概率划分适配性的期望值，表 5.21 所示为不同期望值及适配标签对应的磁场区域匹配概率。

**表 5.21　期望值及对应匹配概率**

| 期望值 $y$ | 对应匹配概率 $P$ |
|---|---|
| 0 | $P\leqslant 0.45$ |
| 1 | $0.45<P<0.65$ |
| 2 | $0.65\leqslant P<0.85$ |
| 3 | $P\geqslant 0.85$ |

### 5.4.3　数据集制作

地磁适配性的评价是对地下工程中所有巷道进行地磁空间特征的丰富度评价，本部分根据实测区域地磁场值计算出地磁特征参数并作为 BP 神经网络的输入。

在 73 个划分的巷道区域中均匀选择仅有铁轨的 10 个带状区域，沿传送带选取 10 个带状区域，均匀挑选空旷的无任何机器设备的 10 个巷道区域，在具有各种仪器(输电设备、通风设备、采煤设备等)的区域均匀划分并选择出 10 个区域以及在户外空旷区域均匀划分出同井下带状巷道形状相同的 5 个区域。根据 MSD 序列匹配算法计算各个区域的匹配概率 $P$，将剔除可能存在误差后的 41 个区域的磁场特征参量与对应的匹配适配标签制作成测试数据集(表 5.22)和训练数据集(表 5.23)。

**表 5.22　磁场特征测试数据集**

| 样本号 | 地磁特征参量 | | | | | | | $P$ | 适配标签 |
|---|---|---|---|---|---|---|---|---|---|
| | $\delta$ | $C_e$ | $C_f$ | $r$ | $o$ | $G$ | $t$ | | |
| 1 | 10 959 | −0.607 2 | −2.606 5 | 7 347.8 | 0.670 5 | 6.014 3 | 0.713 5 | 0.81 | 2 |
| 2 | 5 935.8 | 0.838 | −1.912 8 | 4 953.7 | 0.834 6 | 6.032 7 | 0.600 3 | 0.86 | 3 |
| 3 | 6 967.4 | 4.957 1 | −1.459 6 | 6 196.5 | 0.889 4 | 5.960 1 | 0.526 5 | 0.33 | 0 |
| 4 | 5 719.9 | 0.65 | −2.976 2 | 3 583.4 | 0.626 5 | 6.782 9 | 0.765 8 | 0.77 | 2 |
| 5 | 4 893.1 | −0.015 | −2.972 7 | 4 627 | 0.945 6 | 6.861 3 | 0.483 4 | 0.55 | 1 |
| 6 | 4 250.2 | 0.083 8 | −3.528 9 | 3 712.8 | 0.873 6 | 6.621 5 | 0.563 6 | 0.8 | 3 |
| 7 | 24 494 | 5.89 | −0.863 6 | 32 567 | 1.329 6 | 6.567 | 0.014 | 0.6 | 2 |
| 8 | 17 374 | 1.738 1 | −1.175 5 | 24 774 | 1.271 2 | 6.571 1 | 0.177 1 | 0.9 | 3 |
| 9 | 11 711 | 3.412 1 | −1.611 0 | 11 712 | 0.911 5 | 6.291 | 0.419 6 | 0.76 | 2 |
| 10 | 15 519 | 3.255 2 | −1.452 2 | 20 593 | 1.257 | 6.253 5 | 0.254 3 | 0.89 | 3 |
| 11 | 2 326.8 | 7.831 1 | −0.473 0 | 2 438.9 | 1.123 2 | 6.839 9 | 0.303 7 | 0.25 | 0 |

**表 5.23　磁场特征训练数据集**

| 样本号 | 地磁特征参量 | | | | | | | $P$ | 适配标签 |
|---|---|---|---|---|---|---|---|---|---|
| | $\delta$ | $C_e$ | $C_f$ | $r$ | $o$ | $G$ | $t$ | | |
| 1 | 1 370.7 | −0.383 3 | −3.580 1 | 678.37 | 0.494 9 | 6.228 3 | 0.825 5 | 0.86 | 2 |
| 2 | 1 806 | 2.984 1 | −1.629 8 | 1 785.98 | 0.988 9 | 6.284 6 | 0.473 5 | 0.55 | 1 |
| 3 | 11 996 | 3.533 4 | −2.237 8 | 15 609 | 1.301 2 | 6.072 | 0.204 8 | 0.5 | 1 |
| 4 | 10 534 | 1.555 1 | −2.753 | 13 811 | 1.311 1 | 6.013 5 | 0.096 | 0.92 | 3 |
| 5 | 9 818.9 | −0.041 7 | −3.119 1 | 12 361 | 1.258 9 | 6.080 9 | 0.211 3 | 0.88 | 3 |
| 6 | 14 625 | 6.087 8 | −0.935 9 | 21 369 | 1.461 2 | 5.996 3 | −0.100 2 | 0.65 | 2 |
| 7 | 14 298 | 3.845 1 | −1.318 3 | 15 822 | 1.106 6 | 6.584 1 | 0.402 6 | 0.6 | 2 |
| 8 | 19 384 | 1.938 1 | −1.775 5 | 24 894 | 1.284 2 | 6.551 7 | 0.117 4 | 0.91 | 3 |
| 9 | 12 761 | 3.465 1 | −1.625 5 | 12 717 | 0.996 5 | 6.298 | 0.475 6 | 0.7 | 1 |
| 10 | 15 859 | 3.222 2 | −1.422 2 | 20 093 | 1.267 | 6.283 5 | 0.234 3 | 0.8 | 3 |
| 11 | 13 298 | 5.521 4 | −1.189 6 | 17 868 | 1.343 6 | 6.246 3 | 0.065 3 | 0.85 | 2 |
| 12 | 12 231 | 3.599 4 | −1.770 1 | 14 174 | 1.158 9 | 6.246 1 | 0.275 6 | 0.9 | 3 |
| 13 | 10 789 | 10.365 2 | −0.881 1 | 12 113 | 1.122 8 | 6.552 9 | 0.221 2 | 0.3 | 0 |
| 14 | 10 611 | 5.849 3 | −1.720 9 | 14 235 | 1.341 5 | 6.554 1 | 0.092 6 | 0.21 | 0 |
| 15 | 14 275 | 0.681 1 | −2.852 2 | 16 252 | 1.138 4 | 6.240 8 | 0.294 | 0.93 | 3 |
| 16 | 11 795 | 1.671 6 | −2.579 7 | 16 455 | 1.395 1 | 6.304 9 | 0.017 3 | 0.94 | 3 |
| 17 | 14 286 | 0.673 2 | −2.846 2 | 16 285 | 1.138 1 | 6.240 7 | 0.294 4 | 0.89 | 3 |
| 18 | 11 818 | 1.688 1 | −2.562 2 | 16 473 | 1.393 9 | 6.304 7 | 0.017 9 | 0.9 | 3 |
| 19 | 650.48 | 6.836 6 | −4.931 1 | 708.24 | 1.088 8 | 6.442 8 | 0.321 1 | 0.89 | 3 |
| 20 | 635.85 | 6.818 6 | −4.907 5 | 688.93 | 1.083 5 | 6.442 8 | 0.325 2 | 0.9 | 3 |

表 5.23(续)

| 样本号 | 地磁特征参量 | | | | | | | $P$ | 适配标签 |
|---|---|---|---|---|---|---|---|---|---|
| | $\delta$ | $C_e$ | $C_f$ | $r$ | $o$ | $G$ | $t$ | | |
| 21 | 24 494 | 5.89 | −0.863 6 | 32 567 | 1.329 6 | 6.567 | 0.014 | 0.79 | 2 |
| 22 | 11 248 | 0.336 4 | −2.643 9 | 12 366 | 1.099 4 | 5.720 3 | 0.299 5 | 0.83 | 3 |
| 23 | 11 807 | 0.935 9 | −2.331 1 | 15 727 | 1.331 9 | 6.131 9 | −0.012 9 | 0.76 | 3 |
| 24 | 2 216.8 | 7.861 3 | −0.476 8 | 2 469.9 | 1.114 2 | 6.869 1 | 0.305 6 | 0.27 | 0 |
| 25 | 2 216.8 | 7.861 3 | −0.476 8 | 2 469.9 | 1.114 2 | 6.869 1 | 0.305 6 | 0.29 | 0 |
| 26 | 7 508.8 | 0.217 4 | −2.320 8 | 4 931.3 | 0.656 7 | 6.212 4 | 0.756 2 | 0.47 | 1 |
| 27 | 5 600 | −0.243 4 | −3.007 3 | 3 986.6 | 0.711 9 | 6.744 4 | 0.695 | 0.85 | 3 |
| 28 | 4 779.9 | 2.503 | −2.415 2 | 4 670.9 | 0.977 2 | 6.222 2 | 0.408 6 | 0.84 | 3 |
| 29 | 16 590 | −0.028 4 | −2.225 9 | 8 129.2 | 0.49 | 6.091 4 | 0.854 5 | 0.62 | 2 |
| 30 | 9 087.2 | −0.674 2 | −2.638 8 | 6 393.1 | 0.703 5 | 5.962 1 | 0.654 1 | 0.85 | 3 |

### 5.4.4 基于等价初始权的 BP 神经网络评价

设置激活函数为 relu 函数，设置初始权参数为等价值，将隐蔽层个数分别设定为 10、12、14、16 和 18 进行对比试验，对网络随机训练 5 次，根据 5 次训练的模型分别在测试数据集上的精度计算平均准确率，并以此作为最终的结果以降低网络陷入局部最优对识别准确率的影响。如表 5.24 所示，随着隐蔽层数(10～16)的增加，模型在测试数据集上的准确率逐渐提高，而在 16～18 层时准确率开始降低，此时出现拐点 16，由于 14 层和 16 层网络的准确率几乎一样，初步确定隐蔽层个数为 14 或 16 个。在训练数据集上，随着隐蔽层数的增加模型的准确率逐渐提高，而 16 层网络的准确率高于 14 层的网络。综合以上分析，将隐蔽层个数设置为 16。

表 5.24　隐蔽层个数对网络准确率的影响

| 隐蔽层个数 | 10 | 12 | 14 | 16 | 18 |
|---|---|---|---|---|---|
| 测试数据准确率 | 54.5% | 56.8% | 60.6% | 63. 4% | 57.4% |
| 训练数据准确率 | 76.7% | 81.7% | 83.3% | 86.7% | 83.3% |

设定的隐蔽层个数为 16，在等价权下对比 sigmoid、tanh 和 relu 激活函数网络训练的准确率，结果见表 5.25。由表 5.25 可以看出，三种激活函数对训练集和测试集数据的识别准确率是不同的，采用 sigmoid 激活函数的网络几乎不具备识别能力；采用 tanh 激活函数的网络识别能力一般；而采用 relu 激活函数的网络性能最好，它在训练数据集上的准确率高达 85.4%，在测试数据集上的准确率达到了 63.4%，本次试验充分证明了 relu 函数在该模型中的优势。

表 5.25　不同激活函数对网络准确率的影响

| 激活函数 | sigmoid | tanh | relu |
|---|---|---|---|
| 训练数据准确率 | 36.6% | 61.0% | 85.4% |
| 测试数据准确率 | 27.2% | 45.4% | 63.4% |

以采用等价初始权的 BP 神经网络随机训练 5 次的平均准确率作为结果，训练样本和测试样本的评价结果见表 5.26。

**表 5.26　基于等价初始权 BP 神经网络的适配性评价结果**

| 评价方法 | 训练数据准确率 | 测试数据准确率 | 训练时间 |
| --- | --- | --- | --- |
| 等价初始权 BP 神经网络 | 86.7% | 63.6% | 8.85 s |

相较于传统适配性评价方法中的单因子阈值方案和多因子联合交集策略，基于等价初始权的 BP 神经网络的评价方法的准确率较高，训练数据的准确率达到了 86.7%，测试数据的准确率达到了 63.6%，优势明显。

# 5.5　基于不同贡献权因子的 BP 神经网络适配性评价

BP 神经网络训练时易陷入局部最优而导致最终的模型不是最佳的，在实际地磁适配性评价应用中精度不是最高的，为克服此缺陷，本节对 BP 神经网络的初始权值进行优化改进[162]。贡献因子 $w_i$ 根据具体的输入和输出的相关性来确定。

## 5.5.1　地磁特征统计分析

在样本数据集中分别选取 A、B 两类试验数据进行特征统计，每类数据各有 8 个测区，如图 5.9 所示。图 5.9(a)显示了 A 类数据统计的峰态系数和匹配概率之间的关系，图 5.9(b)为 B 类数据统计的地磁信息熵与匹配概率的关系，可以直观看出，随着区域地磁峰态系数或地磁信息熵的增大，其地磁匹配概率在逐渐降低，说明地磁空间匹配概率与峰态系数和信息熵等统计特征关联性较强。井下巷道区域数量相对较少且每个测区地磁空间特征各异，统计的特征参数也大小不一，每个因子对匹配概率的影响也是不同的，因此需要在适配性评价之前，确定 7 个参数在适配性评价过程中的贡献因子，从而提高模型自动收敛的速度以及避免陷入局部最优。

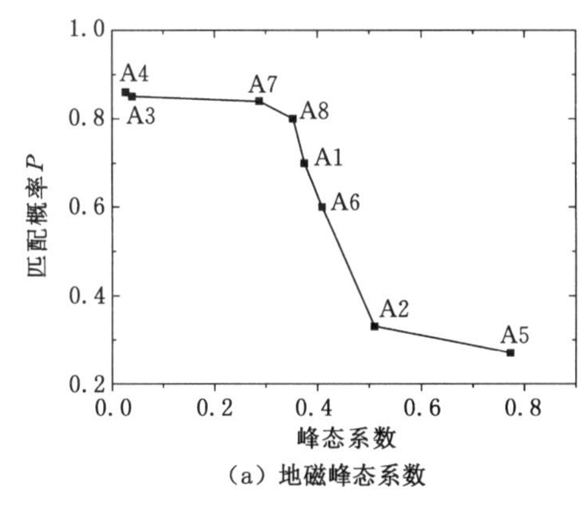

(a) 地磁峰态系数

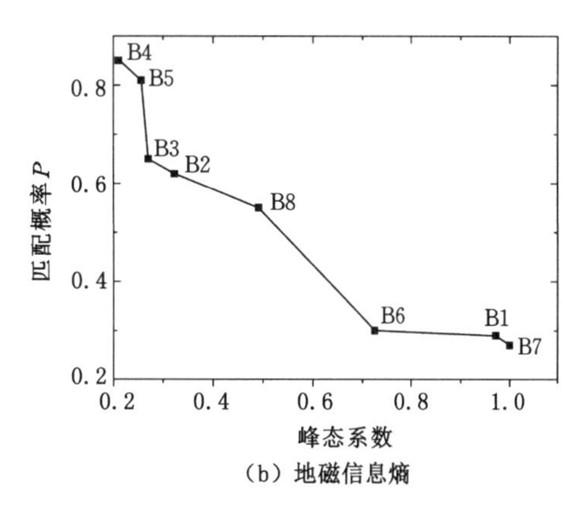

(b) 地磁信息熵

图 5.9　部分地磁特征统计

根据地磁基本适配特征参数与匹配概率之间的相关性,分别利用3种不同的初始权计算方法进行BP神经网络模型搭建,数据处理流程如下图5.10所示。将归一化处理后的描述井下地磁特征的7个参数分别与对应的匹配概率进行多元回归分析、信息熵分析和偏最小二乘法分析,计算3种方法下的特征参数贡献权因子,将贡献权因子设置为网络训练时的初始权,测试不同初始权计算方案下的网络模型的识别准确率。

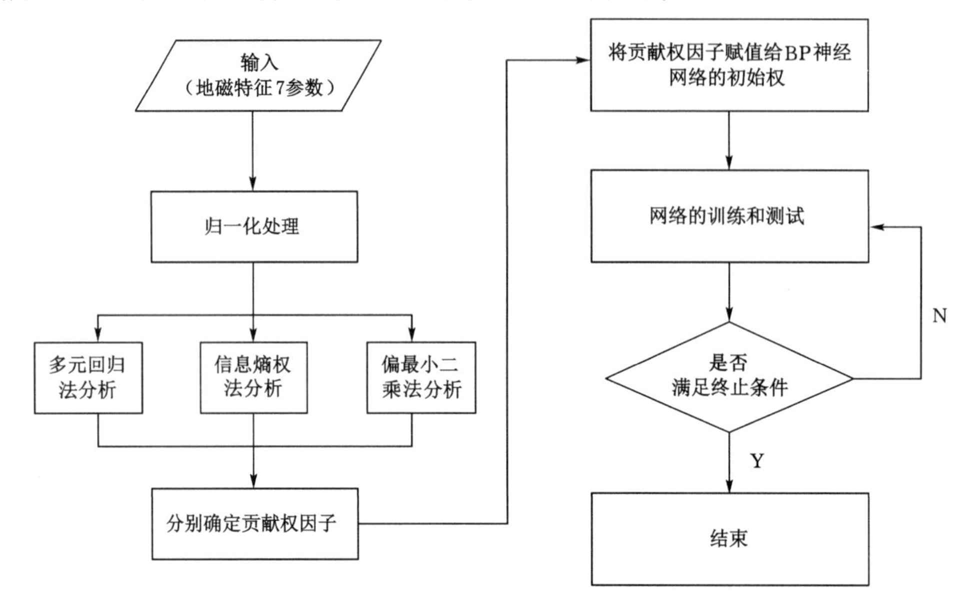


图5.10 数据处理流程

### 5.5.2 不同方法的初始权优化

通常情况下,若训练样本数目足够多,则神经网络算法可以拟合任意的曲线即对实际的输入与输出建立最佳的映射机制,其准确率远高于传统线性拟合方法的准确率。

图5.11所示为简单的一维神经网络训练模型,受到算法的限制,当前的神经网络缺少

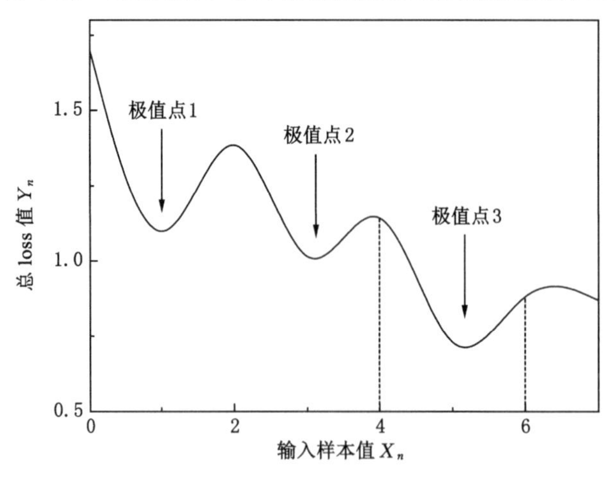


图5.11 一维神经网络训练模型

(loss是神经网络损失函数)

寻求全局最优点的机制，如果将初始化参数设置成等价权，此时网络往往会大概率陷入极值点 1 或极值点 2 处无法跳出，而全局最优点为极值点 3，若优化网络初始权使其能够一开始就在 4～6 区间内开始搜索，则网络可以以最快的速度找到全局最优的极值点 3。

贡献权因子即神经网络训练过程中初始权的定义。在地磁空间分布特征分析模型中，贡献权因子的计算可采用多元回归法、信息熵权法和偏最小二乘法估计得出。

$$w_{ni}=\frac{|B_{ni}|}{\sum_{n=1}^{7}|B_{ni}|} \tag{5.21}$$

$B_{ni}$ 表示各方法计算的系数矩阵即定权系数矩阵，$w_{ni}(i=1,2,3,\cdots)$ 表示参与评价特征指标的贡献权因子。$B_{n1}$ 是用多元回归分析法得出的贡献权因子，$B_{n2}$ 是用信息熵权法得出的贡献权因子，$B_{n3}$ 是用偏最小二乘法得出的贡献权因子。

(1) 多元回归法定权分析

为了研究地磁空间分布特征因子与匹配概率之间的关系，可以先进行相关性回归分析来确定关联程度。式(5.22)为 7 个特征因子与匹配概率的回归方程模型。

$$P=B_0+B_{11}x_{m1}+B_{21}x_{m2}+\cdots+B_{n1}x_{mn} \tag{5.22}$$

式中　$P$ ——匹配概率；

$x_{mn}$ ——7 个地磁特征参数；

$B_{n1}$ ——各个地磁特征参数与区域匹配概率的相关性指标即回归系数。

(2) 信息熵权法定权分析

信息熵权法是根据被评价对象的指标值形成的判断矩阵来确定指标权重的一种方法，对于多指标决策问题，从 $m$ 个可行方案中选择最佳方案具有很强的客观性。若某一指数为决策提供的信息越多，那么它的贡献就越大，权重值也就越大[41]。其计算原理如下所示。

由标准化矩阵 $\boldsymbol{R}=[x_{ij}]$(其中 $i=1,2,3,\cdots;m$，$j=1,2,3,\cdots,n$)，求出影响因子的出现概率 $p_0$。

$$p_0=\frac{x_{mn}}{\sum_{j=1}^{n}x_{ij}} \tag{5.23}$$

求第 $n$ 个影响因子输出的信息熵 $E_n$。

$$E_n=-\frac{1}{\ln m}\sum_{i=1}^{m}p_0\ln p_0 \tag{5.24}$$

式中　$0\leqslant E_n\leqslant 1$。

求第 $n$ 个影响因子输出的信息熵权贡献权因子 $B_{n2}$。

$$B_{n2}=\frac{1-E_n}{n-\sum_{k1}^{n}E_k} \tag{5.25}$$

(3) 偏最小二乘法定权分析

偏最小二乘法[42]是一种多元统计数据分析方法，将回归分析、数据结构简化以及两组变量之间的相关性分析有机地结合起来。现将式(5.24)和式(5.25)归一化计算后的矩阵 $\boldsymbol{R}$ 和各样本区域的实际地磁匹配概率 $P$ 分解为如下形式。

$$\begin{cases}\boldsymbol{R}=\boldsymbol{T}\boldsymbol{Y}^{\mathrm{T}}+\boldsymbol{E}\\ \boldsymbol{P}=\boldsymbol{U}\boldsymbol{Q}^{\mathrm{T}}+\boldsymbol{F}\end{cases} \tag{5.26}$$

式中 $\boldsymbol{T},\boldsymbol{U}$——$m*A$ 得分矩阵；

$\boldsymbol{Y},\boldsymbol{Q}$——负载矩阵；

$\boldsymbol{E},\boldsymbol{F}$——残差矩阵。

根据原数据矩阵 $\boldsymbol{R}$ 和 $\boldsymbol{P}$，计算 $\boldsymbol{R}^{\mathrm{T}}\boldsymbol{P}\boldsymbol{P}^{\mathrm{T}}\boldsymbol{R}^{\mathrm{T}}$ 的最大特征值 $\lambda_1$ 所对应的特征向量 $\boldsymbol{w}_1$ 并计算得分向量 $\boldsymbol{t}_1$。

$$\begin{cases}\boldsymbol{R}^{\mathrm{T}}\boldsymbol{F}\boldsymbol{F}^{\mathrm{T}}\boldsymbol{X}\boldsymbol{w}_1=\lambda_1\boldsymbol{w}_1\\ \boldsymbol{F}^{\mathrm{T}}\boldsymbol{R}\boldsymbol{R}^{\mathrm{T}}\boldsymbol{F}\boldsymbol{w}_1=\lambda_1\boldsymbol{c}_1\end{cases}\rightarrow\begin{cases}t_1=R\boldsymbol{w}_1\\ u_1=P\boldsymbol{c}_1\end{cases} \tag{5.27}$$

建立回归模型，并估算主成分系数向量 $\boldsymbol{p}_1$ 和回归系数向量 $\boldsymbol{q}_1$，计算数据残差矩阵 $\boldsymbol{E}$ 和 $\boldsymbol{F}$。

$$\begin{cases}\boldsymbol{R}=\boldsymbol{t}_1\boldsymbol{p}_1^{\mathrm{T}}+\boldsymbol{E}\\ \boldsymbol{P}=\boldsymbol{t}_1\boldsymbol{q}_1^{\mathrm{T}}+\boldsymbol{F}\\ \boldsymbol{p}_1=\boldsymbol{X}^{\mathrm{T}}\boldsymbol{t}_1/(\boldsymbol{t}_1^{\mathrm{T}}\boldsymbol{t}_1)\\ \boldsymbol{q}_1=\boldsymbol{Y}^{\mathrm{T}}\boldsymbol{u}_1/(\boldsymbol{u}_1^{\mathrm{T}}\boldsymbol{u}_1)\end{cases}\rightarrow\begin{cases}\boldsymbol{E}=\boldsymbol{X}-\boldsymbol{t}_1\boldsymbol{p}_1^{\mathrm{T}}\\ \boldsymbol{F}=\boldsymbol{Y}-\boldsymbol{t}_1\boldsymbol{q}_1^{\mathrm{T}}\end{cases}\Rightarrow B_{n3}=p_i \tag{5.28}$$

根据缩减后的残差矩阵 $\boldsymbol{E}$ 和 $\boldsymbol{F}$ 计算最大特征值，并且重复式(5.27)、式(5.28)即可计算出所有地磁参数的贡献权因子 $B_{n3}$。

以上三种方法的初始权的计算采用基于 MATLAB 的编程实现。先将表中数据 $\delta$ 至 $t$ 代入式(5.21)至式(5.22)归一化后，再代入式(5.23)至式(5.28)式计算出回归系数 $B_{n1}$，然后将 $B_{n1}$ 代入式(5.21)计算贡献权因子 $w_{n1}$，其计算结果如表 5.27 所示，可以看出基于不同方法计算出的贡献权因子对各个特征参数的权重各不相同。

**表 5.27 基于不同方法的贡献权因子的计算结果**

| 地磁特征参数 | 多元回归法 | | 信息熵权法 | | 偏最小二乘法 | |
|---|---|---|---|---|---|---|
| | 系数 $B_{n1}$ | 贡献权因子 $w_{n1}$ | 系数 $B_{n2}$ | 贡献权因子 $w_{n2}$ | 系数 $B_{n3}$ | 贡献权因子 $w_{n3}$ |
| $\delta$ | −0.427 | 0.171 | 0.147 7 | 0.147 7 | 0.218 3 | 0.218 3 |
| $C_e$ | −0.273 | 0.109 | 0.153 4 | 0.153 4 | 0.326 7 | 0.326 7 |
| $C_f$ | −0.559 | 0.223 | 0.132 6 | 0.132 6 | 0.301 2 | 0.301 2 |
| $r$ | 0.819 | 0.327 | 0.152 3 | 0.152 3 | 0.090 1 | 0.090 1 |
| $o$ | −0.187 | 0.075 | 0.133 8 | 0.133 8 | 0.057 8 | 0.057 8 |
| $G$ | −0.109 | 0.043 | 0.137 7 | 0.137 7 | 0.003 7 | 0.003 7 |
| $t$ | −0.128 | 0.051 | 0.142 4 | 0.142 4 | 0.002 2 | 0.002 2 |

通过对各个特征参数贡献权因子的计算(表 5.28)可以看出，不同算法计算的初始权是不同的，在描述井下磁场特征的 7 个参数中，用多元回归法计算出的偏态系数 $C_f$ 和地磁粗糙度 $r$ 对匹配概率的影响较大，其贡献率分别达到了 22.3%和 32.7%，粗糙方差比 $o$、地磁

信息熵 $G$ 和相关系数 $t$ 等对匹配概率的影响较小，贡献率均不到10.0%。用信息熵权法计算出的各个参数的贡献率基本一样，最大与最小的贡献率之差不足2%。用偏最小二乘法计算出的地磁标准差 $\delta$、峰态系数 $C_e$ 和偏态系数 $C_f$ 等参数对匹配概率的影响较大，地磁信息熵 $G$ 和相关系数 $t$ 对匹配概率的影响微乎其微。

**表5.28　不同地磁特征值对应的贡献权因子**

| 特征值(Input) | $\delta$ | $C_e$ | $C_f$ | $r$ | $o$ | $G$ | $t$ |
|---|---|---|---|---|---|---|---|
| 多元回归法贡献率( $w_{n1}$ )/% | 17.1 | 10.9 | 22.3 | 32.7 | 7.5 | 4.3 | 5.1 |
| 信息熵权法贡献率( $w_{n2}$ )/% | 14.8 | 15.3 | 13.3 | 15.2 | 13.4 | 13.8 | 14.2 |
| 偏最小二乘法贡献率( $w_{n3}$ )/% | 21.8 | 32.7 | 30.1 | 9.0 | 5.8 | 0.4 | 0.2 |

### 5.5.3　基于贡献权因子的BP神经网络评价结果

均对网络随机训练5次计算平均准确率，训练样本和测试样本的评价结果见表5.29。从评价结果可以得出，在对地磁区域适配性评价中，基于偏最小二乘法的BP神经网络的判别准确率最低，训练数据的判别准确率不到80%，测试数据判别准确率为54.5%，但是其训练时间最短。基于等价权和信息熵权法网络的准确率较为接近，训练数据的准确率均为85.0%左右，测试数据判别准确率均为63.6%，训练时间上也相差不大(达到9 s左右)。基于多元回归的BP神经网络的评价方法的准确率最高，训练数据的判别准确率达到了90%，测试数据判别准确率也高达72.7%，训练时间为5.6 s。但是当基于不同初始权算法进行BP神经网络分析时，初始权计算工作量较大。

**表5.29　基于不同改进方法的适配性评价结果**

| 评价方法 | 训练数据准确率 | 测试数据准确率 | 训练时间 |
|---|---|---|---|
| 等价权法 | 86.7% | 63.60% | 9.22 s |
| 多元回归法 | 90.0% | 72.70% | 5.60 s |
| 信息熵权法 | 83.3% | 63.60% | 8.85 s |
| 偏最小二乘法 | 76.7% | 54.50% | 4.22 s |

多种适配性决策方案评价结果如表5.30所示。

**表5.30　多种适配性决策方案评价结果**

| 方案类型 | 评价方法 | 训练数据准确率 | 测试数据准确率 | 训练时间 |
|---|---|---|---|---|
| 传统方法 | 单因子阈值 | — | 40.00% | — |
| | 多因子“交集” | — | 50.00% | — |
| | 综合特征构建 | — | 50.00% | — |

**表 5.30(续)**

| 方案类型 | 评价方法 | 训练数据准确率 | 测试数据准确率 | 训练时间 |
| --- | --- | --- | --- | --- |
| BP 神经网络 | 等价权法 | 86.7% | 63.60% | 9.22 s |
| | 多元回归法 | 90.0% | 72.70% | 5.60 s |
| | 信息熵权法 | 83.3% | 63.60% | 8.85 s |
| | 偏最小二乘法 | 76.7% | 54.50% | 4.22 s |

从评价结果可以看出，基于传统单因子阈值、多因子“交集”和综合特征构建的评价方案的精度均小于基于 BP 神经网络的决策方案；而在基于不同贡献权因子的 BP 神经网络决策方案中，基于多元回归法的贡献权因子的 BP 神经网络平均准确率最高且训练时间最短，较适合作为井下区域地磁定位的适配性评价方案。

# 第 6 章　地磁数据降噪与增强处理

实时测量磁场值难以避免存在一定的测量噪声，这也是地磁定位匹配精度低的主要原因之一。从磁力仪测量数值角度分析，实测磁数值噪声扰动可能来源于载体本身磁场影响、环境变化干扰磁场影响、传感器本身测量误差影响、温度湿度变化影响及载体运动形式影响等。磁力仪测量磁场值包含随机噪声和有色噪声，会受到时间、周边环境等诸多因素影响并发生波动变化。本章研究了磁测量噪声降噪和磁特征增强方法，从空域、频域进行了理论研究和试验分析。重点研究了磁噪声中值滤波、傅里叶变换及小波变换去噪对实时磁数据的降噪效果。结合 Laplace 算子构建了 CEA 卷积磁特征增强算法，用于匹配序列和地磁图的地磁空间特征去噪及增强处理。

## 6.1　数据降噪方法

### 6.1.1　中值平滑滤波

地磁匹配过程中，实际测量地磁数值由于受到多种因素影响会与基准数据有一定区别，可能含有一定的噪声或扰动。扰动小的数值会有几十纳特斯拉，扰动大的噪声甚至达到几百纳特斯拉。这些扰动特别是在地磁特征缓变区内，较大的噪声干扰有可能会淹没巷道实际地磁微小的变化，甚至导致虚定位，直接影响地磁匹配的精确度。为了降低随机磁扰动或噪声对地磁匹配的影响，在地磁匹配定位之前可以滤波去噪。

对于某一位置来说，可以利用当前时刻获得的点位磁值与之前时刻连续获得的点位磁值信息进行匹配定位，只需要对某些点位的瞬间噪声进行去噪处理。小波滤波、中值滤波是常用的去噪方法，可以滤除随机噪声，中值滤波是一种非线性的去噪声的方法，原理简单，计算方便，可以对含有噪声的大批量数据进行统一平滑滤波，处理速度较快，如式(6.1)所示。

$$B'_i=\frac{1}{2n+1}\sum_{k=-n}^{n}B_{i+k} \tag{6.1}$$

式中　$i$——任意一个空间点；

$n$——对第 $i$ 点平滑处理时，所选与 $i$ 点相邻前后点的个数；

$B_i$——平滑前第 $i$ 点的磁场强度值；

$B'_i$——平滑后第 $i$ 点的磁场强度值。

式(6.1)表示利用与该点相邻位置 $2n+1$ 个点平均值作为中心点的平滑值。整个曲线平滑过程是以这个算子为基础的，设定平滑窗口后，逐步移动可得到整个观测数据的平滑结果。一般来说，在曲率变化小的地方 $n$ 取较小值，但 $n$ 取值过小会使曲线平滑度较低，滤波效果不理想。在曲率变化大的地方 $n$ 取较大值，但 $n$ 值过大会使曲线的平滑度较高。因此为减小失真度，一般取 $n=9$。平滑的目的是消除测量噪声，提高采集数据的精度，平滑是根据所有时刻的磁场强度值来估计其中某一时刻的磁场值，从原理上说，平滑滤波的估计精度是最高的，因为它利用了所有的测量信息。

### 6.1.2 动态限频加权滤波

磁力仪测量的是点位磁场强度，如果仪器附近存在其他干扰源，则这些干扰源产生的磁场会与稳定磁场叠加后一起输出。其中干扰磁场的特点是随机，存在的时间比较短，但这会使实际的点位磁场值出现一定的波动。

动态限频加权滤波是根据随机干扰的特点提出的，实际上随机值所出现的次数并不多，而理论的点位磁场值由于其自身稳定的特性，则会在稳定的区间内波动[35]，这样，根据点位磁场值的变化幅度就可以区分稳定磁场与干扰磁场，最终确定点位磁场值，动态限频加权滤波的关键在于阈值和权的确定，有很好的去噪效果。

假设一共采集了 $N$ 个磁数据，其点位磁数值是异常场与干扰磁场的叠加，假设磁力仪输出序列记为 $M[M=(M_1,M_2,M_3,\cdots)]$，这里 $M$ 指的是磁场的总强度。

(1) 当开始采集数据时，按照采集的前后顺序将采集到的磁场值不重复地放入一个二维数组 $A(M_i,n_i)$ 中，其中第一个变量 $M_i$ 是磁总值，第二个变量 $n_i$ 是该值出现的次数。第一个数组的次数为 $A(M_1,1)$，不重复是这样实现的：当采集到第 2 个磁场值时，判断该值与第 1 个数组中的磁场值的差值是否小于设定的阈值，如果小于等于阈值，则将第 1 个数组中的第二个变量增加 1，表示该磁场值出现了两次，这时，该数组中仍然只有第一个元素 $A(M_1,2)$；如果大于阈值，则将该磁场值按顺序放进第二元素中，并将该元素的第二个变量置设为 1，表示该磁场值第一次出现，即 $A(M_2,1)$。以此类推遍历所有数组元素。

(2) 遍历数组所有元素，根据每个元素中第二个变量的大小从大到小进行降序排列，保留排在前面的 $Y$ 个元素，$Y$ 的具体数值可通过多次试验来确定。

(3) 根据第二个变量的大小为最后留下来的元素分配权值，理论依据为：变量大的元素表示某阈值范围内磁场值出现的次数较多，因此分配较大的权值；反之变量小的分配较小的权值，然后通过各元素中的磁场值与该元素对应的权值进行加权运算，输出的结果作为最终的点位磁场值。

权数一般有两种表现形式，一种方法是用频数表示，另一方法是用频率表示，在统计学中对各个变量值具有权衡轻重作用的数值就称为权数，式(6.2)为定权公式。

$$p_i=\frac{k_i}{n} \tag{6.2}$$

式中 $i$——某个统计变量；

$p_i$——统计变量对应的权；

$k_i$——变量 $i$ 的个数；

$n$——总个数，$n=\sum_{i=1}^{m}k_i$。

### 6.1.3 傅里叶变换降噪

傅里叶变换降噪的基本思想是对含噪图像数据进行傅里叶变换后使用巴特沃思低通滤

波器滤除噪声频率，然后用傅里叶逆变换恢复图像。傅里叶变换能比较彻底的去除高频噪声，但是很难将有用的高频部分和由噪声引起的高频干扰区分开。

二维离散傅里叶变换公式如下：

$$F(u,v)=\frac{1}{M\cdot N}\sum_{x=0}^{M-1}\sum_{y=0}^{N-1}f(x,y)\mathrm{e}^{-j2\pi\left(\frac{ux}{M}+\frac{vy}{N}\right)} \tag{6.3}$$

其中 $f(x,y)$ 是大小为 $M\times N$ 的数字图像。

巴特沃思低通滤波器的定义如下：

$$H(\mathrm{u},v)=\frac{1}{1+[D(u,v)/D_0]^{2n}} \tag{6.4}$$

其中 $D_0$ 为截止频率，$D(u,v)$ 是点 $(u,v)$ 距频率域的中心点的距离。频率域的中心点（原点）坐标是 $\left(\frac{M}{2},\frac{N}{2}\right)$，数字图像的大小为 $M\times N$，从点 $(u,v)$ 到中心点的距离如下：

$$D(u,v)=\left[\left(u-\frac{M}{2}\right)^2+\left(v-\frac{N}{2}\right)^2\right]^{\frac{1}{2}} \tag{6.5}$$

二维离散傅里叶逆变换公式如下：

$$f(x,y)=\sum_{x=0}^{M-1}\sum_{y=0}^{N-1}F(u,v)\mathrm{e}^{-j2\pi\left(\frac{ux}{M}+\frac{vy}{N}\right)} \tag{6.6}$$

### 6.1.4　小波变换降噪

1. 小波去噪框架

当带有噪声的干扰信号输入后，经过小波变换可以分解为低频系数（信号）和高频系数（噪声）两部分。一次分解低频系数（信号）还可以继续进行多层分解，直到得到理想精度的小波系数。由于信号和噪声的小波系数在不同尺度上有着不同特征表现，当输入的有噪声信号经过小波分解后，每层分解噪声小波系数受污染贡献率相同，并且噪声向量是高斯形式，它的正交也是高斯形式。当噪声是一个平稳、零均值白噪声时，它的小波分解系数是不相关的，并且高频系数的幅值随着分解层数的增大而快速分解。因此对分解后高频系数进行合理的阈值处理，可以达到降噪目的。若一个信号的离散采样数据为 $f(k)$，则有：

$$\left.\begin{aligned}c_{j,k}&=\sum_n c_{j-1,n}h_{n-2k}\\ d_{j,k}&=\sum_n d_{j-1,n}g_{n-2k}\end{aligned}\right\} \tag{6.7}$$

式中　$c_0k=f(k)$ 为原始数据，$k=0,1,2,\cdots,n-1$；

$c_{j,k}$——尺度系数；

$d_{j,k}$——小波系数；

$h,g$——正交滤波器组；

$j$——分解层；

$n$——离散采样点数。

在磁测量小波去噪的数学模型处理过程中，去噪效果和精度会受到所选取的小波基类型、分解层数和去噪阈值等的影响。

（1）小波基类型选取。选取不同的小波基进行小波分解，达到的去噪效果往往是不一样的。对于不规则信号常用的分解小波基是 dbN,重构的为双正交小波。dbN 小波基是 Daubechies 从两尺度方程系数 $\{h_k\}$ 出发设计出来的离散正交小波,一般简写为 dbN,$N$ 为小波的阶数($N=1,2,3,\cdots,9$)。除了 $N=1$ 外,dbN 不具有对称性(即非线性相位);dbN 没有显示表达式(除 $N=1$ 外),但 $\{h_k\}$ 的传递函数的模的平方有显示表达式。假设 $P(y)=\sum_{k=0}^{N-1} C_k^{N-1+k} y^k$ ,其中 $C_k^{N-1+k} y^k$ 为二项式的系数,则有:

$$|m_0(\omega)|^2=\left(\cos^2\frac{\omega}{2}\right)^N P\left(\sin^2\frac{\omega}{2}\right) \tag{6.8}$$

式中　$m_0(\omega)=\frac{1}{\sqrt{2}}\sum_{k=0}^{2N-1} h_k \mathrm{e}^{-\mathrm{i}k\omega}$。

(2) 分解层数。在小波分解中,分解层数的选择会直接影响滤波去噪模型精准度。理论上,小波分解层数越大,分解后噪声和信号小波系数表现出的特征越明显,区分度越大,有利于二者的分离。但是随着分解层数增大,重构信号失真度也会增大,在一定程度上影响整体去噪效果。实际数据处理时,根据噪声的类型和水平进行大量试验,选择一个最优分解尺度,通过比较最终分解指标来确定合理的分解层数。

(3) 去噪阈值。一般来讲,经过小波分解后,信号的系数要大于噪声的系数。所以可以选择一个合适的 $\lambda$ 作为阈值,当分解系数小于这个临界阈值时,认为分解系数主要为噪声,可将其舍弃;当分解系数大于这个临界阈值时,认为分解系数主要为信号,应将其直接保留。保留信号分解系数的方法通常有阈值函数(有硬阈值和软阈值两种),阈值确定方式则有多种。

2. 去噪阈值确定

阈值去噪对信号分解小波系数进行处理来达到去噪的目的。整个过程需要确定阈值函数和具体阈值。

硬阈值方法就是设定某一固定量作为临界值降噪,软阈值方法就是设定某一固定量临界值后,按规则向零收缩降噪。然后用得到的小波系数进行小波重构,即去噪后的信号。

硬阈值函数为:

$$\overline{w}_{i,j}=\begin{cases} w_{j,k} & |w_{j,k}|\geqslant\lambda_h \\ 0 & |w_{j,k}|<\lambda_h \end{cases} \tag{6.9}$$

式中　阈值 $\lambda_h=2\ln M$ ,$M$ 为信号的长度。

软阈值函数为:

$$\overline{w}_{i,j}=\begin{cases} \mathrm{sign}(w_{j,k})(|w_{j,k}|-\lambda_s) & |w_{j,k}|\geqslant\lambda_\sigma \\ 0 & |w_{j,k}|<\lambda_\sigma \end{cases} \tag{6.10}$$

式中　$w_{j,k}$ ,$\overline{w}_{i,j}$ ——经去噪处理前后的小波变换系数;

　　sign(·)为符号函数。

如何选取阈值函数并对阈值进行量化是阈值去噪最重要的环节,由于噪声是一种随机信号,其方差是未知的,实际去噪过程中必须首先对阈值进行估计。基于样本估计的阈值的选取,其原理是通过信号本身数值特点来估计一个具体的阈值,通常有中误差阈值、sqtwolog 阈值和 minimaxi 阈值。本次试验设定的中误差阈值记为 $\lambda_\sigma$ ,取为 $\sigma^2\lg M$ ,$\sigma=\frac{\mathrm{median}(|w_{j,k}|)}{0.6745}$ 是对噪声水平的估计值,$M$ 是信号的长度。

sqtwolog 阈值记为 $\lambda_s = 2\ln M$，$M$ 为信号的长度。例如本试验中在 P1 处连续测量 4 s 得到 80 个数据，则信号的长度（即 $M$）为 80。

minimaxi 阈值记为 $\lambda_m$，也是一种固定的阈值，它产生的是一个最小均方误差的极值，而不是中误差。

### 6.1.5　去噪的评价指标

（1）单一信号去噪声效果评价指标

由于小波去噪的结果受多种因素的影响，选择不同的小波基函数、不同的分解尺度，其去噪的效果都不尽相同。因此，必须通过一些具体的指标来衡量。常用的评价指标有均方根误差（root mean square error，RMSE）和信噪比（signal to noise ratio，SNR）。均方根误差即原始信号与去噪后的估计信号之间的方差平方根，其定义式为：

$$\mathrm{RMSE} = \sqrt{\frac{1}{n}\sum_{i=1}^{n}[\hat{f}(i) - \tilde{f}(i)]^2} \tag{6.11}$$

式中　$\hat{f}(n)$ ——去噪后的信号；

$\tilde{f}(n)$ ——精确的信号；

$n$——样本个数。

信噪比是测量信号中噪声量度的传统方法，其定义式为：

$$\mathrm{SNR} = 10\ \lg\left(\frac{\sum_{i=1}^{n} f^2(i)}{\sum_{i=1}^{n}[f(i) - \hat{f}(i)]^2}\right) \tag{6.12}$$

式中　$f(i)$ ——自制设备测量的原始信号。

（2）图像去噪声效果评价指标

图像噪声去噪效果需要有统一的评价指标，常用的评价指标有信噪比、峰值信噪比（peak signal to noise ratio，PSNR）和均方根误差。

信噪比是衡量信号值噪声水平的物理量，单位为 dB，其计算式为：

$$\mathrm{SNR} = 10 \cdot \lg\left\{\frac{\sum_{i=1}^{M}\sum_{j=1}^{N} R_x^2(i,j)}{\sum_{i=1}^{M}\sum_{j=1}^{N}[R_y(i,j) - R_x(i,j)]^2}\right\} \tag{6.13}$$

峰值信噪比是图像处理中最常用的图像质量评价指标，定义式为：

$$\mathrm{PSNR} = 10 \cdot \lg\left\{\frac{M \cdot N \cdot R_{y,\max}^2}{\sum_{i=1}^{M}\sum_{j=1}^{N}[R_y(i,j) - R_x(i,j)]^2}\right\} \tag{6.14}$$

均方根误差 RMSE 为：

$$\mathrm{RMSE} = \sqrt{\frac{1}{MN}\sum_{i=1}^{M}\sum_{j=1}^{N}[R_y(i,j) - R_x(i,j)]^2} \tag{6.15}$$

式中　$R_x$ ——无噪数据；

$R_y$ ——含噪数据；

$M,N$——网格点数。

对一幅地磁图像而言，用 SNR、PSNR 和 RMSE 数值可以量化分析去噪质量好坏。PSNR 值越大，表明去噪效果较好，说明去噪后数据失真率较小。而去噪后 RMSE 的值越小，表明图像数据失真率较小。

## 6.2 环境噪声扰动降噪处理

从人员走动、运输车通行、电梯和罐笼提升等对空间点位磁扰动影响试验结果可以看出，人员走动、运输车通行、电梯和罐笼提升都会对附近点位产生磁干扰，但产生的扰动噪声各不相同，噪声数值波动小的只有几十纳特，波动较大的噪声为几千纳特甚至达到一万多纳特，但均属于瞬间的随机磁扰动，为了消除随机噪声的干扰影响，提高地磁匹配地磁序列与基准数据的匹配概率，选取一维中值滤波、小波、动态限频加权滤波算法分别进行平滑去噪研究[159]。

### 6.2.1 人员走动磁扰动的平滑去噪

为了消除人员走动对点位磁场的干扰影响，提高井下地磁匹配序列与基准数据的匹配概率。选取一维中值滤波、小波、动态限频加权滤波算法分别平滑去噪，试验中采样时间分别为 30 s 和 50 s。

图 6.1 是人员走动平滑去噪前后点位磁场曲线，从图 6.2 中可以看出直接输出的采样值整体波动较小，只有个别点位波动比较大，经过小波去噪后，去除了扰动峰值，效果得到了改善，但有所偏离真值。分别经过中值滤波和动态限频加权滤波算法去噪后，原始曲线都得到了明显改善，波动性也比较小，去噪效果均优于小波去噪，而动态限频加权滤波算法的去噪效果优于中值滤波，更接近于实际值。

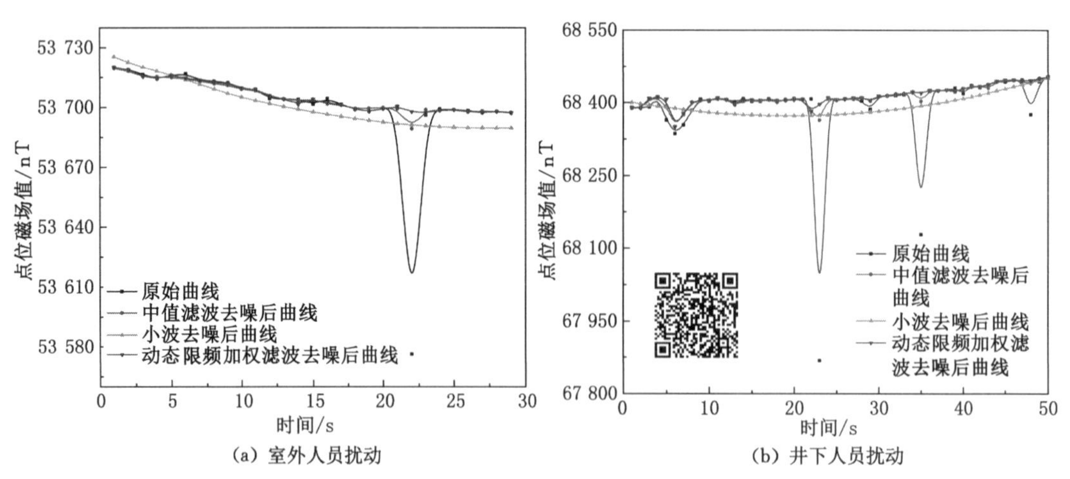


图 6.1 人员走动平滑去噪前后点位磁场曲线

### 6.2.2 运输车通行磁噪声的平滑去噪

图 6.2 是运输小车通行平滑去噪前后点位磁场曲线，从图 6.2 中明显可以看出，不使用

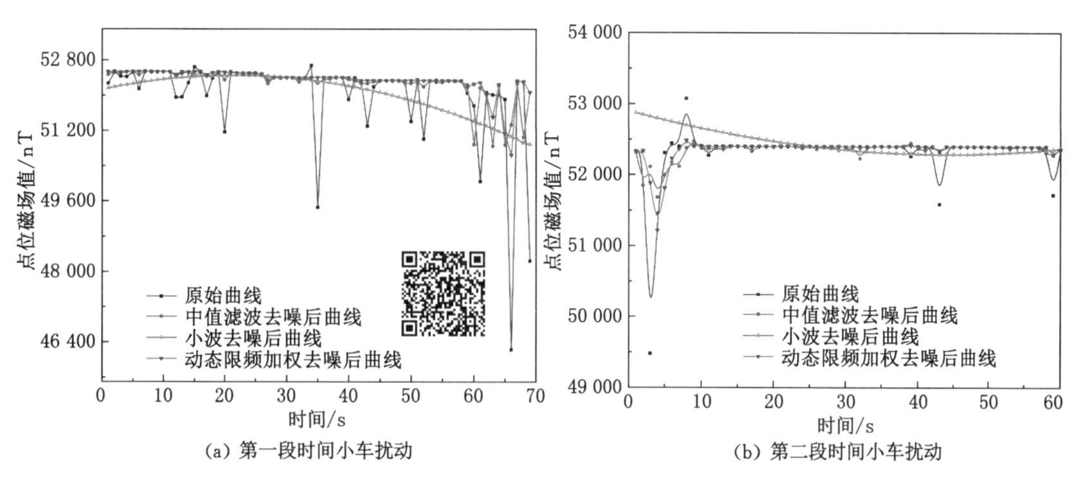


(a) 第一段时间小车扰动　　(b) 第二段时间小车扰动

图6.2　运输小车通行平滑去噪前后点位磁场曲线

任何平滑滤波技术前，当有1～3辆小车通过时，波动起伏比较小；当有多辆小车通过时，波动起伏比较大。从图中可以看出采用中值滤波和小波去噪方法可以去除部分扰动峰值，当扰动较大时，效果并不太理想，去噪后仍然存在峰值；而采用动态限频加权滤波算法基本可以去除所有扰动峰值，最终输出的点位磁场值在真实值附近波动，增加了点位磁数据的稳定性，效果得到了明显改善。

图6.3是井下运输小车通行平滑前后点位磁场曲线。从该图中可以看出直接将采样值作为有效的输出点位磁场值干扰较大，为了减弱磁扰动，选用中值滤波、小波、动态限频加权滤波算法分别进行平滑去噪，从图中可知分别经过中值滤波、小波、动态限频加权滤波算法后都较好地改善了原始采样值，降噪后曲线都比较光滑，其中中值滤波算法平滑后较小波去噪更接近真值，误差更小，而采用动态限频加权滤波算法进一步增加了原始采样值的稳定性，波动性更小，去除了扰动峰值。

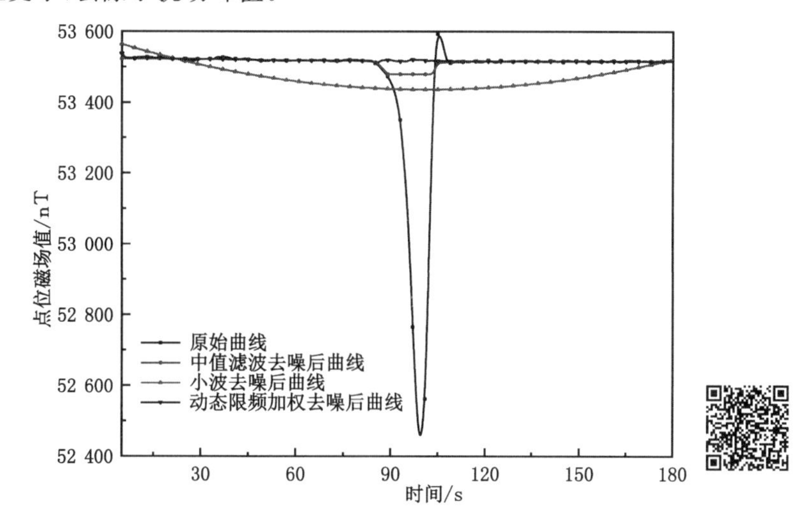


图6.3　井下运输小车通行平滑前后点位磁场曲线

### 6.2.3 井下罐笼升降的平滑去噪

图 6.4 是升降罐笼平滑前后点位磁场曲线变化图,从图中可以看出,平滑前升降罐笼产生了多个扰动峰值,波动起伏很大。使用中值滤波算法和小波去噪后效果得到了一定的改善,但仍然存在峰值,波动起伏比较大。采用动态限频加权滤波去噪算法后效果得到了明显的改善,波动起伏比较小,且基本去除了所有扰动峰值,更加接近原始真值。

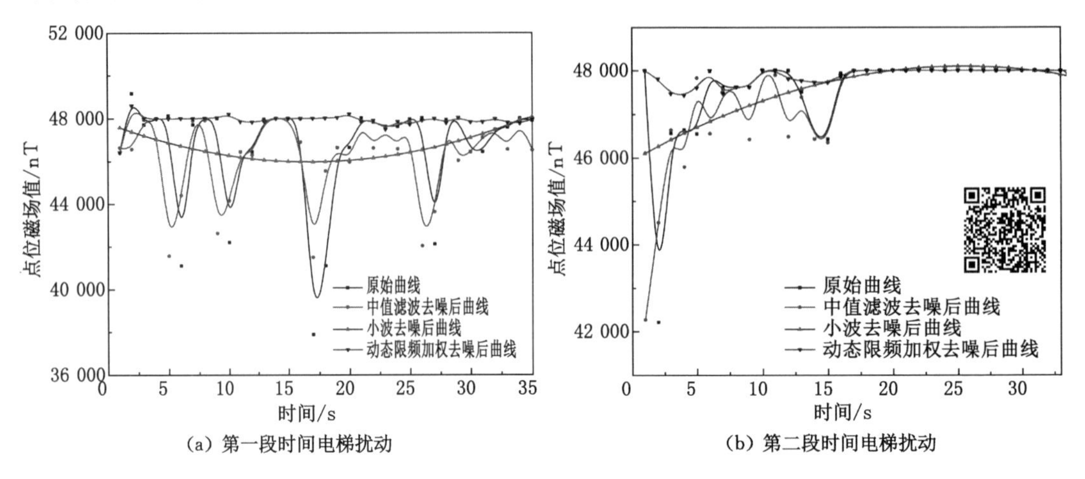


图 6.4 升降罐笼平滑前后点位磁场曲线变化图

图 6.5 是井下罐笼瞬间磁噪声去噪处理结果。从该图中可以看出,罐笼升降监测点的磁场值产生了多个扰动,经过小波去噪和中值滤波后,点位地磁曲线变的均较为光滑,但经过中值滤波后的输出点位磁曲线偏离真实值,而采用小波去噪的方法波动性较小,接近于真实点位磁场值。采用动态限频加权滤波去噪算法后输出值更接近原始采样值,去除了全部扰动峰值,点位地磁曲线最光滑且波动性最小,在一定程度上满足去噪的要求。

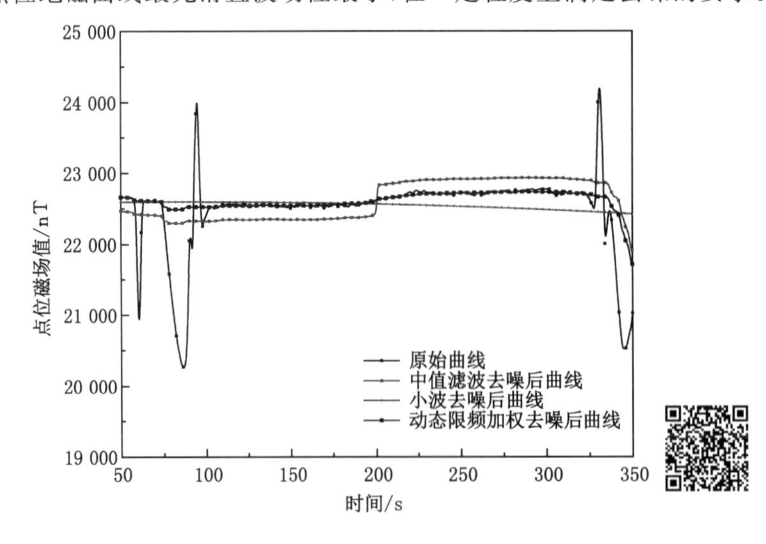


图 6.5 井下罐笼瞬间磁噪声去噪处理结果

综上可以看出，中值滤波和小波去噪对短时间强噪声的处理均有效果，能达到抑制瞬间噪声扰动目的。其中，中值滤波算法简单，计算量小，平滑效果较理想，小波在一定程度上可以区分信号和噪声，但当磁扰动比较大时，中值滤波和小波去噪的平滑效果都较差，平滑后仍会有明显的峰值，而采用动态限频加权滤波算法后基本可以去除扰动峰值，能进一步增加点位磁场值的稳定性，波动性更小。

## 6.3　单点磁数值采集小波降噪

地磁定位的数据基础是磁力仪测量的磁场值。实时测量磁场值难以避免存在一定的测量噪声，这是地磁定位匹配精度低的原因之一。本节针对磁测量设备在采集磁数值时的随机噪声，通过不同阈值条件下硬软阈值去噪的对比试验研究磁测量随机噪声小波去噪方法的可靠性[163]。

### 6.3.1　磁数据采集

试验研究中磁数据的采集工作是通过自主设计的便携磁采集装置(HBEQ-1)和高精度FVM-400磁力仪两种设备完成的，见图6.6。其中基准点含噪声观测值由HBEQ-1磁采集装置测量完成。HBEQ-1磁采集装置是自主设计的基于单片机微集成的磁测量装置，见图6.6。该装置由核心处理器、九轴集成姿态传感器等核心芯片构成，可以完成数据蓝牙传输，三轴磁分量测量、3个姿态角测量。该装置分辨率达到了100 nT，最大量程为800 000 nT。由于HBEQ-1磁采集装置没有标准化检测，试验认为其测量磁标准点数值存在较大随机噪声和系统偏差。试验基准点精确观测值由进口FVM-400磁力仪进行测量。该仪器经过专业调校，测量精度达到1 nT，量程为100 000 nT，噪声小，测量噪声方差为50 nT，测量随机常值误差为10～30 nT，稳定性高。

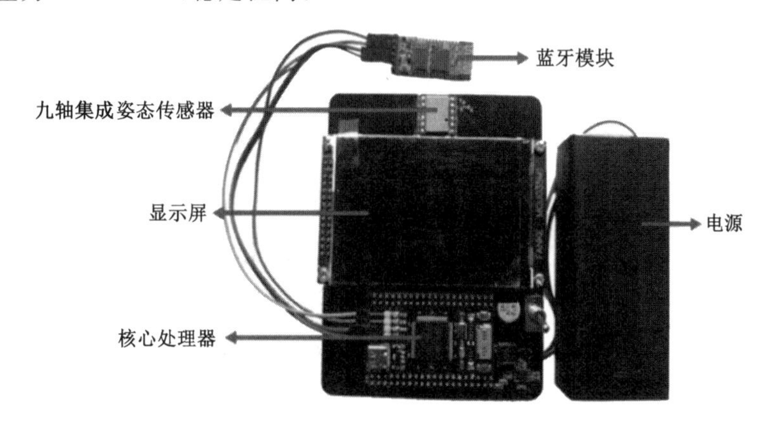


图6.6　监测磁噪声的自制磁测量装置

试验区选在类似于井下巷道的长为15 m、宽为3 m、高为3 m的室内带状区域内，在区域内部中线处布设了监测采样线。测线每隔0.6 m为1个磁测量基准点，共设置20个基准点。使用装置HBEQ-1和FVM-400按标定的指示方向同步采集基准点的磁数值。测量时，将观测仪器水平放置，HBEQ-1装置的采样间隔为0.05 s，单点样本采样时长为连续4 s。

FVM-400 装置单点监测扰动很小，约几纳特，单点采样时取 10 次测量的平均值为基准点磁数值，也是单点试验参考的相对真值。

图 6.7 是其中 3 个基准点测量结果。每个图有 2 个 $y$ 轴，左侧的为 HBEQ-1 磁数值坐标轴，右侧的为 FVM-400 磁数值坐标轴。$x$ 轴为 4 s 的采样时长，最小间隔为 0.05 秒。图中的黑色曲线是监测点 HBEQ-1 装置磁数值，黑色直线为其磁平均值，黑色虚线为监测点

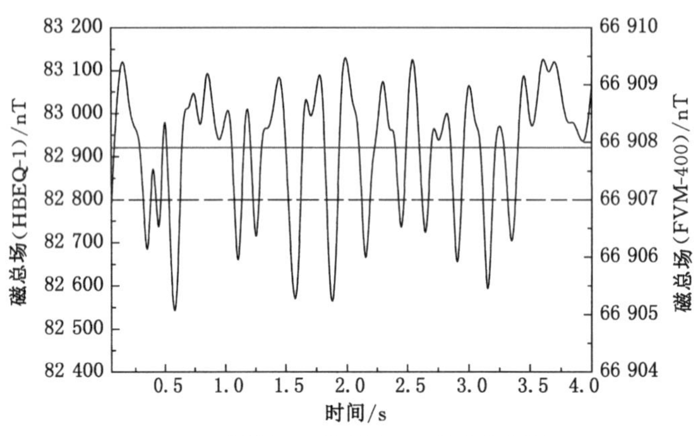


(a) 监测点 P1 磁总场 4 s内的变化曲线图

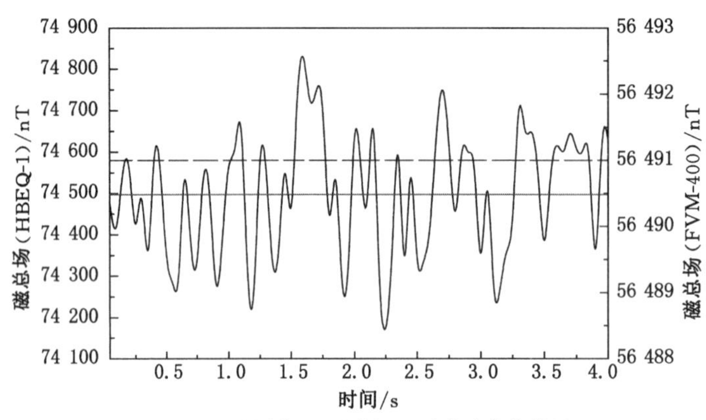


(b) 监测点 P2 磁总场 4 s内的变化曲线图

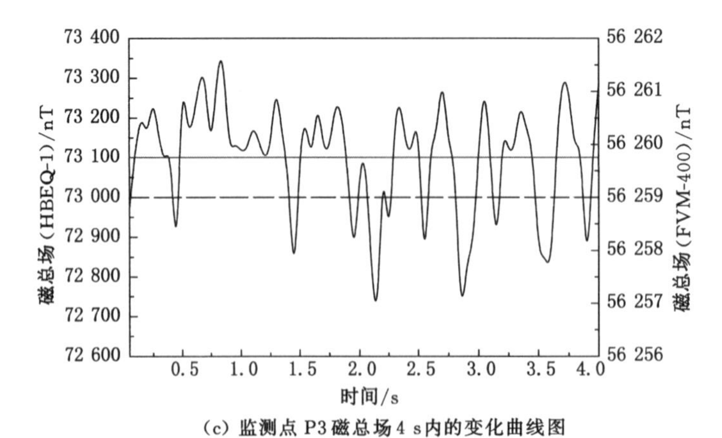


(c) 监测点 P3 磁总场 4 s内的变化曲线图

图 6.7　部分监测点磁总场 4 s 内的变化曲线图

FVM-400 装置测量磁数值。

从图 6.7 中可以看出，HBEQ-1 装置测量信号的磁噪声明显，有一定范围的波动。相对于同一个基准点，HBEQ-1 装置测量平均值与 FVM-400 装置测量结果存在一个总体偏差，说明 HBEQ-1 装置测量结果存在系统噪声，具体数值结果见表 6.1。

**表 6.1 FVM-400 装置部分监测点的原始数据** 单位：nT

| 时间/s | 监测点 P1 | 监测点 P2 | 监测点 P3 | 监测点 P4 | 监测点 P5 | 监测点 P6 |
|---|---|---|---|---|---|---|
| 0.05 | 66 780 | 56 491 | 56 147 | 49 963 | 47 016 | 46 085 |
| 0.10 | 265 | −114 | 151 | 224 | −157 | 139 |
| 0.15 | 378 | 108 | 242 | 147 | −122 | 163 |
| 0.20 | 215 | 126 | 173 | 201 | 158 | 359 |
| 0.25 | 175 | −135 | 288 | 318 | 231 | 184 |
| … | … | … | … | … | … | … |
| 3.80 | 178 | 112 | 134 | 405 | −157 | 126 |
| 3.85 | 203 | 196 | 187 | 265 | −198 | 390 |
| 3.90 | 157 | −276 | −206 | −182 | 267 | 319 |
| 3.95 | 134 | 236 | 144 | 263 | −118 | 308 |
| 4.00 | 277 | 152 | 311 | 171 | −122 | 163 |
| 平均值 | 66.91 | 56.51 | 56.27 | 50.12 | 46.94 | 46.25 |
| 中误差 | 209.45 | 204.32 | 168.66 | 203.4 | 166.48 | 203.4 |

表 6.1 中的数据是使用仪器经过连续 4 s 的采集所获得的 80 个样本，FVM-400 装置测量数据的波动在 10 nT 左右，HBEQ-1 装置测量的数据波动在 200～400 nT 左右。由于本次研究仅对随机噪声进行数学建模和处理，所以每个监测点 HBEQ-1 装置磁数值，以对应的 FVM-400 装置磁测量结果为参考进行系统误差整体平移的纠偏处理。处理后观测值序列主要包含的随机噪声服从高斯白噪声分布特点，可作为后期小波建模的原始数据。

影响小波去噪的因素有多个，如小波基类型选取、分解层数、去噪函数类型及阈值选取等等。通过前期数据测试设定了 db2 为建模小波基，本次试验主要利用小波分解层数和阈值确定两方法测试小波去噪的效果。

### 6.3.2 小波分解层数确定

在小波分解中，分解层数选取对信号消噪效果的影响较大。通常情况下，分解层数过少，小波消噪效果不理想；分解层数过多，又会导致去噪后信号的信息丢失严重，运算量过大。实际数理时，会选择一个合适的分解层数，保证消噪效果和信号失真度之间的一个平衡。这个平衡量化指标需要通过 SNR 信噪比和 RMSE 均方差进行评定。一个信号在不同信噪比情况下会存在一个去噪效果最好或接近最好的分解层数，能够使信号与噪声分解系数相对独立，此时能够达到 SNR 信噪比和 RMSE 均方差的最优。图 6.8 是试验样本在不同分解层数情况下的 SNR 结果。

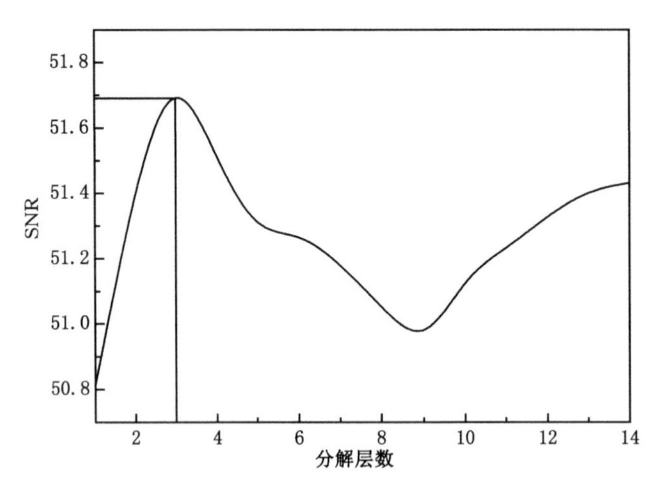


图 6.8　试验样本在不同分解层数情况下的 SNR 结果

从图 6.8 中 14 分解层数 SNR 数值可以看出，小波低频与高频系数分解结果随着分解层数的增加，SNR 先逐渐增大后减小。当分解层数为 3 时，信噪比达到最高点。当分解层数大于 3 时，信噪比逐渐减小，当分解层数为 9 时达到一个最低点，分解层数大于 9 时信噪比有小幅度上升，但没超过分解层数为 3 时的结果。因此设定试验最佳分解层数为 3。

图 6.9 至图 6.10 是 P1 点、P2 点不同分解层数情况下的分解残差图。从图中明显看出，P1 点、P2 点在 1 层分解去噪效果为±100 nT，2 层分解的去噪效果为±400 nT，分解层数为 3 时，残差图中的变化为±500 nT 左右，当分解层数为 4 时，噪声的波动在±1 000 nT左右，4 层分解以后的去噪范围持续为±1 000 nT 左右。根据实际监测点磁扰动噪声大小，数据所含噪声为几百纳特左右，故认定分解层数为 4 及以上时对数据过度分解。

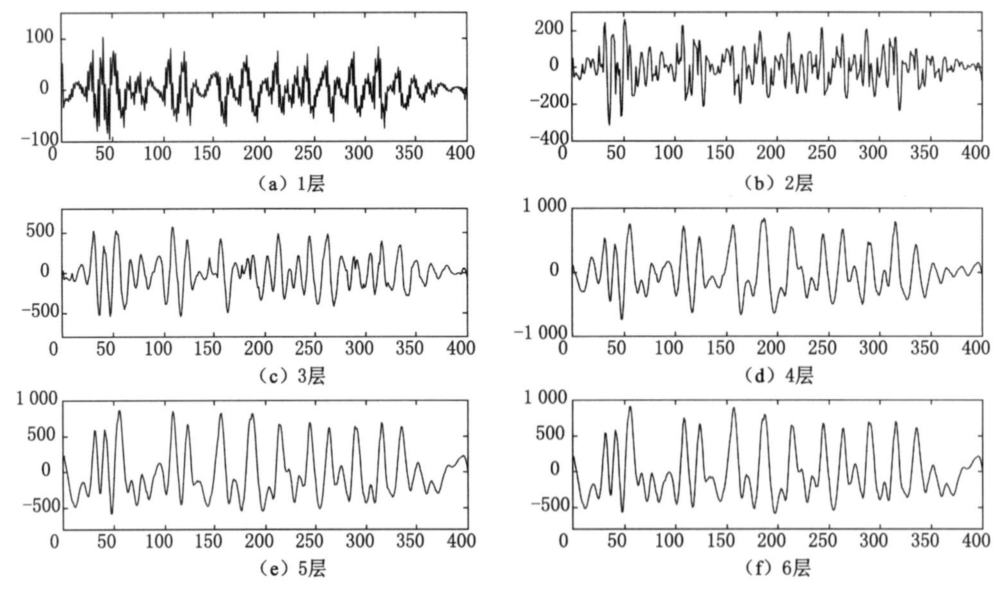


图 6.9　P1 点 1～6 层分解残差图

（各分图纵坐标为磁场值，单位为 nT；横坐标为时间，单位为 s）

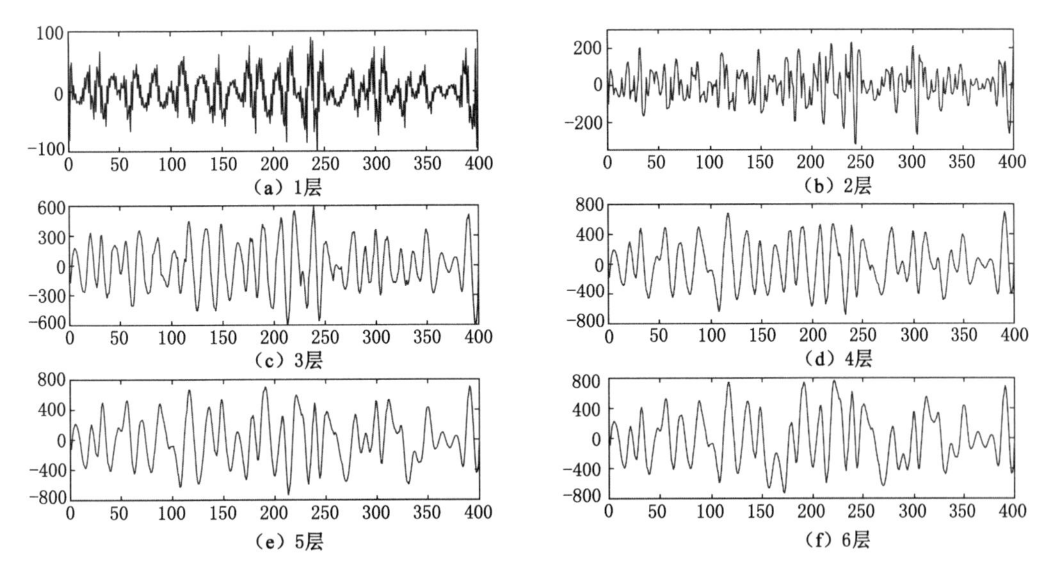


图 6.10　P2 点 1～6 层分解残差图

(各分图纵坐标为磁场值,单位为 nT;横坐标为时间,单位为 s)

### 6.3.3　小波分解阈值的确定

小波去噪试验同时选用硬阈值和软阈值两种函数,阈值数值确定采用中误差公式法、固定阈值(sqtwolog)、极大极小阈值(minimaxi)3 种方式。图 6.11 和图 6.12 分别是 P1 点和 P2 点硬软阈值去噪信号图。从这两幅图中可以看出,当采用硬阈值去噪时,3 种方法去噪效果存在一定的差异。中误差公式法的去噪效果最佳,图上曲线变化也较为明显;sqtwolog 和 minimaxi 方法的去噪效果不明显,去噪前后信号变化不突出。当采用软阈值去噪时,结

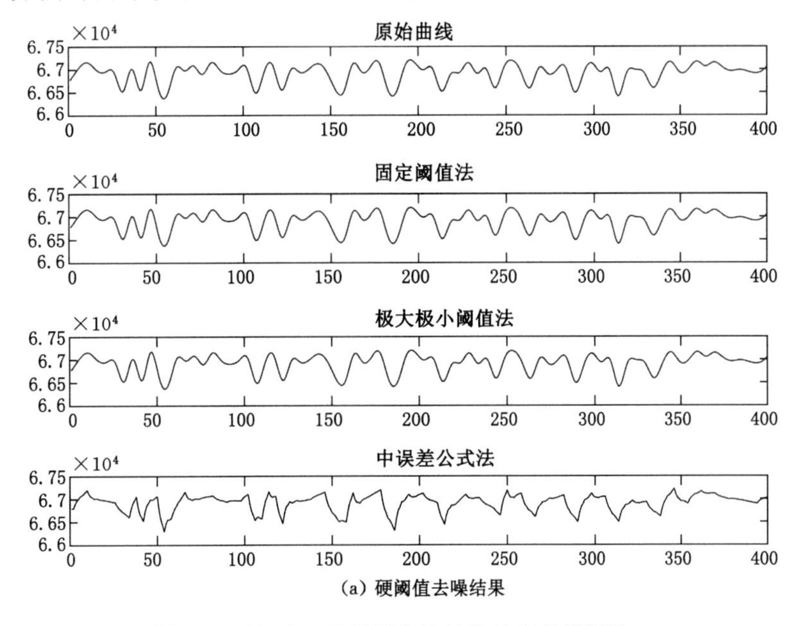


图 6.11　P1 点 3 种阈值方法的硬软去噪信号图

(各分图纵坐标为磁场值,单位为 nT;横坐标为时间,单位为 s)

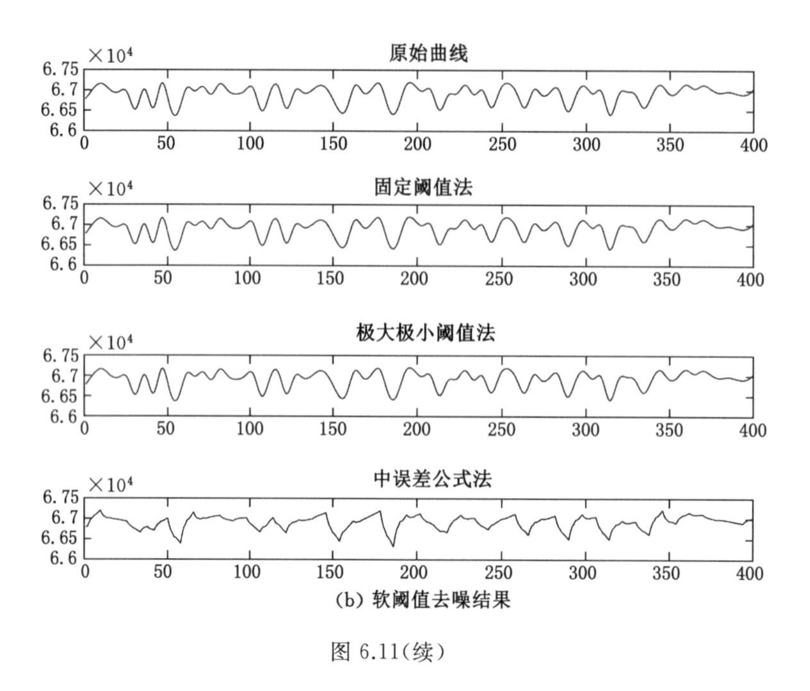


(b) 软阈值去噪结果

图 6.11(续)

果仍然是用公式法计算的阈值去噪效果最好,去噪前后曲线变化明显,另外 2 种方法去噪效果较差,去噪前后曲线变化不明显。

将部分监测点实际去噪效果进行了量化统计,见表 6.2。从表 6.2 中可以得出,总体上样本软阈值的去噪结果均大于硬阈值去噪结果,而对应均方差数值均小于硬阈值去噪的结果,可见软阈值去噪效果在一定程度上优于硬阈值的。如 P1 点硬阈值最佳 SNR 为 51.4,最小

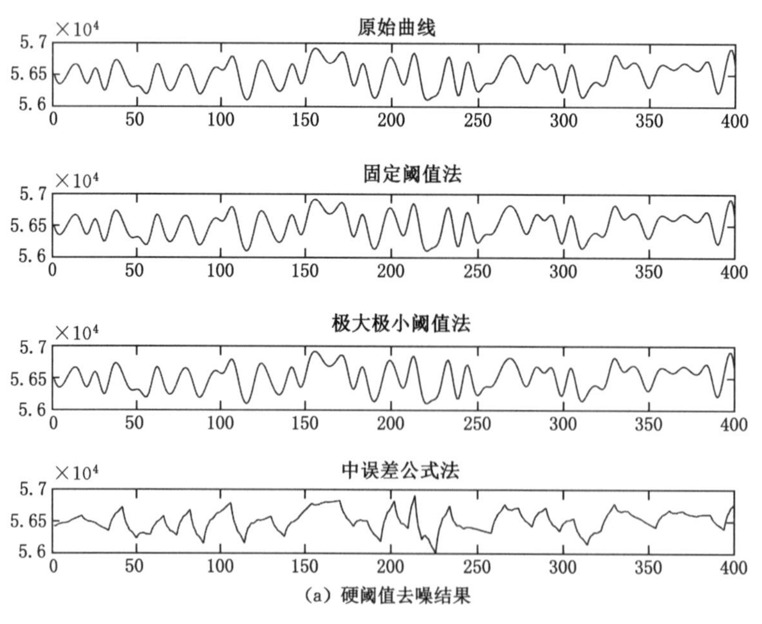


(a) 硬阈值去噪结果

图 6.12　P2 点 3 种阈值方法的硬软去噪信号图

(各分图纵坐标为磁场值,单位为 nT;横坐标为时间,单位为 s)

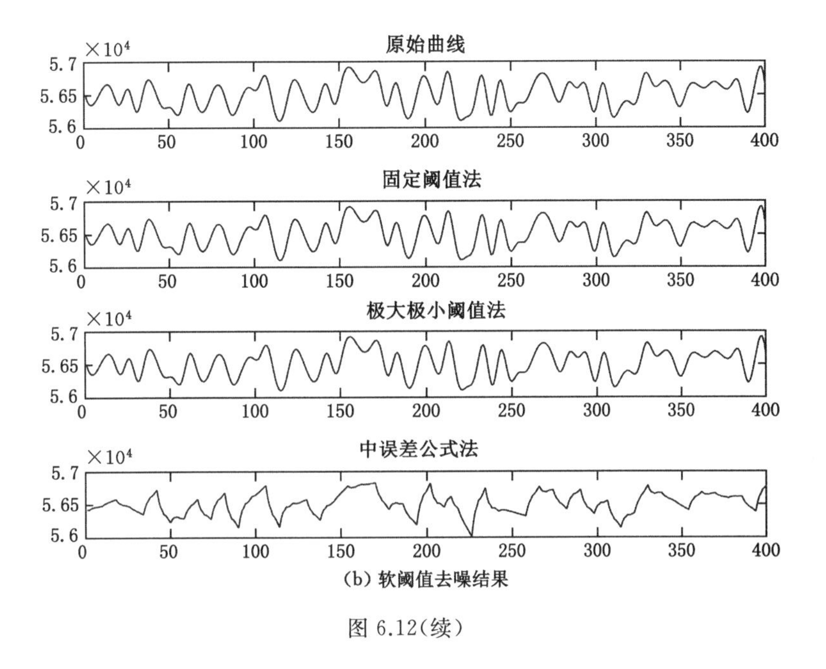


(b) 软阈值去噪结果

图 6.12(续)

RMSE 为 178.4,而软阈值最佳 SNR 为 52.3,最小 RMSE 为 161.8,说明软阈值去噪效果较好。另外同一个去噪函数下的中误差阈值、sqtwolog 阈值和 minimaxi 阈值 3 种阈值的去噪结果对比,发现中误差阈值去噪优于 sqtwolog 方法和 minimaxi 方法,minimaxi 阈值去噪规则相对保守,当含有噪声信号的高频信息有很少一部分在噪声范围内时,这种阈值非常有用,可以将微弱的信号提取出来;sqtwolog 规则去噪比较彻底,在去噪时显得更为有效,但是容易把有用的高频信号误认为噪声而去除掉。而此次试验数据是以白噪声为主的观测数据,所以基于中误差统计指标的中误差阈值去噪效果最好,同一个基准点去噪后 SNR 最大,RMSE 最小。

**表 6.2　硬软阈值去噪 SNR 和 RMSE 结果**

| 阈值方法 | 类型 | P1 | | P2 | | P3 | | P4 | | P5 | | P6 | |
|---|---|---|---|---|---|---|---|---|---|---|---|---|---|
| | | SNR | RMSE | SNR | RMSE | SNR | RMSE | SNR | RMSE | SNR | RMSE | SNR | RMSE |
| 硬阈值 | $\lambda_s$ | 50.6 | 197.3 | 49.2 | 195.2 | 50.7 | 162.6 | 48.3 | 190.7 | 49.4 | 157.4 | 47.8 | 187.0 |
| | $\lambda_m$ | 50.6 | 197.3 | 49.2 | 195.2 | 50.7 | 162.6 | 48.3 | 190.7 | 49.4 | 157.4 | 47.8 | 187.1 |
| | $\lambda_\sigma$ | 51.4 | 178.4 | 51.0 | 158.8 | 51.0 | 157.2 | 49.9 | 158.8 | 49.8 | 150.3 | 49.3 | 157.2 |
| 软阈值 | $\lambda_s$ | 50.6 | 196.5 | 49.2 | 195.2 | 50.8 | 162.6 | 48.4 | 189.8 | 49.5 | 156.7 | 47.9 | 186.1 |
| | $\lambda_m$ | 50.6 | 196.9 | 49.2 | 194.7 | 50.7 | 162.3 | 48.4 | 190.2 | 49.5 | 157.0 | 47.8 | 186.5 |
| | $\lambda_\sigma$ | 52.3 | 161.8 | 51.2 | 155.3 | 51.6 | 148.1 | 50.5 | 149.8 | 50.8 | 134.2 | 50.4 | 139.2 |

### 6.3.4　小波降噪试验

综合前面分解层数和阈值方法的测试试验,最终设定 20 个样本的小波分解成的小波基为 db2,分解层数为 3,去噪方法为软阈值去噪,阈值为中误差阈值。图 6.13 为 20 个样本信

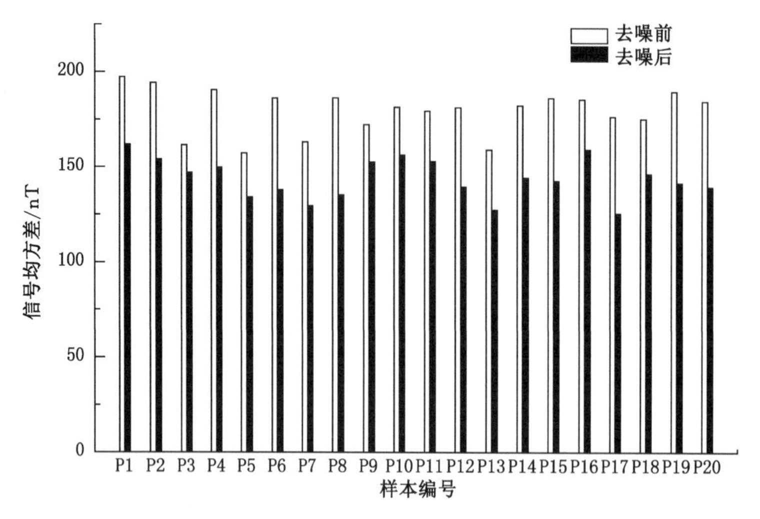


图 6.13　信号去噪前后的均方差对比柱状图

号去噪前后的均方差对比柱状图。从图 6.13 中可以看出，20 个样本去噪前均方差基本是一致的，会有微小的变化但变化不大；而去噪后信号均方差明显变小，这表明小波阈值去噪对噪声的抑制作用较好。

对 20 个样本去噪前后信号进行统计，计算去噪前后的信噪比和均方差，见表 6.3。从表中可以得出 20 个样本小波去噪前后均值未发生变化，说明小波分解去噪处理未影响信号本身主体信息，信号未失真或偏移。而去噪后样本均方差却明显变小，RMSE 降幅接近 20%左右，噪声去除效果明显。

**表 6.3　20 个样本信号去噪前后的评价指标**

| 阶段 | P1 | | P2 | | P3 | | P4 | |
|---|---|---|---|---|---|---|---|---|
| | SNR | RMSE | SNR | RMSE | SNR | RMSE | SNR | RMSE |
| 去噪前 | 50.6 | 197.34 | 49.23 | 195.21 | 50.78 | 162.68 | 48.39 | 190.71 |
| 去噪后 | 52.33 | 161.90 | 51.21 | 155.33 | 51.59 | 148.11 | 50.49 | 149.87 |
| 阶段 | P5 | | P6 | | P7 | | P8 | |
| | SNR | RMSE | SNR | RMSE | SNR | RMSE | SNR | RMSE |
| 去噪前 | 49.49 | 157.42 | 47.87 | 187.08 | 48.21 | 163.71 | 49.26 | 186.37 |
| 去噪后 | 50.88 | 134.21 | 50.43 | 139.22 | 50.22 | 130.42 | 51.27 | 135.32 |
| 阶段 | P9 | | P10 | | P11 | | P12 | |
| | SNR | RMSE | SNR | RMSE | SNR | RMSE | SNR | RMSE |
| 去噪前 | 49.84 | 172.34 | 50.64 | 182.06 | 50.63 | 179.54 | 47.62 | 181.36 |
| 去噪后 | 51.43 | 152.57 | 52.77 | 156.42 | 52.33 | 153.16 | 50.06 | 139.64 |
| 阶段 | P13 | | P14 | | P15 | | P16 | |
| | SNR | RMSE | SNR | RMSE | SNR | RMSE | SNR | RMSE |
| 去噪前 | 48.81 | 159.31 | 46.39 | 182.49 | 48.56 | 186.83 | 50.27 | 185.94 |
| 去噪后 | 50.91 | 127.45 | 49.37 | 144.33 | 50.24 | 142.65 | 52.64 | 159.33 |

表 6.3(续)

| 阶段 | P17 | | P18 | | P19 | | P20 | |
|---|---|---|---|---|---|---|---|---|
| | SNR | RMSE | SNR | RMSE | SNR | RMSE | SNR | RMSE |
| 去噪前 | 49.17 | 177.33 | 47.33 | 175.37 | 49.62 | 190.21 | 50.27 | 184.64 |
| 去噪后 | 51.38 | 125.68 | 50.42 | 146.21 | 51.04 | 140.52 | 52.34 | 139.48 |

通过以上试验发现，对于随机噪声采用小波阈值去噪效果明显，但是小波分解层数的选择十分重要。只有在最优分解层数上，才能将高频噪声和低频信号充分分解出来，去噪才有实际意义。最优分解层数需要结合去噪前后 SNR 信噪比进行分析，本次试验数据最优分层数为 3，分解时最大的 SNR 值为 51.8。小波阈值去噪函数和阈值大小会直接影响磁数值小波去噪结果，其确定的方法应充分考虑磁数值本身特性。当磁测量数值以随机噪声为主时，可以采用中误差软阈值去除大部分噪声；当磁测量数值含有多种叠加噪声时，需要结合其小波分解后的高频系数的统计特点合理设置阈值大小，防止过度去噪导致信号失真。当本次试验区磁数值采用小波去噪时，针对 400 nT 左右的随机噪声采用中误差软阈值获得更好的去噪效果，从而为磁力仪测量数值的校正和滤波方法确定提供了参考模型。

## 6.4　地磁基准数据降噪处理

针对地磁匹配的磁基准数据，本节主要研究傅里叶滤波和小波阈值去噪效果，并对不同噪声水平下小波去噪性能效果进行测试量化分析，研究地磁数据的小波去噪方法的可靠性。地磁数据是地磁匹配定位的依据，在采集过程中难以避免受到噪声污染而成为匹配定位的含噪地磁信息。可以通过傅里叶变换法和小波分析方法对目标区域的地磁数值进行去噪处理，从而达到提高地磁匹配成功概率的目的[164]。

### 6.4.1　试验数据

试验选取了 4 个带状区域开展地磁测量试验分析，测区周边建筑为钢筋混凝土结构，部分区域有输电设备。将 4 块带状区域分别命名为 BPT-1、BPT-2、BPT-3 和 BPT-4。各采集区域的长度均为 40 m，宽度均为 2.4 m，每块区域布设 5 条控制线，间隔为 0.6 m，每条线上每隔 0.6 m 设置一个采样点。地磁测量采用便携式 FVM-400 磁通门磁力仪，其量程为 100 000 nT，分辨率可达 1 nT。测量噪声方差为 50 nT，测量随机常值误差为 10～30 nT，符合小区域高精度地磁场的测量要求。

数据地磁特征信息量在数学上可描述为匹配区域中的地磁特征量的统计特征，可用标准差、信息熵、粗糙度、相关系数等指标描述。当目标区域内地磁空间分布独特性强、适配性好时，通常地磁数据标准差、粗糙度会比较大。测区内空间点位的磁总场和三轴分量的地磁数据经过粗差剔除后可作为巷道地磁基准数据。研究区地磁基准三维图如图 6.14 所示。这 4 个试验样本的地磁数据标准差、信息熵、粗糙度及相关系数等统计特征参数见表 6.4。

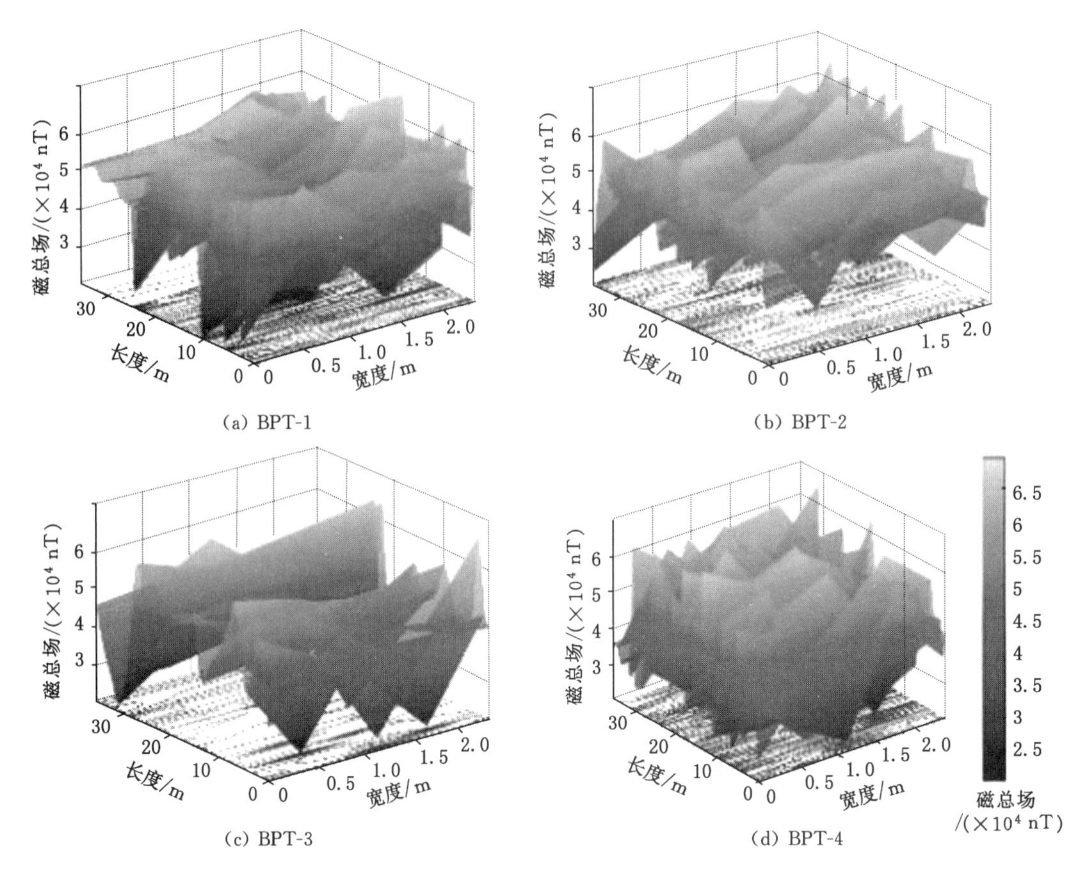


图 6.14 研究区地磁基准三维图

**表 6.4 部分地磁统计特征参数**

| 区域名称 | 标准差/nT | 信息熵 | 粗糙度 | 相关系数 |
| --- | --- | --- | --- | --- |
| BPT-1 | 10 076.59 | 12 116.34 | 8.194 | 0.285 |
| BPT-2 | 7 260.762 | 8 616.145 | 8.214 | 0.294 |
| BPT-3 | 6 907.103 | 5 833.614 | 8.215 | 0.620 |
| BPT-4 | 11 729.68 | 14 936.71 | 8.172 | 0.201 |

从表 6.4 中可以看出 BPT-1、BPT-2 和 BPT-4 区域的地磁标准差和地磁信息熵均较大，相关系数较小，这说明 3 个样本的地磁空间特征丰富，匹配定位适配性强。BPT-3 的地磁标准差和地磁信息熵数值较小，相关系数较大，说明该样本地磁空间特征比较贫乏，匹配定位适配性较弱。数字统计特征总体上表明 4 个试验样本适配性有强有弱，符合测试要求。

### 6.4.2 不同阈值方法小波去噪试验

在图 6.14 中 4 个研究区域的原始数据中加入服从高斯分布的 0.5 倍中误差的噪声水平磁数据，以此作为试验去噪效果依据。试验中进行默认阈值 wavR1、自适应阈值 wavR2 及最大最小阈值 wavR3 的小波去噪处理，图 6.15 是研究区的阈值 wavR1、wavR2 的 wavR3 小波去噪后的效果图。

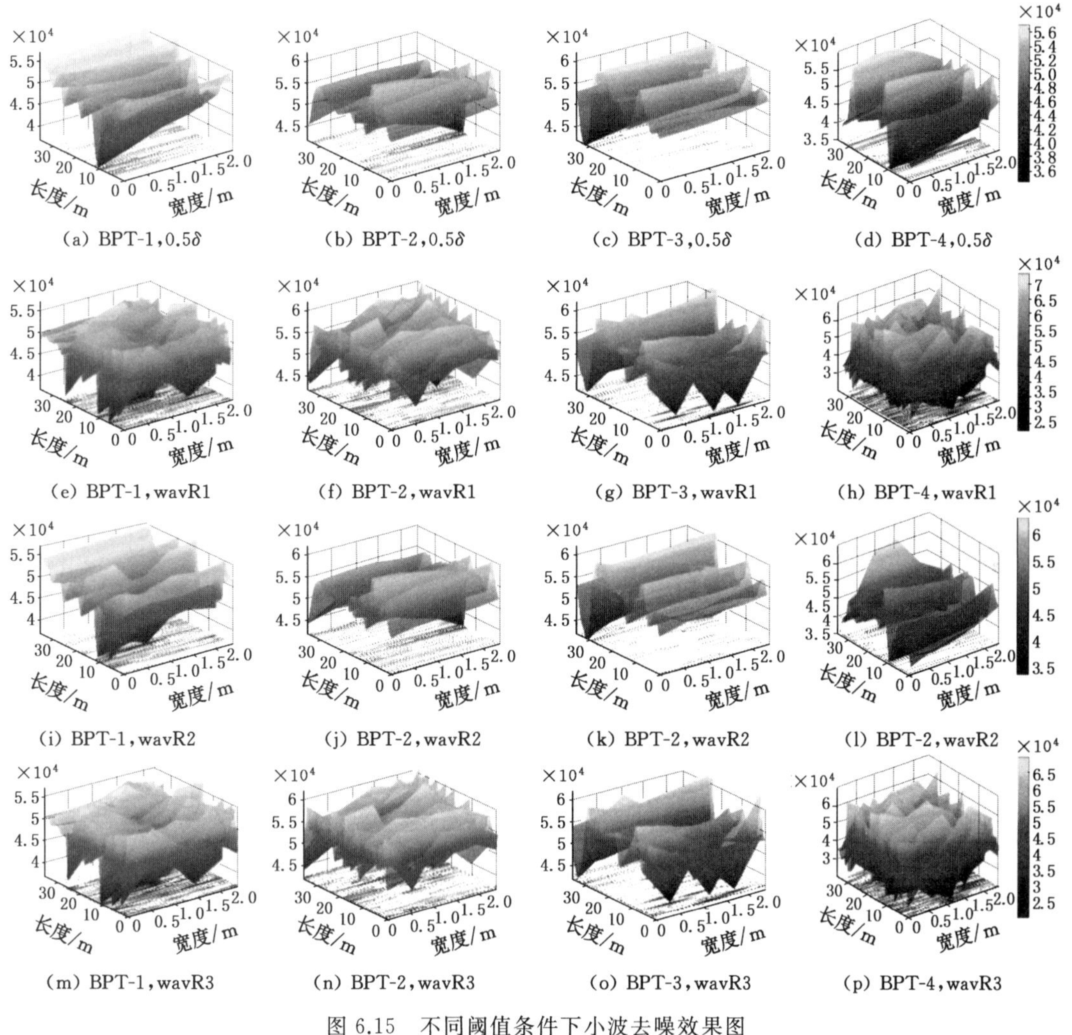


(a) BPT-1,0.5δ　(b) BPT-2,0.5δ　(c) BPT-3,0.5δ　(d) BPT-4,0.5δ

(e) BPT-1,wavR1　(f) BPT-2,wavR1　(g) BPT-3,wavR1　(h) BPT-4,wavR1

(i) BPT-1,wavR2　(j) BPT-2,wavR2　(k) BPT-2,wavR2　(l) BPT-2,wavR2

(m) BPT-1,wavR3　(n) BPT-2,wavR3　(o) BPT-3,wavR3　(p) BPT-4,wavR3

图 6.15　不同阈值条件下小波去噪效果图

(各图纵坐标均为磁总场,单位为 nT)

从图 6.15 中可以看出,不同阈值方法小波去噪效果差异明显。其中二维默认阈值 wavR1 小波和最大最小阈值 wavR3 小波的去噪效果比较差,去噪地磁图总体趋势发生了畸变,未保存住对视觉起主要作用的边沿的变化信息。自适应阈值 wav-R2 小波去噪效果较好,去噪后图像未发生明显畸变。

对去噪后地磁数据进行去噪特征指标分析,结果见表 6.5,表中 0.5δ 为处理数据已知噪声水平,可以作为 3 种小波阈值去噪的评定依据。从表中可以看出,以 BPT-1 的研究为例,加入 0.5 倍中误差噪声后,理论信噪比 24.49,均方差为 10 074。wavR1 小波去噪 SNR 值为 14.37,和 wav-R3 去噪后 SNR 值为 15.09,明显小于理论信噪比,而均方差分别为 3 935 和 4 302。说明这两种阈值去噪后有过度去噪现象,导致了地磁信息严重失真。自适应阈值小波去噪信噪比 24.48,峰值信噪比 27.69,为均方差为 9 901 与理论已知噪声理论指标水平最接近。说明二维自适应阈值小波阈值去噪法对这组研究区去噪效果最好。

表 6.5　4 种方法去噪后的效果指标

| 区域编号 | 数据类型 | 0.5δ | wavR1 | wavR2 | wavR3 |
| --- | --- | --- | --- | --- | --- |
| BPT-1 | SNR | 24.49 | 14.37 | 24.48 | 15.09 |
|  | PSNR | 27.73 | 15.80 | 27.69 | 16.73 |
|  | RMSE | 10 074 | 3 935 | 9 901 | 4 302 |
| BPT-2 | SNR | 27.89 | 17.94 | 27.89 | 18.16 |
|  | PSNR | 30.45 | 19.52 | 30.40 | 19.69 |
|  | RMSE | 7 304 | 3 202 | 7 185 | 3 272 |
| BPT-3 | SNR | 27.89 | 20.63 | 27.97 | 21.99 |
|  | PSNR | 30.53 | 22.40 | 30.60 | 23.97 |
|  | RMSE | 7 010 | 5 109 | 6 933 | 5 367 |
| BPT-4 | SNR | 22.49 | 11.98 | 22.47 | 12.33 |
|  | PSNR | 26.97 | 14.20 | 26.91 | 15.29 |
|  | RMSE | 11 794 | 4 627 | 11 589 | 4 824 |

### 6.4.3　地磁噪声 FFT 与小波去噪试验

长期以来傅里叶变换是人们信号噪声处理最基本的数学工具，具有能够处理时频双域全局特性，小波变换去噪在时域或频域同时具有良好局部化能力，在去除噪声方面有明显优越性。试验采用傅里叶 FFT 变换和自适应阈值 wavR2 小波变换，选取 4 个研究区在 0.3 倍和 0.5 倍中误差条件下的噪声水平磁数据进行噪声去噪试验。图 6.16 以 0.3 倍和 0.5 倍中误差噪声水平磁数据为研究对象进行傅里叶 FFT 去噪和自适应阈值 wav-R2 去噪前后的地磁等值线图。从图中可以看出傅里叶 FFT 变换有明显去噪效果，去噪地磁图总体趋势发生了畸变，但是原本磁数据具体细节变化特征部分在去噪后变得平滑。如 FFT 变换去噪后可以看到，BPT-1区域坐标(33,2)附近细节特征消失，BPT-4 区域坐标(25,1.5)处信息损失过大，出现严重失真。当然小波变换去噪后，大部分仍然保持局部磁变化特征，但是一些细节隐含噪声并未消除，需要根据去噪后图像细节反复调整阈值来合理去噪。

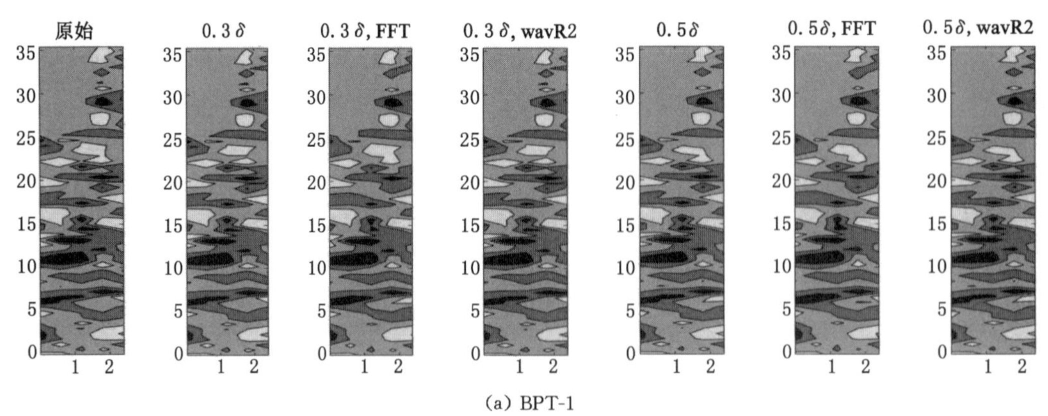


(a) BPT-1

图 6.16　用不同去噪方法的去噪前后的地磁等值线图

(各图纵坐标表示长度，m；横坐标表示宽度，m)

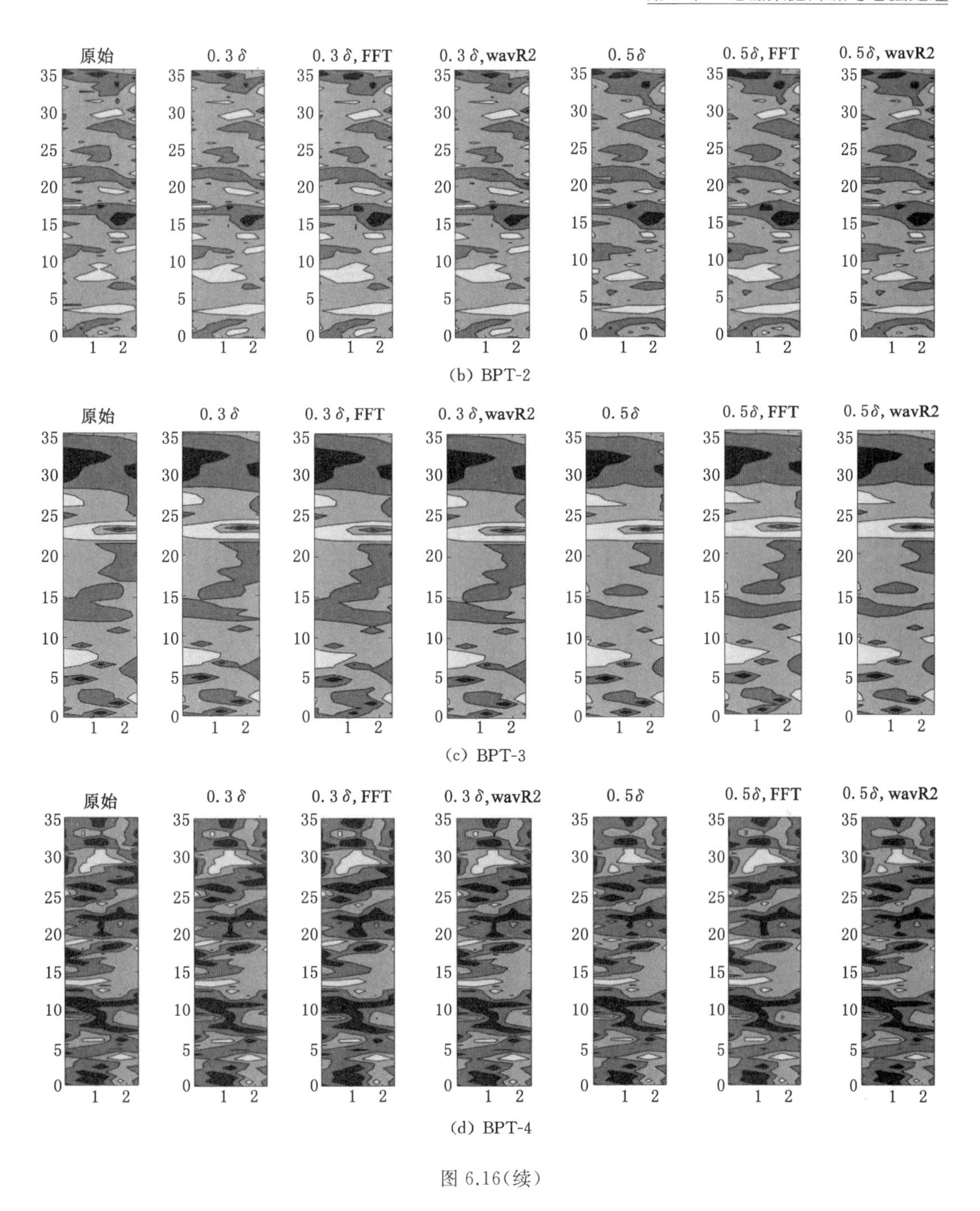


图 6.16(续)

对去噪后地磁数据进行去噪特征指标分析，见表 6.6，表中 0.3δ 和 0.5δ 为所处理数据已知的噪声水平，可以作为 FFT 变换和 wavR2 小波变换去噪的评定依据。从表中可以看出，FFT 变换和 wavR2 小波变换都具有一定去噪效果，两种去噪方法的信噪比与已知理论值非常接近，但是小波去噪效果更为突出，4 个测区小波变换后信噪比与理论值非常接近，最大差值仅为 0.08，最小差值达到了 0.01，这说明利用小波阈值去噪总体精度较高，稳定性好。

**表 6.6 FFT 和 wavR2 变换去噪后的效果指标**

| 区域编号 | 数据类型 | 0.3δ | | | 0.5δ | | |
|---|---|---|---|---|---|---|---|
| | | 理论值 | FFT | wavR2 | 理论值 | FFT | wavR2 |
| BPT-1 | SNR | 32.19 | 27.84 | 32.19 | 24.49 | 23.45 | 24.48 |
| | PSNR | 35.38 | 30.86 | 35.37 | 27.73 | 26.63 | 27.69 |
| | RMSE | 10 137 | 9 366 | 10 109 | 10 074 | 9 302 | 9 901 |
| BPT-2 | SNR | 32.30 | 30.32 | 32.31 | 27.89 | 27.15 | 27.89 |
| | PSNR | 34.81 | 32.66 | 34.81 | 30.45 | 29.68 | 30.40 |
| | RMSE | 7 338 | 6 865 | 7 298 | 7 304 | 6 823 | 7 185 |
| BPT-3 | SNR | 32.44 | 31.36 | 32.50 | 27.89 | 27.61 | 27.97 |
| | PSNR | 35.17 | 34.03 | 35.22 | 30.53 | 30.24 | 30.60 |
| | RMSE | 6 922 | 6 695 | 6 890 | 7 010 | 6 771 | 6 933 |
| BPT-4 | SNR | 30.96 | 25.53 | 30.95 | 22.49 | 21.35 | 22.47 |
| | PSNR | 35.20 | 29.38 | 35.19 | 26.97 | 25.64 | 26.91 |
| | RMSE | 11 682 | 10 745 | 11 657 | 11 794 | 10 837 | 11 589 |

### 6.4.4 自适应阈值小波降噪性能

选取适配性强的 BPT-3 研究区和适配性较弱的 BPT-4 研究区进小波去噪性能的测试试验，分别对研究区磁数值加入 0.1 倍、0.3 倍、0.5 倍、0.7 倍、0.9 倍中误差的高斯白噪声后，运用 wavR2 小波变换进行去噪处理。试验中误差取 7 000 nT，即添加的噪声分别为 700 nT、2 100 nT、3 500 nT、4 900 nT 和 6 300 nT。通过计算去噪评价指标及统计空间分布特征确认此去噪方法的鲁棒性。图 6.17 是不同噪声水平下去噪前后地磁等值线图，从图中可以看出 wavR2 变换有明显去噪效果，但是随着噪声水平增强去噪效果下降，同一个地磁图去噪后细节变化特征部分出现明显差异。如 BPT-3 区域坐标(15，1)至(15，2)附近细节特征，在 700 nT 和 2 100 nT 噪声水平情况下，wavR2 变换去噪后图像与原始图像基本相似，说明低噪声水平去噪效果很好；在噪声水平等于 3 500 nT 情况下，wavR2 变换去噪后图像与原始图像细节部分存在差异，但等值线变换方向基本相同；当在 4 900 nT 和 6 300 nT 噪声水平情况下时，去噪后图像与原始图像存在明显变化，说明 wavR2 变换高噪声降噪不突出。在 BPT-4 区域坐标(30，1.5)处，去噪后图像与原始图像在 0.5 倍、0.7 倍、0.9 倍中误差的噪声水平情况下，局部细节信息损失过大，出现一定程度的失真。可以得出，小波变换去噪效果和噪声水平大小有一定关系，当噪声水平低于 2 000 nT 时，wavR2 变换去噪效果良好，去噪前后能够保持局部磁变化特征。

统计了在研究区磁数值中分别加入 0.1 倍、0.3 倍、0.5 倍、0.7 倍、0.9 倍中误差的高斯白噪声后的理论信噪比、均方差以及实际去噪后的信噪比、均方差，见表 6.7。表中 0.1 倍、0.3 倍、0.5 倍、0.7 倍、0.9 倍中误差的噪声的信噪比理论值为处理数据已知的噪声水平，可以作为小波变换去噪效果的评定依据。从表中可以看出，总体上小波变换去噪后的信噪比与已知理论值非常接近。BPT-3 区域理论与实际信噪比的最大差值仅为 0.75，最小差值达

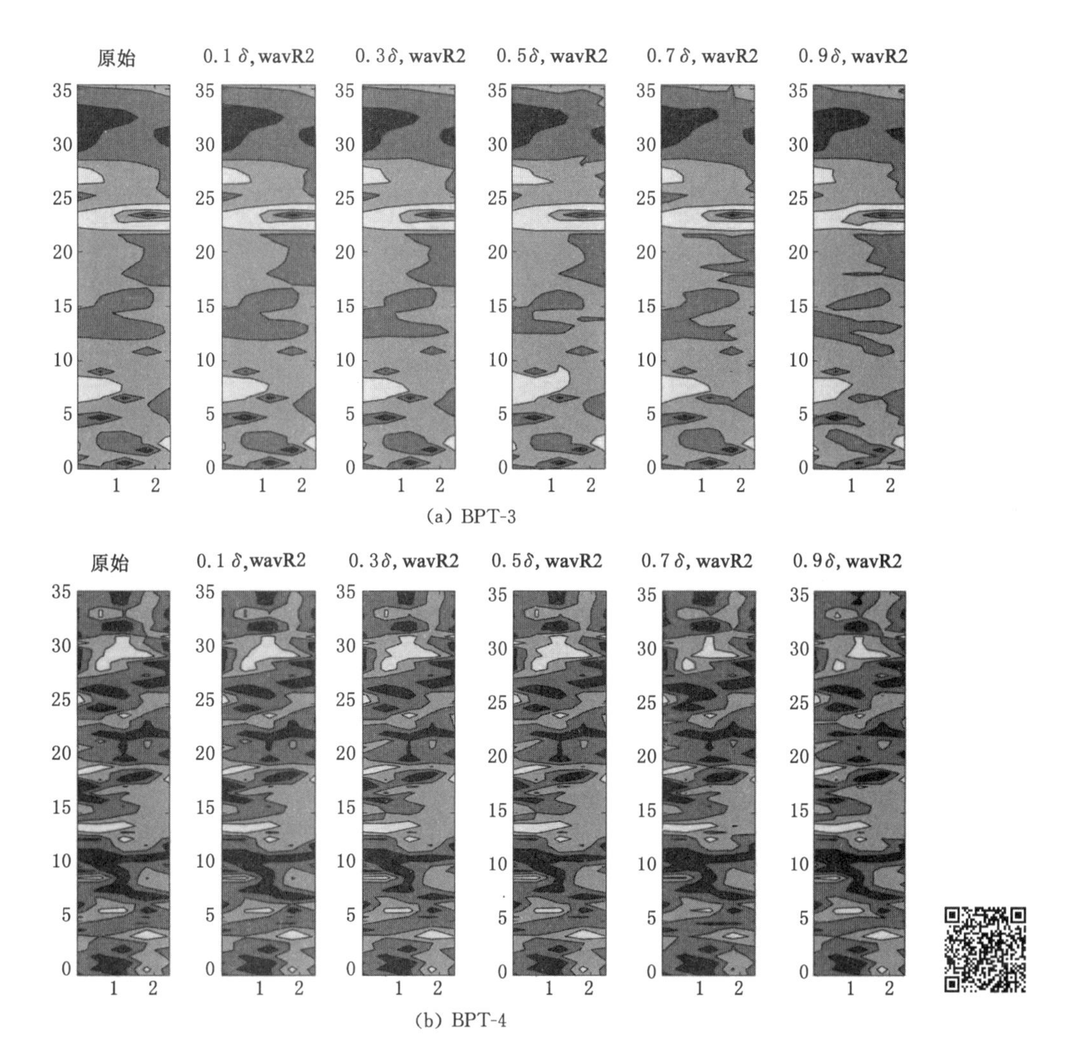


图 6.17　不同噪声水平下去噪前后地磁等值线图
（各图纵坐标表示长度，m；横坐标表示宽度，m）

到了 0.02，BPT-4 区域理论与实际信噪比最大差值仅为 0.02，最小差值达到了 0，说明利用小波阈值去噪声总体精度水平较高。但当噪声在 2100 nT 以内时，均方差差值在 100 nT 以内，说明小噪声去噪效果的稳定性更好。

**表 6.7　不同噪声水平下自适应阈值小波去噪效果**

| 区域编号 | | BPT-3 | | BPT-4 | |
|---|---|---|---|---|---|
| 数据类型 | | SNR | RMSE/nT | SNR | RMSE/nT |
| 0.1δ | 理论值 | 42.51 | 6 914 | 36.43 | 11 749 |
| | 去噪后 | 42.53 | 6 910 | 36.44 | 11 742 |
| 0.3δ | 理论值 | 32.42 | 6 898 | 26.71 | 11 722 |
| | 去噪后 | 32.45 | 6 869 | 26.71 | 11 655 |

表 6.7(续)

| 区域编号 | | BPT-3 | | BPT-4 | |
|---|---|---|---|---|---|
| 数据类型 | | SNR | RMSE/nT | SNR | RMSE/nT |
| 0.5δ | 理论值 | 27.89 | 7 010 | 22.49 | 11 794 |
| | 去噪后 | 27.97 | 6 933 | 22.47 | 11 589 |
| 0.7δ | 理论值 | 24.92 | 6 949 | 19.32 | 12 121 |
| | 去噪后 | 25.06 | 6 778 | 19.34 | 11 691 |
| 0.9δ | 理论值 | 22.87 | 7 075 | 17.46 | 11 932 |
| | 去噪后 | 23.13 | 6 874 | 17.46 | 11 595 |

图 6.18 是两个研究区 0.1 倍、0.3 倍、0.5 倍、0.7 倍、0.9 倍中误差的高斯白噪声的理论信噪比、均方差以及实际去噪后信噪比、均方差差值柱状图。从图 6.18 中可以看出小波变换去噪后的信噪比与已知理论值非常接近，稳定性好，但是在高噪声情况下，均方差和信噪比差值均有增大趋势。

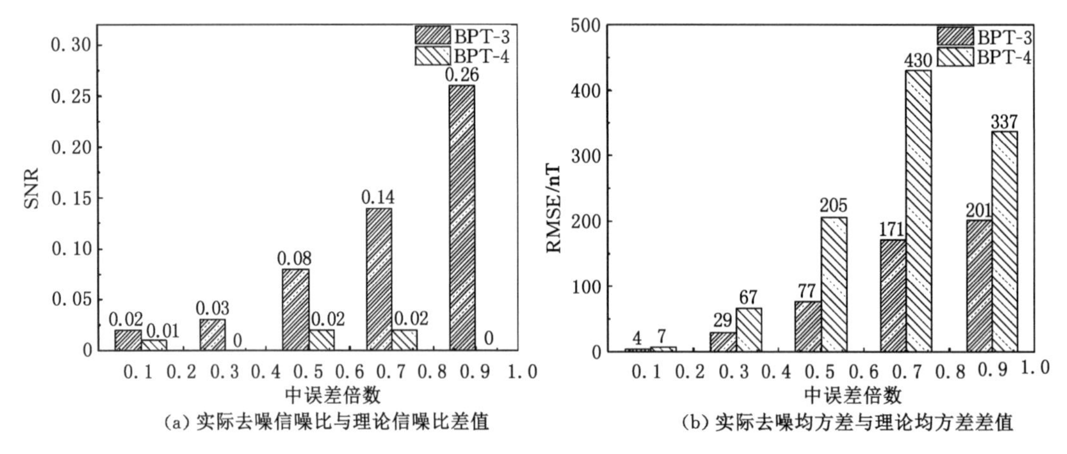


图 6.18　不同噪声水平去噪评价指标差值柱状图

### 6.4.5　小波降噪效果检测

为了进一步检验自适应阈值小波去噪对地磁匹配有效性的影响，选取了 BPT-3 和BPT-4 区域 20 个待匹配地磁序列，每个地磁序列含有 30 个地磁点数值，进行了试验数据未去噪、FFT 去噪的自适应阈值小波去噪后的匹配定位仿真试验。对 BPT-3 和 BPT-4 区域 20 个待匹配地磁序列进行加噪处理，即分别加入为 700 nT 和 3 500 nT 随机噪声进行去噪前后的 MSD(均方差)地磁匹配定位仿真试验。去噪前后 MSD 匹配仿真试验的匹配指标见表 6.8。

**表 6.8　去噪前后 MSD 匹配仿真试验的匹配指标**

| 去噪算法 | 加噪 700 nT | | | 加噪 3 500 nT | | |
|---|---|---|---|---|---|---|
| | 匹配概率/% | 匹配误差/m | 匹配时长/s | 匹配概率/% | 匹配误差/m | 匹配时长/s |
| 原始 | 20 | 8.132 | 0.057 | 10 | 9.353 | 0.078 |
| FFT | 75 | 1.891 | 0.059 | 70 | 3.597 | 0.064 |
| wavR2 | 95 | 0.427 | 0.057 | 90 | 0.374 | 0.059 |

表6.8为不进行去噪、FFT去噪、自适应阈值小波去噪3种状态下的匹配结果。① 当匹配序列中有700 nT的噪声时，未经过去噪处理的磁匹配结果出现了多次误匹配，虚定位次数高，定位精度低。经过FFT、自适应阈值小波去噪后，磁匹配概率得到了明显的提高。其中，自适应阈值小波去噪的匹配概率为95%，FFT的匹配概率为75%。② 当匹配序列中有3 500 nT的噪声时，不经过处理磁数值匹配定位失败，匹配概率为10%，而经过FFT、自适应阈值小波去噪后再进行磁匹配定位，虚定位现象明显减少。其中，经过自适应阈值小波去噪后匹配概率为90%，而经过FFT去噪后匹配概率为70%。自适应阈值小波去噪与FFT去噪相对比，自适应阈值小波去噪相对较好。数值上自适应阈值小波去噪的匹配概率较高。

文中针对数据噪声扰动影响地磁匹配定位精度的问题，选取了傅里叶滤波和小波变换进行实测地磁去除噪声的试验，分析了默认阈值、自适应阈值和最大最小阈值方法的小波去噪灵敏性，验证了小波去噪的可靠性优于FFT变换去噪的。通过不同适配性巷道地磁数据去噪前后匹配结果的对比分析，发现自适应阈值wavR2小波去噪法局部去噪精准，能够保持局部磁变化微小特征，具有良好的稳定性。特别是对于3 500 nT左右的高斯白噪声，磁数据wavR2小波去噪后的MSD匹配试验平均概率能达到90%，说明小波自适应阈值去噪能够有效提高地磁匹配定位的精度，表现出较强的鲁棒性。

## 6.5　基于卷积的地磁特征增强

针对井下地磁弱适配区，分别利用Laplace、High pass和Sobel等三种卷积算子对井下巷道小区域地磁图进行地磁特征强化，计算卷积前后的地磁特征参数值以及MSD约束法则下的实际地磁序列匹配概率，验证卷积算子对弱适配区地磁适配性的增强性能[165]。

### 6.5.1　地磁图特征增强算子

井下地磁匹配属于线矢量与带状基准图之间的数字相关匹配，对区域地磁特征丰富性要求较高。在定位匹配区域中，若地磁变化平缓，磁场差异度不高，则会导致地磁图不同空间坐标点的地磁值出现相近或相同现象，空间坐标与地磁值不完全是一一对应的关系，此时易出现误匹配。在计算机视觉中，常采用各类的卷积核对原始图像进行某些特征增强以达到对图像识别的目的，遥感影像的分类中常采用高通滤波、低通滤波、中值滤波、均值滤波等(它们均为卷积算子)对影像进行某些特征的增强，以达到更好的地物识别与分类；在图像识别中，为了突出图像边缘信息、线状目标或某些亮度变化率大的部分，常采用锐化卷积的方法对原始图像的轮廓特征进行强化。

基于二阶微分的Laplace算子是计算机视觉图像增强中的重要算子，应用广泛。各向同性和唯一性是拉普拉斯算子的重要性质，可以满足大多数图像增强的需要[43-44]。由于井下巷道较窄且呈条带状，因此将改进的一维拉普拉斯算子用于强化井下区域地磁特征，其算子定义如下所示。

$$\nabla^2 f(x)=\frac{\delta^2 f}{\delta^2 x} \tag{6.16}$$

区域地磁图是离散的网格点，对$f(n)$来说，可用差分代替(6.16)式的微分。它的一阶偏导的表示如下所示。

$$\frac{\delta f(n)}{\delta n}=f(n)-f(n-1) \tag{6.17}$$

它的二阶偏导如下所示。

$$\frac{\delta^2 f(n)}{\delta n^2}=[f(n+1)-f(n)]+[f(n-1)-f(n)] \tag{6.18}$$

综上所述一维的拉普拉算子的离散表达式如下所示。

$$\nabla^2 f(n)=[f(n+1)+f(n-1)-2f(n)] \tag{6.19}$$

对于地磁特征较弱的区域,可以用下式来进行增强。

$$g(n)=f(n)-k\,\nabla^2 f(n) \tag{6.20}$$

式(6.20)中的 $k$ 值是与增强效应相关的系数,它的取值直接影响到地磁图特征的增强效果。如果 $k$ 值过大,地磁图的波动特征会产生过冲,如果过小,特征的强化会非常不明显。当 $k$ 为 1 时,增强公式如下所示。

$$g(n)=3f(n)-f(n-1)-f(n+1) \tag{6.21}$$

式(6.21)为 Laplace 算子对应的算法模型,令其 $k$ 取 1,则改进后的卷积计算模板类型如图 6.19 所示。

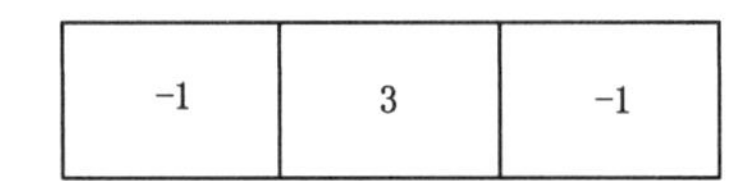


图 6.19 卷积核模板

类似于 Laplace 算子,为了突出图像边缘信息、线性目标或某些亮度变化率较大的部分,锐化卷积方法经常被用来锐化原始图像的轮廓特征,其中常用高通滤波、中值滤波、均值滤波等对图像目标区域进行可视化增强,以达到更好的目视效果,下文从中选取高通滤波和索伯尔滤波等常用于图像特征增强的卷积算子对地磁基准图进行差异性特征增强,表 6.9 所示为两种常见的图像增强算子。根据井下带状巷道区域的空间特点,可对卷积算子进行适合一维计算的改进。

**表 6.9 图像增强算子介绍**

| 算子类型 | 算子结构 | 优化后的算子结构 | 优化后的算子特点 |
| --- | --- | --- | --- |
| High pass 算子 | $\begin{bmatrix} r_{11} & r_{12} & r_{13} \\ r_{21} & r_{22} & r_{23} \\ r_{31} & r_{32} & r_{33} \end{bmatrix}$ | $\max[r_1 \quad r_2 \quad r_3]$ | $r$ 是磁总场值,突出大磁场的细节信息 |
| Sobel 算子 | $\begin{bmatrix} 1 & 2 & 1 \\ 0 & 0 & 0 \\ -1 & -2 & -1 \end{bmatrix}$ | $[1 \quad 0 \quad -1]$ | 突出边界和边缘特征 |

在地磁基准图的处理过程中将以上三种算子应用于井下巷道区域地磁基准图进行特征增强处理,将地磁原本的特征更加明显地表达出来,以便更好地实现地磁匹配效果,并在

MSD 算法中加入与地磁基准图相同的滤波算子以达到在弱适配区域提高匹配成功率的目的。

### 6.5.2 卷积前后地磁特征计算

选择仅有铁轨的 1 个带状区域(G1),挑选空旷的无任何机器设备的 1 个巷道区域(G2),在具有各种仪器(输电设备、通风设备、采煤设备等)的区域均匀划分并选择出 2 个区域(G3、G4),共筛选出 2 个强适配区、1 个弱适配区和 1 个适配性一般的区域。在每个区域内分别布设四条控制线,控制线长度均为 20 m,间隔度均为 0.9 m,每条线上每间隔 1 m 设置一个采样点。使用 FVM-400 磁通门计进行磁场数据采集,最终的地磁源数据如表 6.10 和表 6.11 所示。

**表 6.10　G1 与 G2 地磁源数据**　　单位:nT

| 点位编号 | G1 | | | | G2 | | | |
|---|---|---|---|---|---|---|---|---|
| | 0.3 测线 | 1.2 测线 | 2.1 测线 | 3.0 测线 | 0.3 测线 | 1.2 测线 | 2.1 测线 | 3.0 测线 |
| 0 | 36 548.87 | 42 457.04 | 39 125.56 | 40 686.73 | 46 053.43 | 44 239.16 | 41 609.44 | 40 848.88 |
| 1 | 46 668.62 | 43 597.57 | 41 150.61 | 51 468.84 | 48 185.51 | 47 078.96 | 44 587.10 | 48 711.74 |
| 2 | 42 057.62 | 38 361.48 | 42 583.74 | 48 373.22 | 46 844.49 | 48 824.13 | 48 004.88 | 45 909.00 |
| 3 | 45 501.42 | 41 053.54 | 44 429.75 | 42 395.10 | 48 104.11 | 49 723.73 | 50 128.71 | 50 050.34 |
| 4 | 46 830.75 | 39 615.83 | 44 716.98 | 39 267.00 | 47 850.10 | 49 881.62 | 50 900.97 | 50 621.98 |
| 5 | 47 471.15 | 42 784.47 | 41 465.24 | 38 882.61 | 50 129.64 | 50 524.75 | 51 229.69 | 52 845.90 |
| 6 | 45 681.57 | 41 655.89 | 43 449.22 | 38 386.13 | 51 245.21 | 50 522.83 | 50 890.07 | 53 261.33 |
| 7 | 43 480.21 | 42 326.37 | 44 892.21 | 42 828.19 | 51 514.85 | 49 740.01 | 48 950.96 | 51 461.92 |
| 8 | 48 181.80 | 38 379.55 | 43 813.37 | 46 945.48 | 50 665.10 | 48 544.38 | 46 480.03 | 45 368.03 |
| 9 | 48 927.32 | 40 368.16 | 45 042.94 | 44 820.61 | 49 856.39 | 47 709.65 | 45 327.05 | 44 013.31 |
| 10 | 48 445.75 | 44 221.32 | 43 686.88 | 45 220.61 | 49 587.38 | 48 007.50 | 46 192.12 | 45 766.47 |
| 11 | 54 334.54 | 46 102.15 | 43 347.10 | 39 946.02 | 50 940.24 | 49 365.88 | 49 193.21 | 53 385.19 |
| 12 | 50 612.37 | 41 429.95 | 42 523.12 | 39 287.34 | 52 651.45 | 51 138.77 | 52 614.97 | 59 855.05 |
| 13 | 49 563.20 | 45 969.08 | 47 798.83 | 44 286.42 | 54 047.63 | 52 476.53 | 53 902.66 | 58 260.16 |
| 14 | 46 205.78 | 47 136.74 | 49 619.89 | 45 258.87 | 53 039.00 | 52 691.25 | 53 809.82 | 57 318.65 |
| 15 | 47 319.14 | 44 070.04 | 48 632.12 | 52 723.23 | 51 832.60 | 52 503.47 | 52 883.28 | 54 227.27 |
| 16 | 49 150.61 | 45 765.13 | 49 719.62 | 49 583.30 | 52 654.72 | 52 043.34 | 52 329.57 | 52 381.95 |
| 17 | 42 339.63 | 45 586.37 | 50 987.29 | 42 472.62 | 50 408.95 | 51 853.23 | 52 404.39 | 53 814.06 |
| 18 | 40 677.97 | 44 371.73 | 47 513.17 | 47 631.92 | 49 593.53 | 51 490.25 | 52 355.42 | 54 044.85 |
| 19 | 42 852.05 | 44 255.18 | 44 437.44 | 50 050.81 | 50 039.88 | 51 519.94 | 51 941.59 | 53 192.09 |
| 20 | 41 202.22 | 47 518.06 | 45 996.01 | 49 073.19 | 51 536.28 | 51 541.40 | 51 807.46 | 52 428.19 |

**表 6.11　G3 与 G4 地磁源数据**　　单位:nT

| 点位编号 | G3 | | | | G4 | | | |
|---|---|---|---|---|---|---|---|---|
| | 0.3 测线 | 1.2 测线 | 2.1 测线 | 3.0 测线 | 0.3 测线 | 1.2 测线 | 2.1 测线 | 3.0 测线 |
| 0 | 118 354.90 | 99 255.58 | 84 192.48 | 36 879.18 | 25 595.80 | 44 242.42 | 28 832.53 | 60 846.64 |
| 1 | 143 909.16 | 84 488.10 | 20 418.54 | 11 934.19 | 40 304.92 | 62 489.87 | 70 257.03 | 76 184.53 |
| 2 | 116 712.87 | 108 382.81 | 56 658.33 | 123 698.25 | 45 971.69 | 75 497.37 | 49 725.98 | 31 783.93 |
| 3 | 54 985.56 | 42 239.73 | 81 915.44 | 27 617.19 | 87 474.65 | 67 171.72 | 96 745.72 | 75 795.20 |
| 4 | 110 010.06 | 39 174.97 | 93 826.70 | 37 925.21 | 48 652.66 | 92 576.67 | 53 743.31 | 57 508.87 |
| 5 | 103 584.47 | 120 818.54 | 106 013.69 | 23 882.68 | 49 940.76 | 39 695.66 | 82 604.86 | 44 515.72 |
| 6 | 67 672.54 | 129 521.80 | 108 539.08 | 78 731.29 | 115 304.26 | 102 574.50 | 53 700.22 | 80 103.74 |
| 7 | 58 206.84 | 106 137.06 | 132 373.22 | 81 379.52 | 28 836.24 | 37 764.49 | 94 769.11 | 30 920.42 |
| 8 | 73 280.03 | 37 624.69 | 41 440.98 | 27 562.46 | 45 960.28 | 83 225.19 | 33 240.22 | 81 319.77 |
| 9 | 105 736.14 | 39 894.51 | 71 246.88 | 70 708.76 | 58 454.01 | 53 796.91 | 42 177.70 | 53 187.13 |
| 10 | 21 682.20 | 44 493.81 | 41 588.60 | 51 988.54 | 35 420.19 | 59 478.11 | 65 312.20 | 107 946.09 |
| 11 | 100 665.81 | 53 051.84 | 53 528.81 | 83 012.50 | 10 215.11 | 49 244.73 | 106 037.12 | 112 629.35 |
| 12 | 125 373.71 | 69 935.24 | 105 325.21 | 75 015.11 | 43 271.21 | 45 467.33 | 82 870.48 | 72 679.19 |
| 13 | 81 834.34 | 113 374.54 | 128 048.73 | 135 519.31 | 37 825.88 | 71 102.05 | 29 965.70 | 47 812.43 |
| 14 | 126 903.90 | 44 729.98 | 77 402.95 | 74 887.33 | 85 939.70 | 80 372.09 | 30 290.57 | 103 001.97 |
| 15 | 57 416.20 | 52 084.89 | 56 572.58 | 44 810.31 | 59 187.82 | 62 959.68 | 23 590.02 | 72 313.48 |
| 16 | 115 008.41 | 90 604.73 | 108 272.46 | 88 443.72 | 27 900.97 | 33 744.21 | 18 681.56 | 55 009.26 |
| 17 | 97 710.76 | 45 660.06 | 85 767.30 | 50 669.54 | 47 166.16 | 23 374.05 | 39 329.19 | 31 577.13 |
| 18 | 20 883.57 | 32 826.51 | 69 327.16 | 68 898.86 | 26 072.30 | 18 410.70 | 14 068.33 | 43 951.01 |
| 19 | 41 334.18 | 73 786.87 | 64 996.95 | 90 072.81 | 28 951.73 | 27 685.69 | 45 067.56 | 53 486.56 |
| 20 | 57 802.38 | 22 843.21 | 124 189.37 | 55 652.10 | 36 854.96 | 38 963.51 | 50 274.80 | 95 226.61 |

根据表 6.10 和表 6.11 的地磁源数据绘制区域地磁场三维曲面模型,如图 6.20 所示,G1 和 G2 区域地磁场变化相对平缓,G3 和 G4 区域地磁场变化起伏较大。

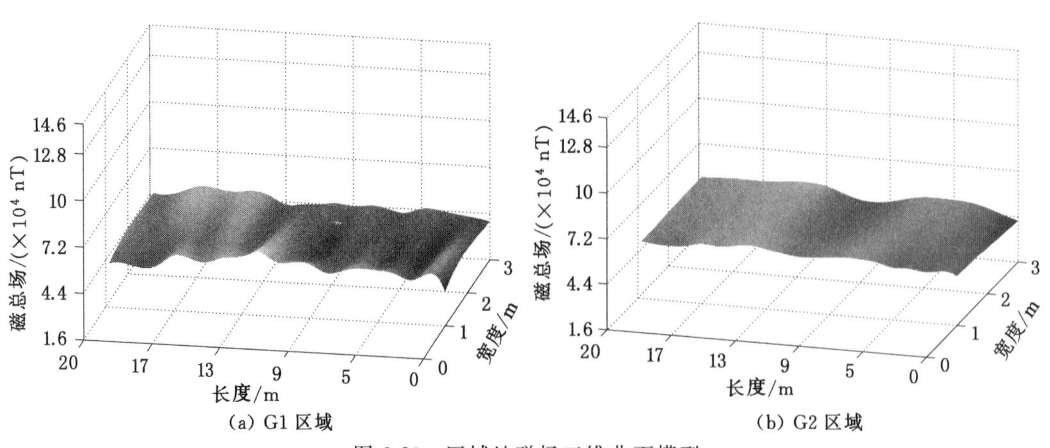


(a) G1 区域　　(b) G2 区域

图 6.20　区域地磁场三维曲面模型

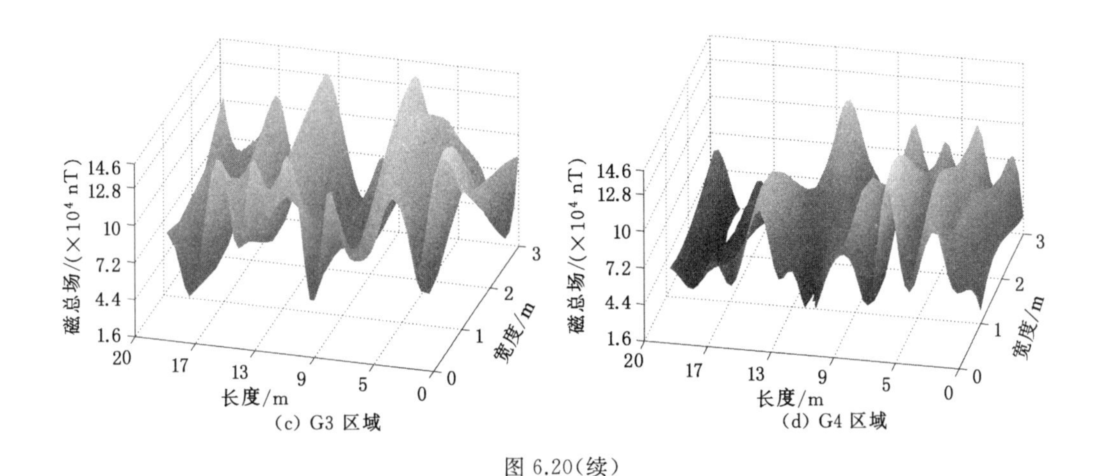


图 6.20(续)

利用不同卷积核分别对表 6.10 和表 6.11 的地磁数据进行卷积并计算地磁特征值，结果如表 6.12 所示，可以看出，卷积前后的区域地磁特征均出现波动，卷积强化或弱化了地磁空间特征，其中各卷积后的平均磁场值与原始数据的均值基本保持一致。经过 Laplace 算子卷积后的地磁空间特征较卷积前变化明显，其中地磁标准差、地磁粗糙度明显增大，相关系数明显减小；High pass 算子和 Sobel 算子卷积后的地磁空间特征变化和卷积前相比基本无较大变化。通过三种算子对比分析可以得出，在相同测区内，Laplace 算子卷积后的地磁差异性增强效果最好，不仅保持了原始磁基准图的特征，而且使特征更加显著。

**表 6.12　地磁特征数据**

| 区域类型 | 地磁特征参数 | 原始 | High pass | Laplace | Sobel |
|---|---|---|---|---|---|
| G1<br>(适配) | 地磁均值 | 44 709.495 | 44 622.695 | 44 969.893 | 44 710.196 |
| | 地磁标准差 | 3 698.565 | 3 142.952 | 7 531.122 | 3 268.552 |
| | 地磁信息熵 | 6.387 | 6.389 | 6.372 | 6.388 |
| | 地磁粗糙度 | 3 954.531 | 2 681.936 | 10 339.384 | 2 930.335 |
| | 相关系数 | 0.343 | 0.510 | −0.012 | 0.484 |
| G2<br>(弱适配) | 地磁均值 | 50 398.941 | 50 338.653 | 50 579.805 | 50 404.995 |
| | 地磁标准差 | 3 277.004 | 3 057.905 | 4 698.380 | 3 168.851 |
| | 地磁信息熵 | 6.389 | 6.390 | 6.386 | 6.389 |
| | 地磁粗糙度 | 2 044.042 | 1 576.672 | 4 631.076 | 1 769.942 |
| | 相关系数 | 0.705 | 0.765 | 0.394 | 0.743 |
| G3<br>(强适配) | 地磁均值 | 75 011.093 | 75 281.841 | 74 198.850 | 73 999.211 |
| | 地磁标准差 | 33 495.985 | 22 159.447 | 97 882.796 | 27 181.129 |
| | 地磁信息熵 | 6.242 | 6.329 | 7.432 | 6.293 |
| | 地磁粗糙度 | 41 973.003 | 22 692.396 | 138 783.739 | 29 758.158 |
| | 相关系数 | 0.185 | 0.383 | −0.080 | 0.333 |

表 6.12(续)

| 区域类型 | 地磁特征参数 | 原始 | High pass | Laplace | Sobel |
|---|---|---|---|---|---|
| G4<br>(较强适配) | 地磁均值 | 55 407.399 | 55 313.785 | 55 688.239 | 53 766.162 |
| | 地磁标准差 | 25 358.951 | 18 018.860 | 75 492.579 | 19 812.693 |
| | 地磁信息熵 | 6.244 | 6.313 | 7.174 | 6.296 |
| | 地磁粗糙度 | 31 656.625 | 16 277.460 | 120 678.438 | 21 556.429 |
| | 相关系数 | 0.206 | 0.550 | −0.299 | 0.379 |

根据序列匹配原理以及 MSD 约束法则,在弱适配区和适配区利用实测的地磁序列于卷积前后的地磁基准图中进行地磁匹配定位的仿真试验。

### 6.5.3 基于卷积增强的地磁匹配

针对地磁弱适配区可以通过 Laplace 算子进行卷积预处理从而达到增强效果。假设将待匹配的路径地磁序列和地磁基准图当成地磁影像,则可以通过增强卷积算子对待匹配的观测地磁序列和地磁基准数据进行增强处理,以突出某些匹配识别特征,提高匹配概率,其数学描述见式(6.22)。

$$\begin{cases} S(x,y),(x,y)\in G \\ R_{Sc}(x,y)=\mathrm{conv}(x,y,\lambda)*R_S(x,y) \\ R_{Gc}(x,y)=\mathrm{conv}(x,y,\lambda)*R_G(x,y) \\ R_{SG}(x,y)\in R_{Gc}(x,y) \\ (a,b)=\arg\{F_{[R_{Sc}(x,y),R_{Gc}(x,y)]}\} \\ \hat{S}=R_S(a,b) \end{cases} \tag{6.22}$$

式中 $(x,y)$——区域空间点的横纵坐标;

$G$——匹配地磁尺度空间的点坐标集合;

$S(x,y)$——起始点为 $(x,y)$ 的待匹配轨迹长度(地磁序列步长);

$R_S(x,y)$——待匹配实测地磁序列;

$R_G(x,y)$——匹配地磁基准数据;

$\mathrm{conv}(x,y,\lambda)$——增强的卷积算子;

$R_{Sc}(x,y)$——待匹配地磁向量;

$R_{Gc}(x,y)$——地磁基准数据卷积运算后的结果;

$F$——MSD 约束法则;

$(a,b)$——最优匹配结果的起点坐标;

$R_S(a,b)$——是最优匹配的地磁基准图序列。

### 6.5.4 卷积后的适配性

利用 Laplace 算子对 G1 和 G2 区域地磁数据进行卷积计算并绘制卷积前后的地磁三维图,如图 6.21 所示,Laplace 算子较好地增强了地磁基准图的起伏程度,G1 和 G2 区域卷积后的地磁值较卷积前均出现不同程度的波动增强,增大了原本较平缓的地磁趋势,有效提

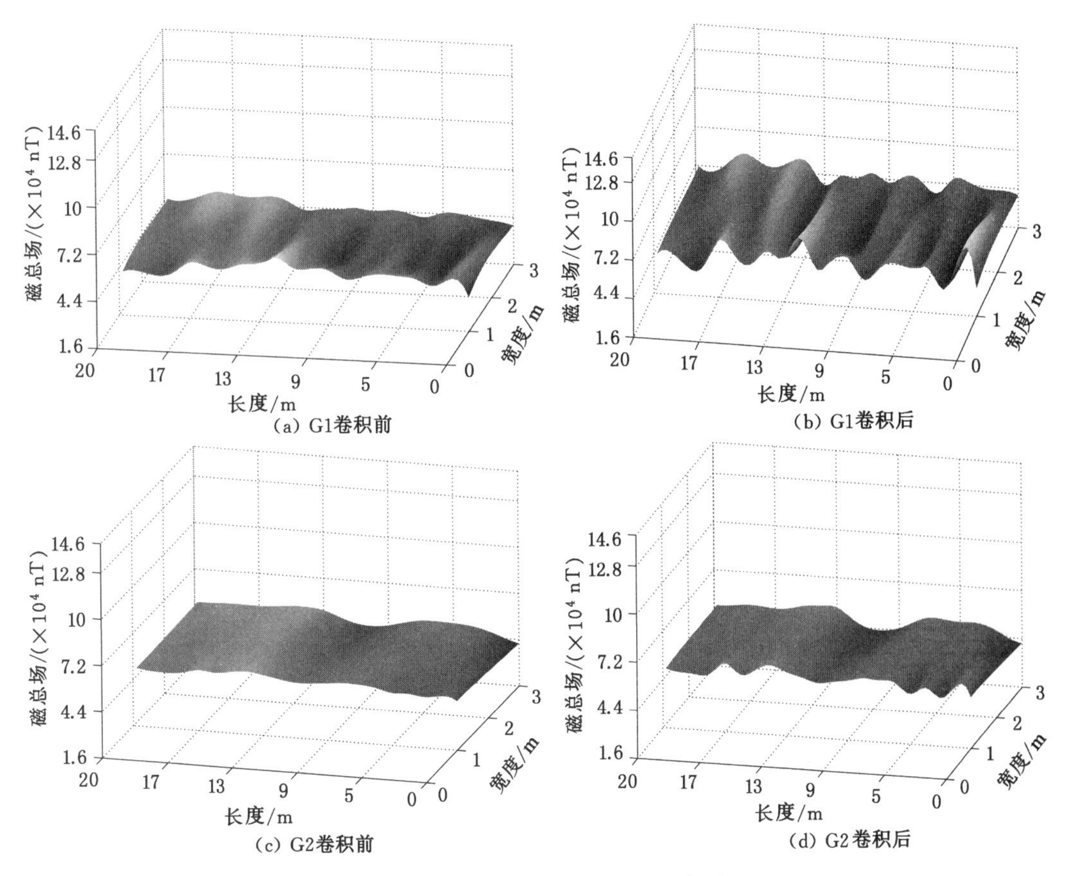


(a) G1卷积前　(b) G1卷积后

(c) G2卷积前　(d) G2卷积后

图 6.21　卷积前后区域磁总场三维图

高了地磁特征的差异度。

利用 Laplace 滤波算子对 G1 和 G2 区域地磁数据进行卷积处理后，进行实际的地磁序列(序列长度设置为 4)匹配定位，根据式(5.10)计算匹配概率，结果如表 6.13 所示。从匹配结果可以看出，Laplace 卷积之后的地磁基准图上的匹配定位效果远远好于原始基准图的，匹配精度和匹配概率都有所提高。在 G2 地磁特征贫乏的弱适配区，原始地磁基准图和 Laplace 卷积后的地磁基准图的匹配精度和匹配概率差距较明显，经过卷积处理的地磁匹配定位的成功率高于卷及处理前约 40%且定位精度也提高了超过 50%。Laplace 算子可以有效增强地磁基准图特征，提高地磁序列匹配的成功率，能一定程度提高井下弱适配区地磁定位的适配性。

**表 6.13　不同算法匹配定位的匹配概率**

| 区域 | 指标 | | |
|---|---|---|---|
| | 匹配次数/次 | 数据类型 | 匹配概率 |
| G1 | 25 | 原始 | 0.728 6 |
| | | Laplace 卷积后 | 0.887 1 |
| G2 | 25 | 原始 | 0.342 9 |
| | | Laplace 卷积后 | 0.714 3 |

### 6.5.5 算子的鲁棒性检验

虽然地下巷道磁异常空间分布特征越明显越有利于地磁匹配定位,但是井下工程环境复杂,实时测量磁数值里含有大量随机噪和常值噪声,不利于地磁匹配定位。这些噪声除了含有“月变”“日变”等天然时域上的磁扰动外,还会有作业面采掘、机电设施运行、轨道运输及人员行走等噪声影响。大量前期试验显示,大部分点位在不受外界干扰情况也存在磁异常数值的波动现象。

为进一步检验 Laplace 算子的性能,针对弱适配区噪声较大会影响实际的匹配效果的问题,在利用 Laplace 算子特征增强后的 G1 和 G2 地磁图中分别加入 500nT 的随机高噪声,并利用原始地磁待匹配序列(序列长度设置为 4)进行基于 MSD 约束法则的匹配计算,匹配定位误差的计算结果如图 6.22 所示。

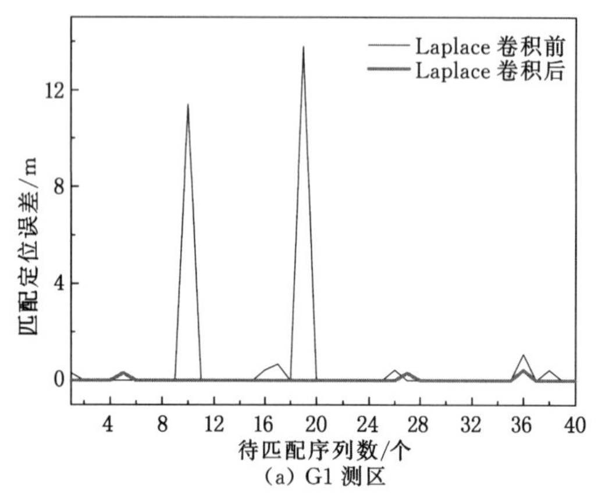

(a) G1 测区

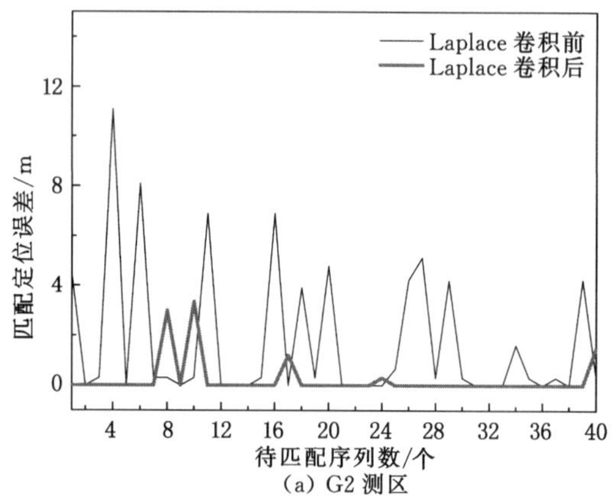

(a) G2 测区

图 6.22 待匹配序列的匹配定位误差

如图 6.22 所示,在匹配序列长度相同的情况下,实际的匹配定位在卷积前的地磁图上出现大量虚定位;而总体上,Laplace 卷积之后的地磁基准图的匹配定位效果远远好于原始基准图上的效果,匹配中的虚定位现象较少。在区域地磁特征一般的 G1 区域内,原始地磁图上的匹配结果出现两处较大的虚定位和多处小误差定位,而在经过 Laplace 卷积后的地磁图上几乎无误匹配现象,仅仅出现 3 处较小误差的匹配点,卷积后的图大大优于原始地磁图的匹配定位效果;在 G2 地磁特征贫乏的弱适配区,原始地磁基准图和 Laplace 卷积后的地磁基准图的匹配效果差距较大,其中原始地磁图的实际匹配效果较差,出现大量虚定位。

两次匹配试验的结果进一步证明了 Laplace 算子在地磁图特征增强方面的优越性。由结果可以看出,经过卷积处理的地磁匹配定位的成功率和定位精度均高于卷积处理前的匹配效果;Laplace 算子可以增强地磁基准图特征,提高地磁的差异度,能一定程度上提高地磁序列匹配定位的精度和匹配成功率。

# 第 7 章　MPMD 匹配模型的建立和适应性分析

GRPM 井下定位关键技术是地磁匹配。地磁匹配结果准确度不仅与匹配区域地磁图的适配性能、数值噪声水平有重要的关系，还与匹配算法模型性能有关。本章介绍了地磁匹配基础数学模型，研究了常用的地磁匹配算法的抗噪声性能，并提出了一种地磁空间向量积的最优估计匹配模型 MPMD 算法。重点从模型匹配精度、匹配速度和鲁棒性方面检测了 MPMD 算法的性能，分析利用井下地磁定位开展多维变量匹配的可靠性。

## 7.1　地磁匹配的数学原理和性能评价标准

### 7.1.1　地磁匹配的数学原理

地磁匹配定位算法实质上是数字地图匹配。人员行走时，定位装置实时测量经过路径的地磁特征信息，构成行走轨迹的实时向量。将实时向量与定位装置中地磁基准图进行匹配运算，得出人员点位和运动轨迹。地磁匹配本质上也是一个数据关联问题。设关联算法为 $D(X,Y)$，其中 $X$ 为基准图上的轨迹，$Y$ 为实测的轨迹。如果地磁图搜索域中有 $n_c$ 个待选轨迹，则构成集合：

$$C=\{X_j \mid j=1,2,3,\cdots,n_c\} \tag{7.1}$$

集合 $C$ 中的轨迹对应的 $n_c$ 个待检测位置可构成位置集合：

$$P=\{P_j \mid j=1,2,3,\cdots,n_c\} \tag{7.2}$$

其中，$X_j$ 与 $P_j$ 是相对应的。理想状态下，$P$ 中必然存在一个距离真实位置最近的点，记为最佳匹配点 $P_b$。由关联算法检测出来的位置 $P_m$ 称为匹配位置，它应满足：

$$m=\arg_j\{\max[D(X_j,Y)],j=1,2,3,\cdots,n_c\} \tag{7.3}$$

如果 $P_b$ 与 $P_m$ 的结果一致，称为匹配的正确截获。正确截获是匹配算法设计的主要目标。

对已有地磁匹配算法模型进行综合分析，各种算法均是四元素不同组合，即特征空间、匹配算法、搜索空间和搜索策略，从匹配原理表达形式来看，地磁匹配过程完全可以由这四个参数来概括。

(1) 特征空间

特征空间是指匹配所依据的数据空间，数据空间是指匹配变量的维数特征。首先需要分析地磁匹配数据空间的维数，是一维、二维还是多维的数据。其次需要分析在有一定干扰因素影响下的区域磁测量数据地磁匹配特征。由于受磁测量技术发展的限制，目前我国的矢量地磁数据库不完善，在无人机、舰艇的匹配地磁导航中，匹配向量以总场或磁异场为匹配向量，是一维匹配。匹配信息主要包含沿航迹的地磁测量序列及相应统计特征。

(2) 匹配算法

由于测量误差和噪声的影响，实时测量序列与基准序列之间往往存在差异，需要用一种算法来定量描述二者之间相似度。这种算法需要以一定的相似性准则为基础，应选择适当的算法来进行匹配计算。匹配算法目前分两类：一类是强调他们之间的相似程度，另一类是强调他们之间的差别程度。具有代表性的算法有积相关(production correlation algorithm，PROD)、归一化积相关(norman production correlation algorithm，NPROD)、平均绝对差(mean absolute difference，MAD)、均方差(mean square difference，MSD)和 Hausdorff 距离度量(HD)等。表 7.1 为常见匹配算法的特征。

**表 7.1　常用匹配算法的特征**

| 匹配算法 | 匹配准则 | 最佳度量 | 优缺点 |
| --- | --- | --- | --- |
| 互相关算法(COR) | $\mathrm{COR}_{ij}=\frac{1}{L}\sum_{l=1}^{L}Z_l^{\mathrm{mea}}Z_{ij,l}^{\mathrm{map}}$ | 最大值 | 稳定性不高，精度较差 |
| 归一化互相关匹配算法(NCOR) | $\mathrm{NCOR}_{ij}=\frac{\sum_{l=1}^{L}Z_l^{\mathrm{mea}}Z_{ij,l}^{\mathrm{map}}}{[\sum_{l=1}^{L}(Z_l^{\mathrm{mea}})^2]^{\frac{1}{2}}[\sum_{l=1}^{L}(Z_{ij,l}^{\mathrm{map}})^2]^{\frac{1}{2}}}$ | 最大值 | 精度较高，计算量较大 |
| 均方差算法(MSD) | $\mathrm{MSD}_{ij}=\frac{1}{L}\sum_{l=1}^{L}(Z_l^{\mathrm{mea}}-Z_{ij,l}^{\mathrm{map}})^2$ | 最小值 | 精度较高，运算量较小 |
| 平均绝对差算法(MAD) | $\mathrm{MAD}_{ij}=\frac{1}{L}\sum_{l=1}^{L}\lvert Z_l^{\mathrm{mea}}-Z_{ij,l}^{\mathrm{map}}\rvert$ | 最小值 | 算法简单，鲁棒性强 |
| 归一化积相关算法(NPROD) | $\mathrm{NPROD}_{ij}=\frac{\sum_{K=1}^{N}A_{S(i,j)}^{K}A_{M}^{K}}{[\sum_{K=1}^{N}A_{S(i,j)}^{K}]^{1/2}[\sum_{K=1}^{N}A_{M}^{K}]^{1/2}}$ | 最大值 | 精度较高，计算量较大 |
| Hausdorff 距离度量(HD) | $H(A,B)=\max[\mathrm{d}(A,B),\mathrm{d}(B,A)]$，其中，$\mathrm{d}(A,B)=\max\limits_{a\in A,b\in B}\min\lVert a-b\rVert,\mathrm{d}(B,A)=\max\limits_{a\in A,b\in B}\min\lVert b-a\rVert$ | 最小值 | 稳定性和可靠性较高 |

注：式中 $Z_l^{\mathrm{mea}}$ 为磁传感器实时测量的地磁场特征序列，$Z_{ij,l}^{\mathrm{map}}$ 为从基准地磁图中提取的地磁场特征序列，$L$ 为匹配序列的匹配步长。

(3) 搜索空间

从算法上分析，地磁匹配问题实际上是一个参数最优估计的数学问题，由待估计参数组成的空间即搜索空间。在地磁匹配中，搜索空间是指待匹配轨迹与最优估计轨迹之间所有可能变换组成的数据空间，可能是一维数据空间，也可以是多维数据空间。从数学模型上来看，就是所有待匹配轨迹的集合，即式(7.1)中的集合 $C$。搜索空间大小决定了匹配算法的计算量和实时性，科学确定搜索空间是算法性能的关键指标，是地磁匹配算法优化过程中必须考虑的参数。

(4) 搜索策略

在一定匹配法则下，搜索策略就是在搜索空间中寻找最优变换参数的方法，搜索策略决定着整个匹配过程的计算量和精度。从理论上讲,遍历策略具有很好的全局搜索能力,但是随着变换参数的增多,待选轨迹的数量会呈几何级数上升,会影响定位实时性。搜索策略需要借助优化策略来提高参数搜索的效率,优化策略既要有广泛的全局搜索能力,又要有精确的局部定位能力。目前常用搜索算法有进化算法、等值域法、粒子群算法、蚁群算法、遗传算法等。

最常见搜索策略是等值线约束匹配,等值线约束匹配指的是设定一个地磁等值线区域,在这个区域内进行匹配且确定最优结果的过程。地磁等值线是地磁图的一个重要的特征。当匹配的不确定域较大时,传统意义上的相关匹配算法的匹配效率相对较低,没有办法满足地磁匹配实时性的要求。在二维图像匹配领域为了提高匹配速度,研究者们提出了各种各样的方法,大概可以分为两大类,第一类是通过缩小搜索空间来提高搜索的效率,第二类是优化搜索策略来提高搜索效率。

### 7.1.2　地磁匹配的性能评价标准

匹配概率、匹配精度、匹配速度和算法适应性是衡量匹配算法性能的四个标准。这些标准一方面给出了评价匹配算法优劣的衡量指标,同时也为匹配算法试验验证提出了具体要求。地磁匹配的目的是通过测量轨迹的地磁序列与地磁图之间的匹配计算实现准确定位。这里的"准确"包含两层含义:定位成功和定位精确,这两层含义分别对应评估标准中的匹配概率和匹配精度。

(1) 匹配概率

目前关于匹配概率的计算方法还没有统一的标准。一般情况下会在待匹配区域内开展若干次的匹配仿真试验,计算每次匹配结果正确率。将匹配结果正确的次数与总匹配次数之比作为匹配概率。第五章已详细介绍了匹配概率的公式,此处不作赘述。

(2) 匹配精度

匹配精度不仅是评价匹配算法的重要指标,也是合理定义匹配概率的基础,只有满足精度要求的匹配才认为是成功的。在地磁匹配算法中,当不考虑轨迹的形变时,真实轨迹与测量轨迹之间只需要一个简单平移,匹配位置偏差可以用这个平移量来表示。当考虑形变时,通过用匹配轨迹终点的定位误差来衡量。在地磁匹配中,匹配精度会受到匹配算法、匹配地磁序列误差、地磁基准图适配性等多种因素的影响,当然硬件设备的测量噪声大、观测数据不合格也可能产生较大定位误差。因此,只有在相同匹配区域和相同噪声条件下进行比较和度量,匹配精度才有对比的意义。

(3) 匹配速度

匹配速度反映的是匹配过程的效率,快速匹配定位是匹配策略设计中优化搜索的目标之一。当待定位目标快速移动时,匹配算法的效率会直接影响定位导航的性能。在实际无人机匹配数据处理过程中,通常要求毫秒级的时间计量单位。井下人员虽然运行速度不快,平均在 1.5 m/s,实际定位匹配运行速度也应以秒或毫秒为计量单位来评价匹配算法效率。

(4) 算法适应性

受原理和计算条件等因素的限制,每种匹配算法都有一定的适用范围,不同应用环境对匹配算法有不同的要求,这就是算法适应性问题。匹配适应性要求算法应该尽可能考虑环境因素,适应各种类型的轨迹、磁图特征、噪声水平,是算法设计较好的鲁棒性的体现。因此在算法的设计与实现中,要把算法适应性作为目标之一,尽可能地考虑多方面的环境因素。

在算法适应性验证中，要多选择不同适配性的地磁图和运动轨迹，并在不同噪声水平下验证算法的抗噪声性能。

## 7.2 地磁匹配模型

### 7.2.1 纯平移匹配模型

实际地磁定位中测量特征线可能会与数据库中的建模测线成一定的角度，研究过程中由于巷道成带状特点，在巷道测量中较容易以井下墙壁为参照，基本将采集特征线与巷道中线平行，因此在实际匹配过程中没有考虑特征线轨迹与中线不平行造成的误差，忽略轨迹的形变，认为轨迹中只存在一个匹配前的初始定位误差。设真实位置与测量位置之间满足如下关系，如式(7.5)所示：

$$(x', y') = (x, y) + (t_x, t_y) \tag{7.4}$$

式中 $(x', y')$——测量位置；

$(x, y)$——真实位置；

$(t_x, t_y)$——初始定位误差。

如图 7.1 所示，图中给出了纯平移模型下的匹配示意图。图中虚线是由测量轨迹产生的待匹配轨迹。纯模型平移的方法就是将实测定位数据在数据库中平移，利用相应的匹配准则在待选轨迹中选择地磁剖面与实测地磁序列最为相近的航迹，从而估计出平移误差参数 $(t_x, t_y)$ 。

传统的平移匹配算法一般是建立在 TERCOM 系统的批相关处理方法，在地形导航和重力导航方面均有广泛的应用。匹配的过程是以纯平移的搜索方法在整个测区内进行搜索。

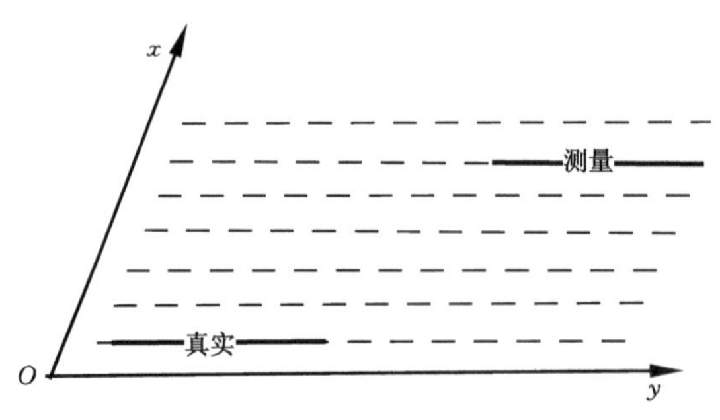


图 7.1 纯平移模型下的匹配示意图

只考虑平移因素的方法属于批相关处理方法，其操作原理简单，定位精度相对较高，只需要测量区域性的小面积地磁数据，工程难度相对较低。但是这种匹配过程在数据处理中存在着很多不足，由于该匹配是在整个区域内进行逐点搜索的，这就会使计算工作量加大，一般随着基准图的数据量增大，匹配的速率也会不断地降低，匹配的结果就会出现延迟现象，从而对地磁实时定位的效率产生影响。

### 7.2.2 基于等值域约束的匹配模型

等值域约束就是利用地磁等值域来辅助确定最佳匹配过程[54]。地磁场是一个多源叠加的位场，在空间上连续变化。一般为了描述地磁的特征，可以采用在地磁插值后绘制等值线的方法对地磁图进行描述，也就是地磁等值线图。等值线是地磁场描述中的一个重要信息。

分析纯平移理论是通过逐行测量航迹来得到待匹配轨迹的，搜索区域的格网点数与搜索匹配次数成正比，当搜索区域不断增加，数据量也不断增加时，传统的平移匹配效率会随之成倍地降低。因此为了增加匹配过程中的效率，以纯平移算法为基础并对算法进行了改进，最终得到了基于等值域约束的地磁匹配算法(contour constraint matching，CCM)。

其算法的关键在于两个环节：第一，地磁等值域匹配控制点的选择。第二，地磁模型数据库中等值域的确定。控制点是地磁等值域约束中用于确定等值域的点，通常测量序列中任意点都可以作为等值域选择过程中的参数，控制点精度的选择通常会大大影响到匹配的效率和精度，因此在地磁测量过程中需要准确测量控制点的精度。

地磁场是一个在空间与时间上不断变化的位场。受实际测量时间、测量位置、环境因素的影响，控制点磁场值难免有一定程度的波动。因此，在磁测量过程中，实时磁场值是多次重复测量取平均后，经过地磁日变等修正而确定出的一个地磁估值。为了提高地磁匹配的准确性，待匹配区域通常以控制点的匹配特征线为中心，按照地磁估值误差的倍数适当扩展为一个包含匹配特征线的地磁等值域。即如果该测量值为 $M$，测量误差估计值为 $\alpha$，那么可以选择等值域为控制点存在范围，当匹配过程中利用平移搜索时，应设置控制搜索条件。像这样将控制点在等值域内进行相关匹配，最优匹配即为所求。图7.2表示起始点为控制点的等值域约束匹配，匹配搜索只需在等值域中进行，图中“测量”表示在 $[M-\mathrm{n}\alpha, M+\mathrm{n}\alpha]$ 区域内的待匹配路线，“真实”表示数据库数据。

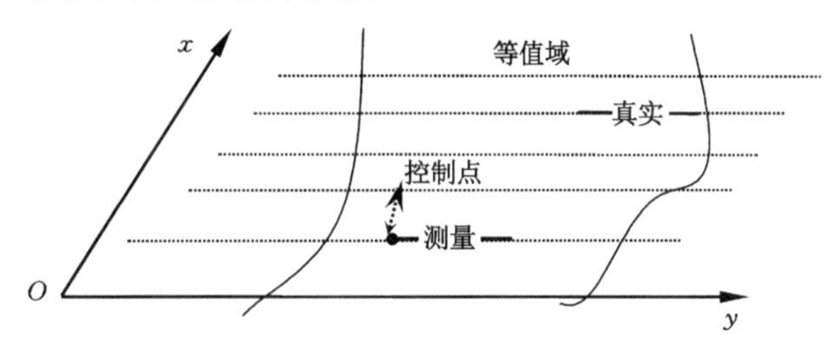


图7.2　等值域约束匹配

等值域约束匹配的模型建立在等值域搜索和纯平移匹配模型的基础之上，其匹配准则是从相关准则中选取的匹配算法，如利用均方差算法(MSD)进行匹配的数学模型如式(7.5)所示，其中匹配准则可以根据研究需要进行替换。

$$\begin{cases} S(i,j),(i,j) \in S_{\text{contour}} \\ C_{\text{MSD}i,j} = \dfrac{1}{N}\sum_{K=1}^{N}(A_{S(i,j)}^{K} - A_{M}^{K})^{2} \\ (m,n) = \arg\limits_{i,j}[\min(C_{\text{MSD}i,j})] \\ \hat{S} = S(m,n) \end{cases} \tag{7.5}$$

式中　$S(i,j)$ ——起始点为 $(i,j)$ 的待匹配轨迹；

$S_{\text{contour}}$ ——整个等值域区域地磁；

$N$ ——待匹配序列个数；

$A_{S(i,j)}$ ——待匹配区域 $S(i,j)$ 对应的基准图上的磁场强度序列；

$A_M$ ——地磁实时测量序列；

$\hat{S}$ ——根据 MSD 原则计算的最优序列；

$(m,n)$ ——匹配起始点坐标。

## 7.3 研究区地磁数据

试验选取了井下三条长度为 150 m 左右、宽度为 6 m 左右的巷道 H-115、巷道 H-215、巷道 H-117作为三个试验场地。地磁测量采用便携式 FVM-400 磁通门磁力仪，其量程达到100 000 nT，分辨率达到了 1 nT。测量噪声方差为 50 nT，测量随机常值误差为 10～30 nT。数据采集过程安排在外界磁干扰较小的时段进行，以 2 m 为间隔采集了点位的磁总场和三轴分量的地磁数据，经过粗差剔除、去噪后，建立了巷道多维向量的地磁基准。采样数据去噪、插值后得到的试验巷道地磁三维曲面图见图 7.3。

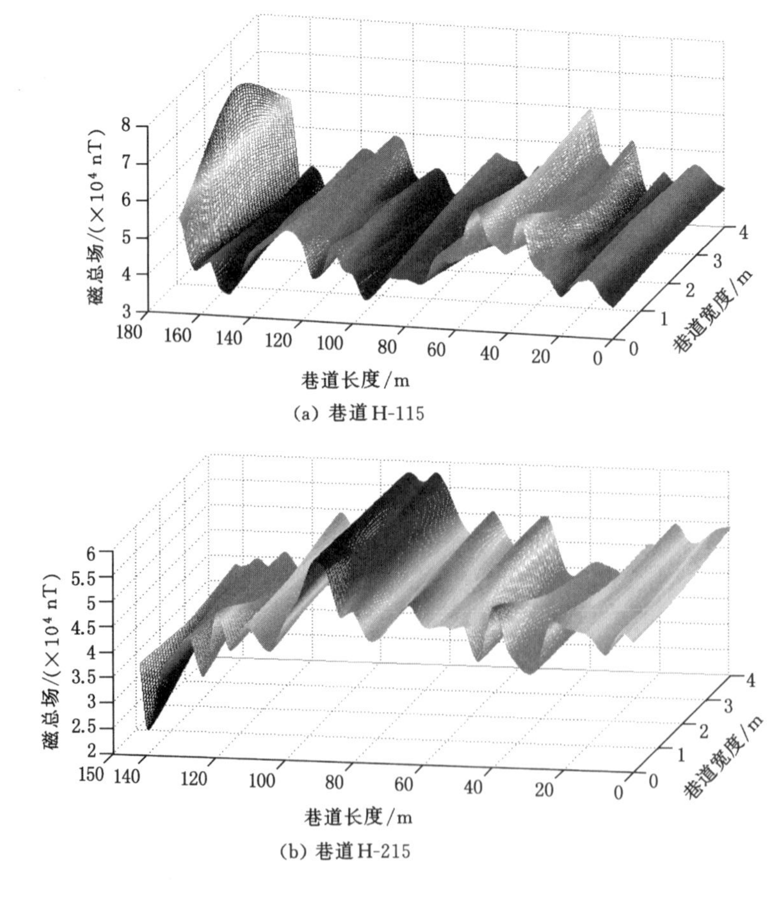


图 7.3　井下巷道 H-115、H-215 和 H-117 地磁三维曲面图

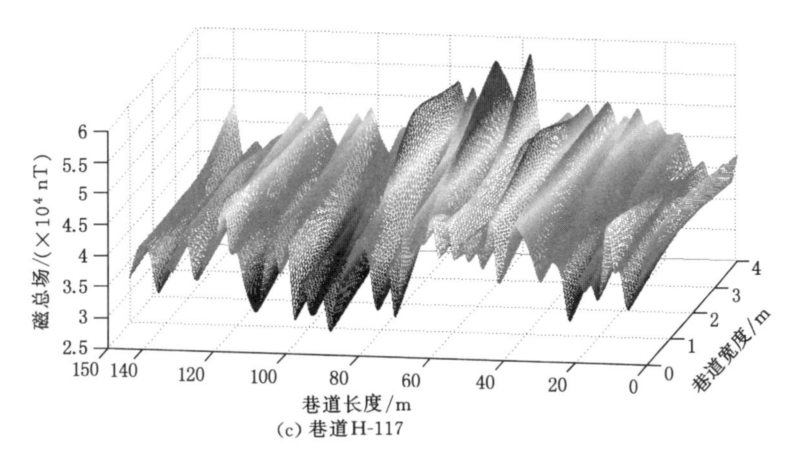

(c) 巷道H-117

图 7.3(续)

由图 7.3 可以看出,巷道 H-115 和 H-117 地磁数据空间差异明显,具有一定独特性,巷道 H-215 地磁变化缓慢,特征相对不明显。

对巷道 H-115、H-215、H-117 地磁分布的空间特征进行适配性评价,选取地磁标准差、粗糙度、峰态系数、自相关性以及相对标准差作为评价指标,见表 7.2。对比三个区域量化指标数值可知,巷道 H-115 地磁标准差最大(为 6 502 nT),粗糙度为 6 824 nT,相关系数最小(为 0.43),说明巷道 H-115 地磁特征丰富,但峰态系数过大(为 3.40),数据过于集中,综合得出巷道 H-115 适配性较强;巷道 H117 粗糙度为 4 241.1 nT,峰态系数最小(为 0.36),说明地磁特征丰富,且相关系数相对较低(为 0.58),相对标准差仅为 0.11,说明其适配性强;巷道 H215 相关系数过高(达到 0.65),说明其空间地磁分布相似区域较多,属于模糊匹配的多发区,适配性差。

**表 7.2 试验巷道的适配性量化评价**

| 巷道编号 | 地磁标准差/nT | 地磁粗糙度/nT | 峰态系数 | 相关系数 | 相对标准差 | 适配性 |
|---|---|---|---|---|---|---|
| H-115 | 6 502 | 6 824 | 3.40 | 0.43 | 0.14 | 特征丰富,适配性较强 |
| H-215 | 5 719.9 | 4 673.7 | 0.72 | 0.66 | 0.13 | 自相关性强,适配性差 |
| H-117 | 4 840.3 | 4 241.1 | 0.36 | 0.58 | 0.11 | 特征丰富,适配性强 |

## 7.4 常用匹配算法的性能检测

受原理和计算条件等因素限制,每种匹配算法都有一定的适用范围,不同的应用环境对匹配算法的要求不一样[143,166]。如果实测数据与基准数据之间存在未知比例因子,PROD 匹配效果通常较好;如果实测数据与基准数据之间存在比例因子误差时,MAD 与 MSD 比 PROD 匹配结果更好。在同等无噪声干扰情况下,MSD 与 MAD 匹配精度相当,但是 MAD

更简单且易于实现。但是当实测数据中存在噪声且匹配长度受限制时，MAD 与 MSD 匹配结果的精度都会下降。为了检测这些地磁匹配算法在井下地磁匹配的适应性能否满足井下强扰动、大噪声环境下的定位精度，需要开展相应算法的匹配试验研究。

### 7.4.1 基于无噪声地磁匹配研究

匹配算法有相关度量匹配和递推滤波匹配两种，试验选取相关度量匹配规则的均方差算法(MSD)、平均绝对差算法(MAD)、归一化积相关算法(NPROD)以及互相关算法(COR)4 种匹配算法进行试验分析。选取了巷道 H-115、H-215、H-117，用 V4 插值后的数据绘制地磁基准图。插值后格网间距为 0.3 m，设置匹配搜索步长为 1 个格网间距进行仿真解算，虚定位为 3 m 的一次匹配误差。

(1) 强适配区巷道 H-117 的匹配试验

图 7.4 是在地磁空间分布特征丰富且适配性强的巷道 H-117 内，MSD、MAD、NPROD 和 COR 的 4 种算法在 70 次匹配试验内的误差曲线。

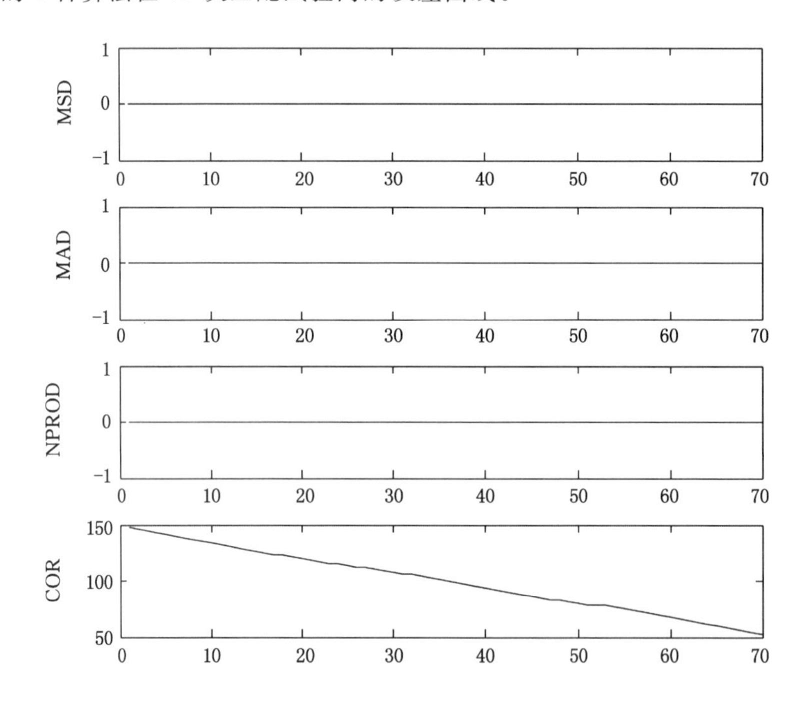


图 7.4 巷道 H-117 的 MSD、MAD、NPROD 和 COR 算法的误差曲线

(各图横坐标均为匹配次数，纵坐标为各算法误差)

从图 7.4 中可以看出，随着匹配次数的增大，MSD、MAD、NPROD 匹配结果均无误差，效果理想。但 COR 匹配误差太大，平均误差达到几十米，可以认定为虚定位。

表 7.3 是巷道 H-117 的 4 种算法匹配结果综合评价，从表中可以得出，在强适配区内，MSD、MAD 匹配概率、误差相当，耗时也接近，约在 1 s 以上。NPROD 虽然匹配概率和误差较好，但匹配时间太长，不利于大批量数据计算。COR 匹配误差太大，基本上未实现匹配成功。

**表 7.3　巷道 H-117 的 MSD、MAD、NPROD 和 COR 算法的匹配结果综合评价**

| 评价指标 | MSD | MAD | NPROD | COR |
| --- | --- | --- | --- | --- |
| 匹配概率 | 1 | 1 | 1 | 0 |
| 匹配误差/m | 0 | 0 | 0 | 99.86 |
| 匹配时间/s | 1.45 | 1.23 | 4.36 | 1.15 |

(2) 适配区巷道 H-115 的匹配试验

图 7.5 是在地磁适配性较好的巷道 H-115 内，MSD、MAD、NPROD 和 COR4 种算法在 70 次匹配试验内的误差曲线。从图 7.5 中可以看出，随着匹配次数的增大，MSD、MAD、NPROD 匹配结果均无误差，效果理想。但 COR 匹配误差比强适配区巷道 H-117 的有所下降，但平均误差仍然很大。

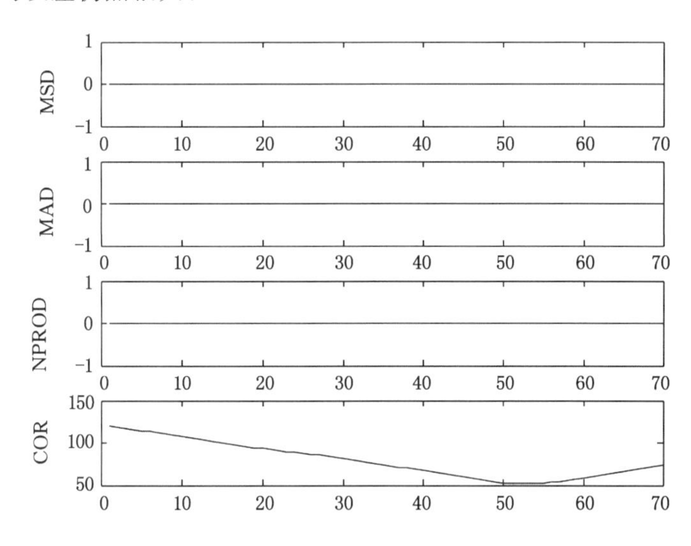


图 7.5　巷道 H-115 的 MSD、MAD、NPROD 和 COR 算法的误差曲线

（各图横坐标均为匹配次数，纵坐标为各算法误差）

表 7.4 是巷道 H-115 的 4 种算法的匹配结果综合评价，从表中可以看出，在适配区内，MSD、MAD 匹配概率、误差相当，耗时约在 1 s 左右。NPROD 虽然匹配概率和误差较好，但匹配时间达到 3.73 s，是前种算法的 3 倍多。COR 匹配误差太大，平均误差为 29.11 m，说明 70 次匹配试验中仍然有多次虚定位现象。

**表 7.4　巷道 H-115 的 MSD、MAD、NPROD 和 COR 算法的匹配结果综合评价**

| 评价指标 | MSD | MAD | NPROD | COR |
| --- | --- | --- | --- | --- |
| 匹配概率 | 1 | 1 | 1 | 0.12 |
| 匹配误差/m | 0 | 0 | 0 | 29.11 |
| 匹配时间/s | 1.22 | 1.03 | 3.73 | 1.36 |

(3) 弱适配区巷道 H-215 的匹配试验

图 7.6 是在地磁弱适配区的巷道 H-215 内,MSD、MAD、NPROD 和 COR4 种算法在 70 次匹配试验内的误差曲线。从图 7.6 中可以看出,随着匹配次数的增大,MSD、MAD、NPROD 匹配结果均无误差,效果理想。但 COR 匹配平均误差仍然很大,说明 70 次匹配试验中出现多次虚定位现象。

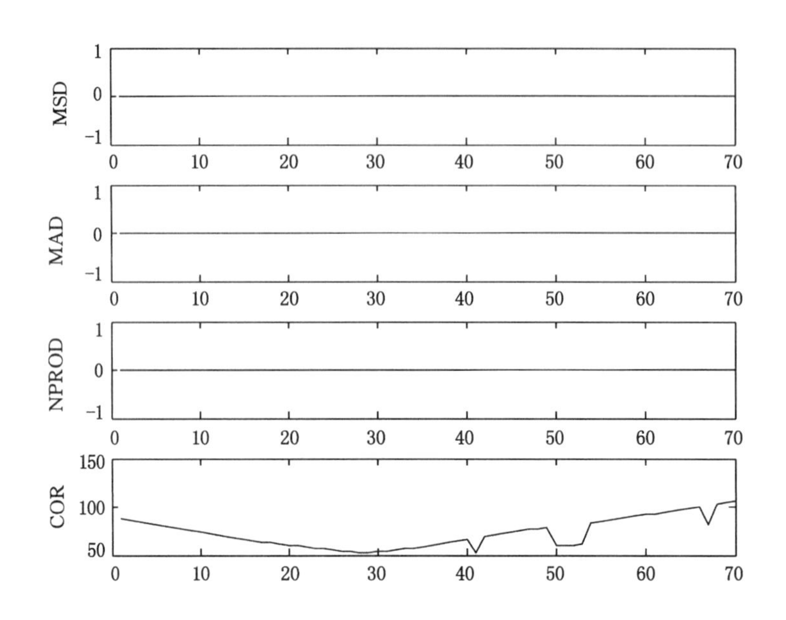


图 7.6 巷道 H-215 的 MSD、MAD、NPROD 和 COR 算法的误差曲线

(各图横坐标均为匹配次数,纵坐标为各算法误差)

表 7.5 是巷道 H-215 的 4 种算法的匹配结果综合评价,从表中可以看出,在适配区内,MSD、MAD 匹配概率、误差相当,MAD 匹配时间最短,不到 1 s。NPROD 虽然匹配概率和误差较好,但匹配时间达到 3.56 s,是前种算法 3 倍多。COR 匹配误差太大,平均误差为 22.77 m,说明 70 次匹配试验中仍然有多次虚定位现象,匹配概率仅为 10%。

**表 7.5 巷道 H-215 的 MSD、MAD、NPROD 和 COR 算法的匹配结果综合评价**

| 评价指标 | MSD | MAD | NPROD | COR |
| --- | --- | --- | --- | --- |
| 匹配概率 | 1 | 1 | 1 | 0.10 |
| 匹配误差/m | 0 | 0 | 0 | 22.77 |
| 匹配时间/s | 1.19 | 0.99 | 3.56 | 0.92 |

综合分析 MSD、MAD、NPROD 和 COR4 种算法在不同适配性巷道开展的无噪声匹配试验结果可以得出,在不加噪的情况下,COR 算法的匹配精度太低,极不稳定,出现大量虚定位现象。MSD、MAD 和 NPROD 算法的误差都是零,说明这三种匹配算法在地磁匹配的应用中无原理性的错误。NPROD 匹配精度也很好,但匹配时间较长,是其他两种算法的 3 倍多,后期实时匹配定位会受到限制。因此可以选取 MSD 和 MAD 算法开展后续抗噪性试验。

### 7.4.2 抗噪性能的地磁匹配研究

试验选取地磁匹配精度较好的均方差算法(MSD)、平均绝对差算法(MAD)进行抗噪性能试验。选取地磁空间特征丰富、适配性较好的巷道 H-117 和 H-115V4 插值后数据作为地磁基准图数据。为了研究井下地磁定位匹配算法抗噪性能,在选取的数据上添加一定量的噪声干扰进行匹配仿真对比。考虑 FVM-400 磁力仪最大测量噪声为 100 nT,同时巷道环境内还存在一定随机噪声的影响,分别在原始数据上进行 20 nT,50 nT 和 100 nT 三个等级的固定噪声和 30nT 的随机噪声的匹配试验。

(1) 加入 20 nT 的固定噪声和 30 nT 的随机噪声

图 7.7 是加入 20 nT 的固定噪声和 30 nT 的随机噪声后 70 次的匹配结果的误差曲线,从图 7.7 中可以看出,随着匹配次数增多,MSD、MAD 在强适配区巷道 H-117 内均出现了 4～5 次虚定位。在一般适配区巷道 H-115 内出现虚定位的次数更多,大约 7～8 次虚定位。

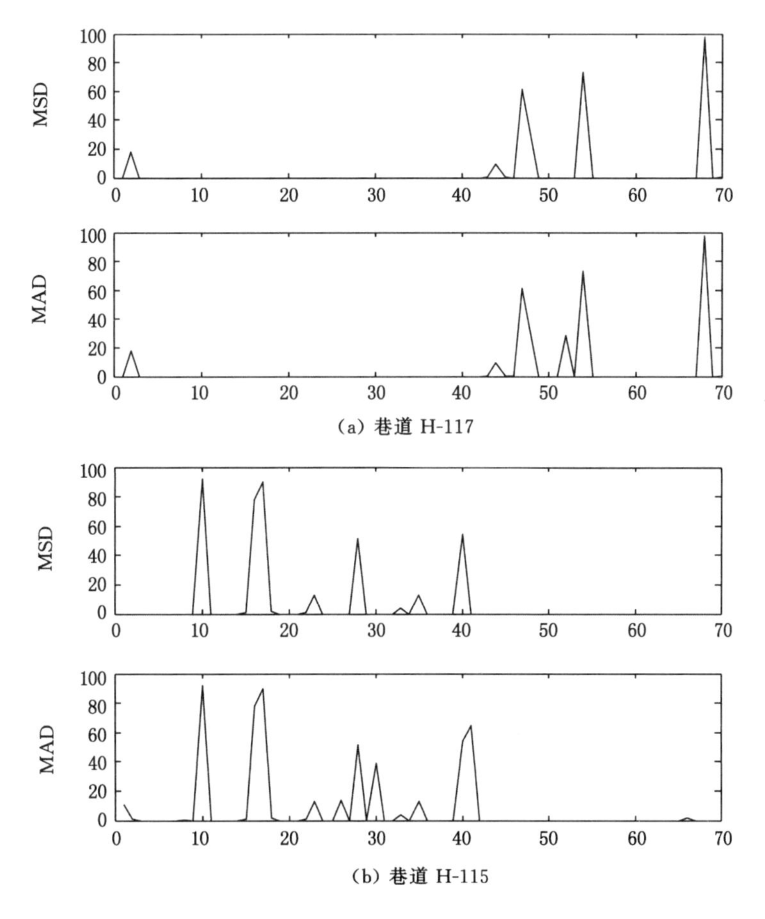


图 7.7　加入 20 nT 的固定噪声和 30 nT 的随机噪声后的匹配误差曲线

(各图横坐标均为匹配次数;纵坐标为各算法误差,m)

表 7.6 是加入 20 nT 的固定噪声和 30 nT 的随机噪声后的匹配结果的综合评价,从表中可以得出,在适配区内,MSD、MAD 匹配概率均在 90%左右,但匹配时间达到了 1 s 多,

平均匹配误差约 5 m 左右，说明 70 次匹配试验中有少量的虚定位现象。

**表 7.6　加入 20 nT 的固定噪声和 30 nT 的随机噪声后的匹配结果的综合评价**

| 评价指标 | 巷道 H-117 | | 巷道 H-115 | |
|---|---|---|---|---|
| | MSD | MAD | MSD | MAD |
| 匹配时间/s | 1.46 | 1.22 | 1.19 | 1.11 |
| 匹配误差/m | 4.15 | 4.56 | 5.69 | 7.56 |
| 匹配概率 | 0.91 | 0.90 | 0.90 | 0.84 |

（2）加入 50 nT 的固定噪声和 30 nT 的随机噪声

图 7.8 是加入 50 nT 的固定噪声和 30 nT 的随机噪声后 70 次的匹配结果的误差曲线，从图 7.8 中可以看出，随着匹配次数的增多，MSD、MAD 在巷道 H-117 和巷道 H-115 内的匹配结果均出现了多次虚定位，匹配效果不好，抗噪性能较差。

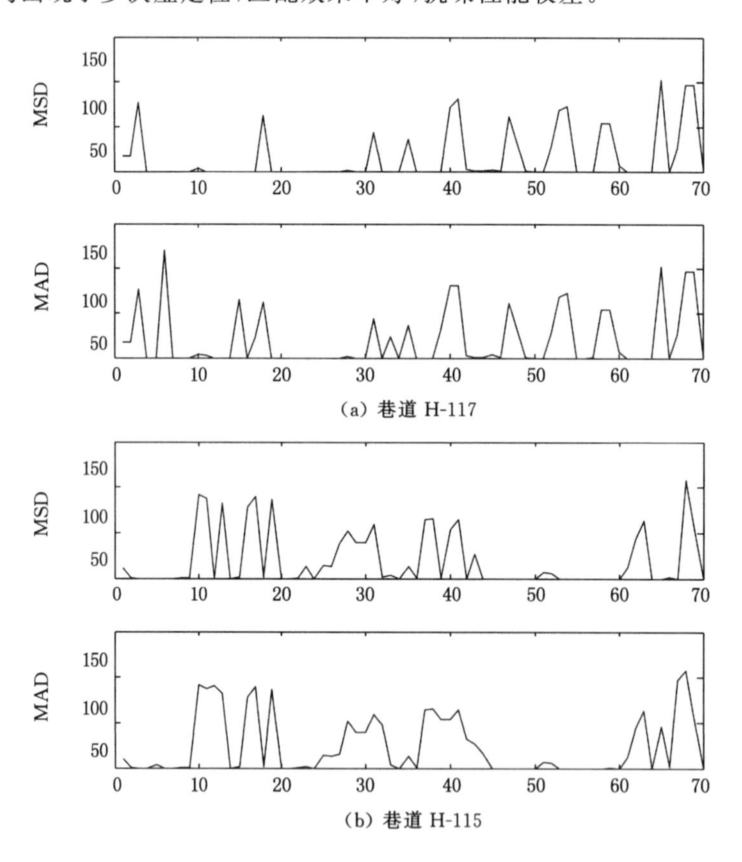


图 7.8　加入 50 nT 的固定噪声和 30 nT 的随机噪声后的匹配误差曲线

（各图横坐标均为匹配次数；纵坐标为各算法误差，m）

表 7.7 是加入 50 nT 的固定噪声和 30 nT 的随机噪声后的匹配结果的综合评价，从表中可以得出，在适配区内，MSD、MAD 匹配概率均在 60%左右，但匹配时间达到了 1 s 多，

平均匹配误差约 20 m 左右，说明 70 次匹配试验中，有大量的虚定位现象，可靠性差。从 H-117和 H-115 巷道两类适配性区对比可以看出，强适配性区域可以抵消一部分噪声对匹配结果干扰。

**表 7.7　加入 50 nT 的固定噪声和 30 nT 的随机噪声后的匹配结果的综合评价**

| 评价指标 | 巷道 H-117 | | 巷道 H-115 | |
|---|---|---|---|---|
| | MSD | MAD | MSD | MAD |
| 匹配时间/s | 1.52 | 1.27 | 1.22 | 1.12 |
| 匹配误差/m | 15.99 | 19.97 | 19.84 | 24.84 |
| 匹配概率 | 0.71 | 0.64 | 0.60 | 0.51 |

(3) 加入 100 nT 的固定噪声和 30 nT 的随机噪声

图 7.9 是加入 100 nT 的固定噪声和 30 nT 的随机噪声后 70 次的匹配误差曲线，从图 7.9中可以看出，随着匹配次数的增多，MSD、MAD 在巷道 H-117 和巷道 H-115 内匹配结果均出现了大量虚定位，匹配效果不好，抗噪性能差。

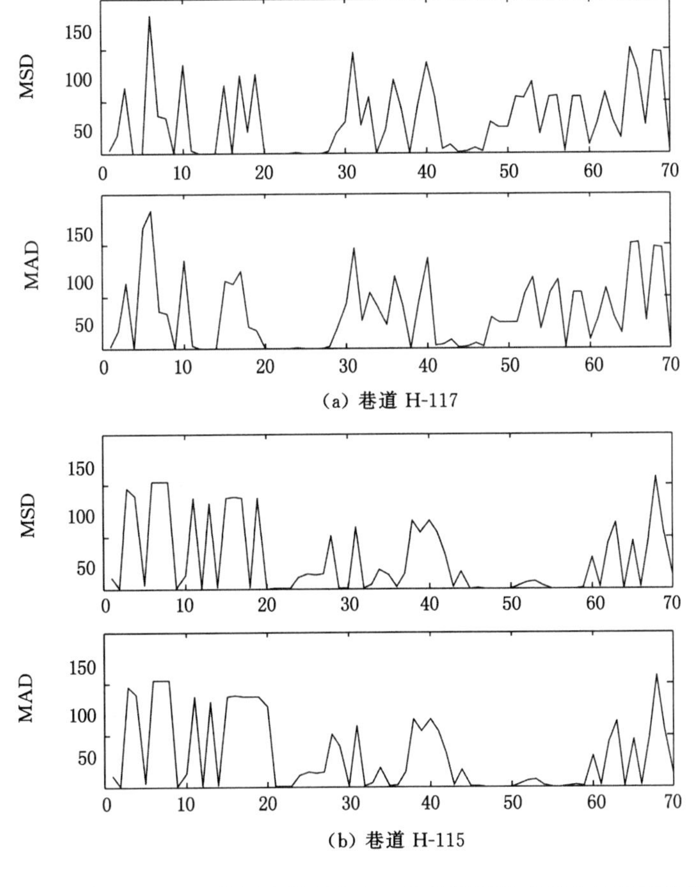


图 7.9　加入 100 nT 的固定噪声和 30 nT 的随机噪声后的匹配误差曲线

(各图横坐标均为匹配次数；纵坐标为各算法误差，m)

表 7.8 是加入 100 nT 的固定噪声和 30 nT 的随机噪声后的匹配结果的综合评价，从表中可以看出，在适配区内，MSD、MAD 匹配概率均在 40%左右，但匹配时间达到了 1 s 多，平均匹配误差约 30 m 左右，说明 70 次匹配试验中有大量的虚定位现象，可靠性很差。

**表 7.8　加入 100 nT 的固定噪声和 30 nT 的随机噪声后的匹配结果的综合评价**

| 评价指标 | 巷道 H-117 | | 巷道 H-115 | |
|---|---|---|---|---|
| | MSD | MAD | MSD | MAD |
| 匹配时间/s | 1.47 | 1.29 | 1.22 | 1.04 |
| 匹配误差/m | 29.27 | 36.62 | 29.39 | 30.93 |
| 匹配概率 | 0.44 | 0.34 | 0.44 | 0.41 |

综合分析 MSD、MAD 抗噪声匹配结果可以得出，当加入的固定噪声越来越大时，这两种匹配算法的匹配误差逐渐变大，虚定位次数大大增加，匹配概率不断变小。当加入100 nT 的固定噪声和 30 nT 的随机噪声后开展匹配试验，MSD、MAD 匹配概率仅为 40%，说明这种算法抗噪性能不能够抵抗井下日常环境产生 200 nT 以上的噪声扰动，难以满足 GRPM 定位技术要求，因而需要进行算法优化。

## 7.5　MSD 匹配算法优化

### 7.5.1　改进后 MSD 算法

所谓改进即对现有算法中所存在弊端的一种优化改造，为使原始算法更好地应用服务于现在的要求，需要对现有的地磁匹配算法进行改进。常见的地磁匹配改进有引入地磁信息熵和地磁差异熵综合的匹配算法，预匹配和精匹配相结合的改进措施优化了运算过程以及基于等值线约束的相关匹配算法。本节根据试验区域磁场分布特点以及地磁受到的干扰影响，在试验区域对地磁匹配算法作出优化改进[167]。

地磁测量易受干扰，实时测量地磁数值包含了时域磁扰动以及环境磁扰动等数值扰动。由干扰试验验证可得在对相邻点磁总场作差运算后，时域变化或者其他同类环境对磁数值的扰动影响大部分会被抵消，残余部分影响变得很小。因此在提高地磁匹配导航精度的研究中，对 MSD 匹配算法进行改进过程中考虑对磁总场相邻点位作差运算后再进行匹配，差运算如式(7.6)所示。

$$\mathrm{MSD(P)}_{i,j}=\frac{1}{L}\sum_{l=1}^{L}\left[(Z_{l+1}^{\mathrm{mea}}-Z_{l}^{\mathrm{mea}})-(Z_{ij,l+1}^{\mathrm{map}}-Z_{ij,l}^{\mathrm{map}})\right]^{2} \tag{7.6}$$

改进后的 MSD 匹配算法即 MSD(P)与原始 MSD 匹配算法的匹配结果对比如图 7.10 所示。

从图 7.10 可以看出，在等级不同的噪声情况下 MSD 匹配和 MSD(P)匹配的结果不尽相同。改进后的 MSD 匹配算法的匹配结果明显优于原始的 MSD 匹配算法，误匹配现象也在大大减少。对匹配算法的匹配效果进行定量分析，MSD 与 MSD(P)匹配结果对比如表 7.9 所示。

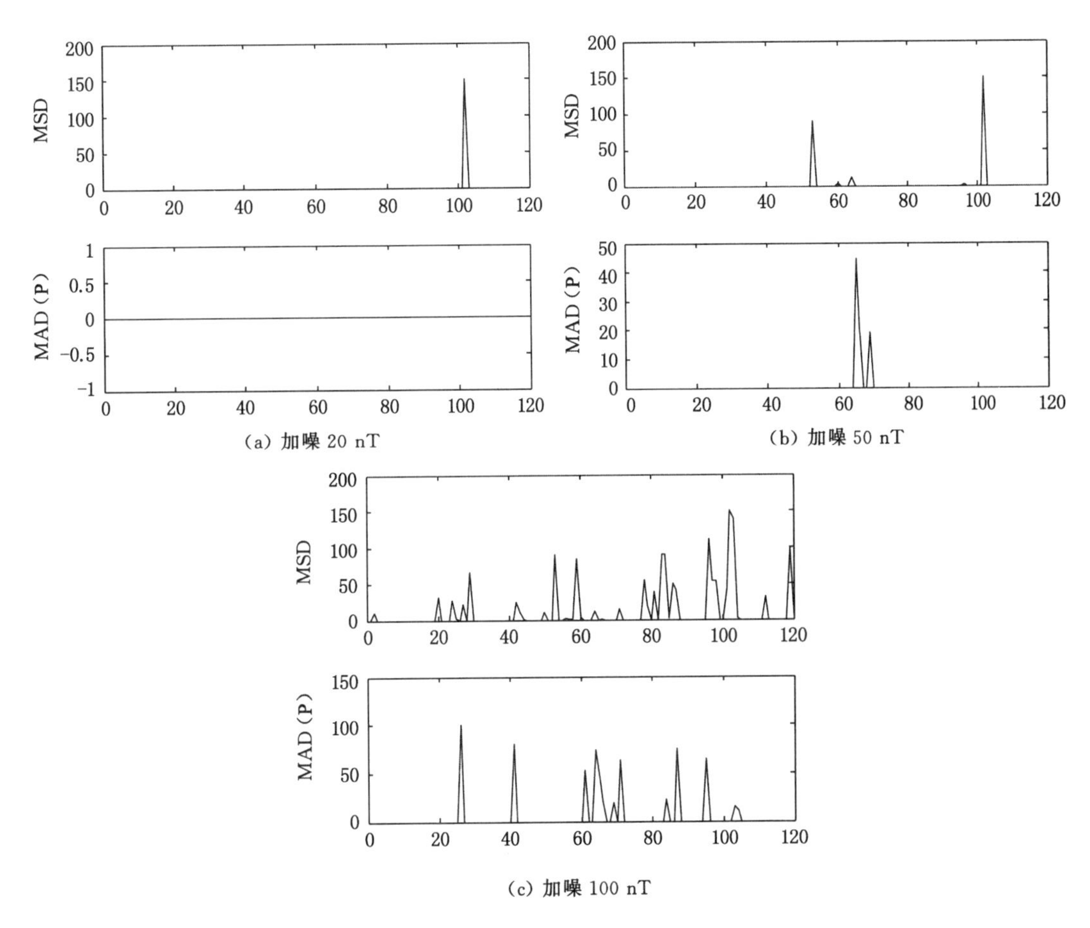


图 7.10　MSD 与 MSD(P)匹配结果对比
(各图横坐标均为匹配次数;纵坐标为各算法误差,m)

**表 7.9　MSD 与 MSD(P)匹配结果对比**

| 评价指标 | 加噪 20 nT | | 加噪 50 nT | | 加噪 100 nT | |
|---|---|---|---|---|---|---|
| | MSD | MSD(P) | MSD | MSD(P) | MSD | MSD(P) |
| 匹配时间/s | 3.05 | 3.33 | 3.54 | 3.55 | 3.66 | 3.63 |
| 匹配误差/m | 1.25 | 0 | 2.16 | 0.70 | 12.37 | 5.37 |
| 误差均方差 | 13.70 | 0 | 15.90 | 4.76 | 29.40 | 18.10 |
| 匹配概率 | 0.99 | 1.00 | 0.95 | 0.98 | 0.70 | 0.89 |

通过分析表 7.9 的匹配结果对比可以发现,随着噪声的增加,MSD(P)匹配算法的匹配概率也在逐步降低,出现了越来越多的误匹配现象,但是整体来说它还是优于 MSD 匹配算法本身的。因此改进优化后的 MSD 匹配算法即 MSD(P)匹配算法更加适用于井下区域地磁匹配。

### 7.5.2 MSD(P)匹配性能

选择五个研究区的数据进行 MSD 匹配算法以及 MSD(P)匹配算法的匹配性能检验，图 7.11 所示是 MSD、MSD(P)算法 100 nT 随机噪声下在五个研究区的匹配定位结果轨迹对比图。

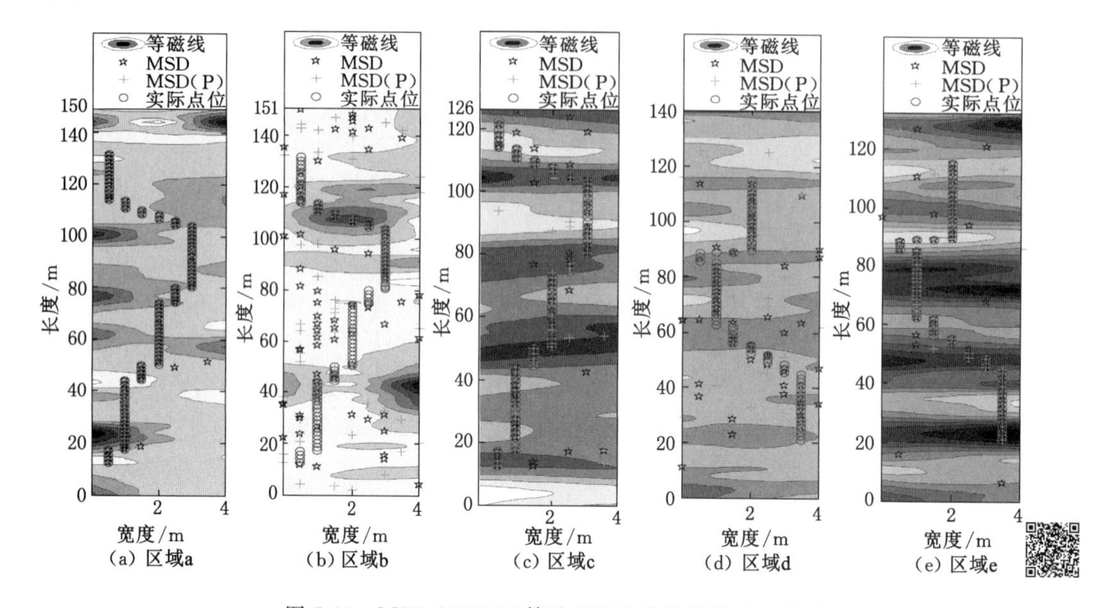


图 7.11 MSD、MSD(P)算法匹配定位结果轨迹对比图

从图 7.11 中可以看出，在地磁特征丰富程度不同的区域，地磁匹配结果有一定的差别。总体来说，匹配结果显示 MSD(P)的误匹配现象少于 MSD 匹配算法的误匹配现象，MSD(P)的估计轨迹与真实轨迹稳合度较高，将数据进行量化分析，结果如表 7.10 所示。从表 7.10 中可得，不同区域的地磁匹配概率以及匹配误差各不相同，但是无论是哪个研究区，MSD(P)的匹配结果都优于 MSD 匹配算法的匹配结果。MSD(P)的匹配概率较高，匹配误差较小，但两者的匹配时间相差无几。这说明改进后的 MSD 匹配算法能够较好地处理区域磁场噪声对地磁数据的干扰问题，有效提高了匹配精度，改进相对比较成功。

**表 7.10 不同区域 MSD 与 MSD(P)匹配结果对比**

| 区域 | 匹配概率/% | | 匹配误差/m | | 匹配时间/s | |
|---|---|---|---|---|---|---|
| | MSD | MSD(P) | MSD | MSD(P) | MSD | MSD(P) |
| a | 0.96 | 1.00 | 1.47 | 0 | 1.93 | 1.42 |
| b | 0.49 | 0.63 | 23.10 | 22.91 | 1.75 | 1.44 |
| c | 0.72 | 0.77 | 12.33 | 7.33 | 1.65 | 1.56 |
| d | 0.70 | 0.80 | 13.41 | 8.64 | 1.59 | 1.81 |
| e | 0.88 | 0.94 | 4.35 | 2.84 | 1.51 | 1.18 |

## 7.6　新型 MPMD 算法模型

### 7.6.1　相似度的数学度量

当进行两个量之间相关性匹配时，由于两个量之间存在差异，通常需要引入相似度量来定量描述两者相似程度，即相似度。相似度的数学度量有多种方法，如距离度量、向量匹配夹角度量和旋转因子度量等。从地磁匹配需要二维相似度量分析，选取了常用有欧氏距离和矩阵内积来定量描述两者的相似度。

（1）欧氏距离

两个数据之间相似度的数学度量，通常采用距离度量法，距离度量用于衡量个体在空间上存在的距离，距离越远说明个体间的差异越大。常用的度量方法有欧几里得距离、闵可夫斯基距离、曼哈顿距离，其中欧几里得距离简称欧氏距离法，是最常用的度量方法。

欧氏距离是衡量多维空间中各个点之间的绝对距离：

$$\mathrm{dist}(X,Y)=\sqrt{\sum_{i=1}^{n}(x_i-y_i)^2} \tag{7.7}$$

因为计算基于各维度特征的绝对数值，所以欧式度量需要保证各维度指标在相同的刻度级别。

（2）矩阵内积

两个向量之间相似度的计算称为向量匹配，当引到多维空间匹配时，称为矩阵匹配。矩阵内积反映了两个矩阵的夹角，表征了两个矩阵相似程度。设 $\boldsymbol{C}_{m\times n}$ 表示 $m\times n$ 矩阵空间，若 $\boldsymbol{A},\boldsymbol{B}\in\boldsymbol{C}_{m\times n}$，定义矩阵内积为：$\langle\boldsymbol{A},\boldsymbol{A}\rangle=tr(\boldsymbol{B}^{\mathrm{T}}\boldsymbol{A})$，由此内积导出的范数 $\|\boldsymbol{A}\|$ 为：

$$\|\boldsymbol{A}\|=\langle\boldsymbol{A},\boldsymbol{A}\rangle^{1/2} \tag{7.8}$$

式中　$\mathrm{tr}(\boldsymbol{X})$——矩阵 $\boldsymbol{X}$ 主对角线元素之和。

因 $\boldsymbol{A}$ 和 $\boldsymbol{B}$ 为实数矩阵，则符合柯西-施瓦茨不等式：

$$|\langle\boldsymbol{A},\boldsymbol{B}\rangle|\leqslant\|\boldsymbol{A}\|\cdot\|\boldsymbol{B}\| \tag{7.9}$$

当且仅当 $\boldsymbol{A}$ 与 $\boldsymbol{B}$ 完全线性相关时，等式 $|\langle\boldsymbol{A},\boldsymbol{B}\rangle|=\|\boldsymbol{A}\|\cdot\|\boldsymbol{B}\|$ 成立。定义下式：

$$\cos\theta=\frac{\langle\boldsymbol{A},\boldsymbol{B}\rangle}{\|\boldsymbol{A}\|\cdot\|\boldsymbol{B}\|} \tag{7.10}$$

式中　$\theta$——两个短矩阵的夹角。

$\cos\theta$ 可以作为衡量矩阵 $\boldsymbol{A}$ 和 $\boldsymbol{B}$ 相似性的依据，其值域为$[-1,1]$。若设 $r=\cos\theta$，$\theta=90^\circ$，则 $r=0$，两个矩阵没有相关性；当 $\theta=0^\circ$ 时，$r=1$，此时两个矩阵相似性最好。

### 7.6.2　新型 MPMD 匹配模型

（1）地磁二维相似度算法

井下实测地磁值矩阵是一个基于格网的多维磁数值矩阵，每一个格网点（空间点）有磁总场、磁分量 $X$、磁分量 $Y$、磁分量 $Z$4 个磁要素。在 3.3.1 节的试验结果已表明，同一个区域每个磁要素数值的变化特征差异明显，且不具有明显的相关性，为多维特征地磁匹配模型的建立提供了前提。

同一点不同特征空间有不同相似性测度，对于二维匹配，可以采用互相关、互信息的相似性测度。因此，可采用欧氏距离和夹角余弦距离的组合计算来提高算法的适应性和准确性。欧氏距离能够体现个体数值特征间的绝对差异，所以用欧氏距离计算待匹配轨迹的磁总场相似度。夹角余弦距离能够体现向量变化方向的差异，对绝对的数值不敏感，所以可用夹角余弦距离计算适配性强的磁分量的相似度。

设特征参量矩阵的磁总向量 $\boldsymbol{R}$ 和适配性强磁分量 $\boldsymbol{M}$ 的联合距离公式如下：

$$\boldsymbol{C}(i,j)=\boldsymbol{D}(\boldsymbol{R}_i,\boldsymbol{R}_j)(1-\cos\theta(\boldsymbol{M}_i,\boldsymbol{M}_j))=\boldsymbol{D}(\boldsymbol{R}_i,\boldsymbol{R}_j)\left(1-\frac{\boldsymbol{M}_i\cdot\boldsymbol{M}_j}{\|\boldsymbol{M}_i\|\cdot\|\boldsymbol{M}_j\|}\right) \tag{7.11}$$

在式(7.11)中，欧氏距离衡量的是两个轨迹各个点磁总场之间的绝对距离，数值越小，相似度越大。$\theta$ 定义为两个轨迹分量($\boldsymbol{M}$ 向量)的夹角，若设 $r=\cos\theta$，则 $\theta=90°$ 时 $r=0$，此时两个向量没有相关性；当 $\theta=0°$ 时，$r=1$，此时两个向量相似性最好。欧氏距离和夹角余弦距离的组合计算后的联合等价权距离 $C$，其数值越小，两个轨迹相似度越大。

(2) 地磁 MPMD 匹配模型

GRPM 定位原理是井下人员携带的 GRPM 定位装置接收到巷道标签的信息后，获取井下人员的粗略坐标，并以这个粗略坐标为参数调取相应区域的基准地磁图(基准磁数据)。另外，GRPM 定位装置的磁通门会记录人员通行路径的磁序列，以这个磁序列与基准磁数据进行相似度计算，从而得出井下人员所在的精确位置。根据 GRPM 定位原理，可知其数学过程包含两个，其一是巷道标签的赋值过程圈定了磁匹配的数据范围；其二是两个磁序列之间相似度计算。参考公式(7.5)建立井下二维地磁匹配 MPMD 算法，也称为磁特征参量联合距离匹配模型[168]。其数学描述见式(7.12)：

$$\begin{cases}S(i,j)=H(x,y,v,\cdots),(i,j)\in G\\ D(i,j)=\sqrt{\sum\limits_{K=1}^{L}(R_{S(i,j)}^{K}-R_{M}^{K})^2}\\ \cos\theta(i,j)=\dfrac{(M_{S(i,j)}\cdot M_M)}{\|M_{S(i,j)}\|\cdot\|M_M\|}\\ C(i,j)=D(i,j)(1-\cos\theta(i,j))\\ (a,b)=\arg_{i,j}(\min C(i,j))\\ \hat{M}=M_{S(a,b)}\end{cases} \tag{7.12}$$

式中 $H(x,y,v,\ldots)$——所在巷道射频卡信息；

$G$——射频识别圈定匹配磁数据区域；

$(i,j)$——运动物体 $S$ 的匹配初始位置；

$S(i,j)$——起点$(i,j)$的待匹配运动轨迹，由多个磁特征点顺序组成；

$R_{S(i,j)}$——待匹配轨迹的磁总场基准序列；

$R_M$——测量的磁总场序列；

$M$——三轴磁分量 $XYZ$ 中适配性最好的分量；

$M_{S(i,j)}$——待匹配轨迹的 $M$ 分量的地磁基准序列；

$M_M$——测量的 $M$ 分量地磁序列；

$D(i,j)$——磁总场的测量序列与基准序列的欧氏距离，$L$ 是匹配步长；

$\cos\theta(i,j)$——$M$ 分量的测量序列与基准序列匹配的夹角余弦；

$C(i,j)$——匹配夹角余弦与欧氏距离的积；

$M$——最优估计。

估计原则是：相关度越大，磁特征参量联合等价权距离 $C(i,j)$ 越小。$(a,b)$ 为 MPMD 最优匹配结果的起点。匹配结果通常需要 2～3 次估计并经递推检核、纠偏或补偿后才能确定。

另外，式(7.12)磁匹配的数据范围圈定借助了巷道标签的赋值区间。实际运用时可以在此基础上增加等值域等搜索条件，限定搜索空间，从而提高匹配效率。

### 7.6.3　MPMD 匹配技术流程

MPMD 匹配算法的匹配初始位置是井下人员携带定位装置阅读器通过主动射频识别，获取巷道的电子标签的 ID 信息。根据标签的 ID 信息提取对应区域的井下巷道的地形分布图层、井下巷道安装的电子标签图层和井下巷道磁场数据图层。其中，巷道磁场数据图层包含了巷道磁总场等值图，巷道对应格网点的磁总场、三轴磁分量 $XYZ$ 数据，如图 7.12 所示。

为了对比每个分量序列的磁空间分布特征，需要对三轴磁分量 $XYZ$ 进行适配性评价。提取三轴磁分量 $XYZ$ 数据，统计分量的标准差、信息熵、粗糙度、相关系数等评价指标后，运用阈值法综合对比各个分量地磁分布的独特性。选取其中适配性最强的分量作为 MPMD 模型中 $M$ 分量。MPMD 匹配算法的计算流程如图 7.12 所示。

确立匹配计算磁总向量和 $M$ 分量后，开始进行实测序列和基准序列之间相似度计算。利用遍历方法分别计算实测的磁总序列和待匹配的基准磁总序列之间的欧氏距离，同时计算实测 $M$ 分量序列和基准 $M$ 分量序列之间的向量夹角余弦。利用模型计算出所有待匹配轨迹的磁特征参量联合距离匹配，其中数值最小的即最优估计结果。运用最优估计序列的检测点位置坐标改正井下人员路径空间点起算坐标，进行一次地磁匹配的检测与验证。

### 7.6.4　MPMD 算法的参数确立

地磁匹配算法性能和匹配结果会受到不确定域大小、地磁采样频率、量化值和匹配长度的影响。由于井下匹配区域较小、井下人员行走较慢，在地磁分布特征一定的情况下，部分参数可以直接估计确定。

(1) 不确定域(匹配的搜索空间)

不确定域是指地磁匹配中的搜索范围，原则上，不确定域越大越好，大的搜索范围才能最大概率把实际测量序列包含于其中。但实际应用中，一方面，搜索范围越大，匹配算法的效率就越低，会对井下人员实时定位的导航数据处理速度产生一定的影响；另一方面，地磁场存在特征相似区域，搜索范围越大，匹配算法陷入局部极值和错误定位点的概率越大，会严重破坏井下自主定位导航的准确性。井下地磁定位采用射频识别方法来确定地磁匹配的不确定域，见图 7.13 。图中 $C1$ 为射频卡，$L$ 为标签 $C1$ 被电磁波辐射激活后的有效识别长度，$U$ 为延长地磁匹配边长，$W$ 为井下巷道的宽度。则实际匹配的不确定域 $S=W\times(L+2U)$ 。当部分巷道宽度小于 3 m 时，在井下地磁匹配时可忽略宽度影响。

(2) 网格量化值

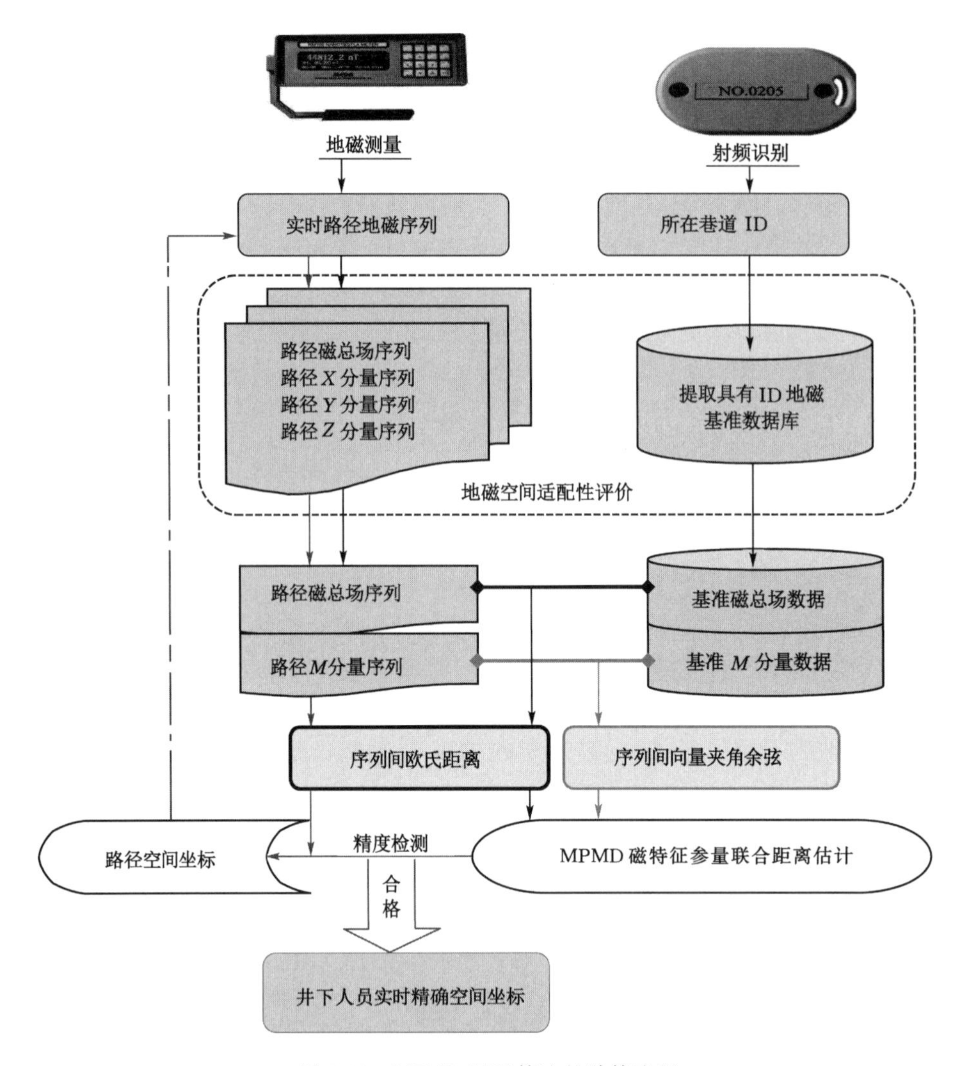


图 7.12　MPMD 匹配算法的计算流程

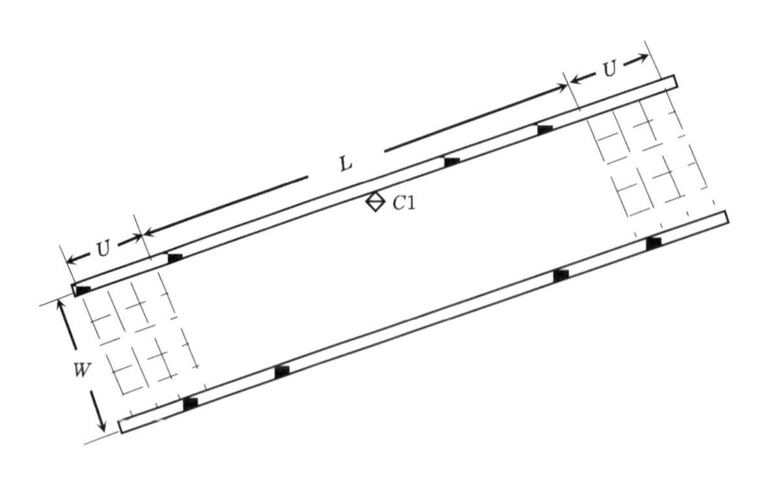


图 7.13　MPMD 地磁匹配不确定域

网格量化值又称网格间距，反映了地磁图的分辨率。首先网格量化值应与定位精度要求相适应，也就是网格量化值应小于匹配算法最小定位精度。如果井下定位要求的误差为1 m，则地磁基准图网格间距必须小于1 m。另外网格量化值应与区域地磁特征适配性相对应。试验表明，对于地磁特征变化小的区域，即使插值后得到的网格非常精细也不会提高地磁定位精度；只有当地磁特征丰富显著，一个网格的地磁差距可以达到几百纳特斯拉时，适当缩小网格量化值才有意义。

（3）采样频率

当地磁基准图网格量化值一定时，采样频率主要与井下人员的行走速度 $v$ 有关。实际情况下，井下人员行走速度会受到行走姿势和行走环境的影响，不同情况下的平均行走速度是不一样的，但行走速度一般不会超过3 m/s，见表7.11。设采样时间间隔 $\Delta t = 0.5$（s），则在一个采样周期内目标通过地磁图距离 $d = v \cdot \Delta t = 0.5v = 1.5$（m）。因此，实际采样时应1.5 m左右采样一次。

**表7.11　同等路径、不同行走姿势和行走环境下井下人员的行走速度**

| 行走姿势 | 行走速度/(m/s) | 行走环境 | 行走速度/(m/s) |
| --- | --- | --- | --- |
| 爬行 | 0.30～0.50 | 没膝水中 | 0.70 |
| 弯腰走 | 0.60 | 没腰水中 | 0.30 |
| 自由行走 | 1.33 | 熟悉黑暗中 | 0.70 |
| 小跑 | 3.00 | 陌生黑暗中 | 0.30 |

## 7.7　MPMD算法的性能检测

井下人员随身携带地磁定位装置，在自主定位的过程中，能否匹配上，匹配结果可靠性有多大，这些不仅与所在巷道地磁场的特征相关，还与匹配步长、匹配算法及地磁噪声等因素有关。试验选取巷道H-115、H-215和H-117三个试验场地开展匹配定位仿真试验。试验方案设定井下人员最大行走速度为3 m/s，地磁采样周期为1 s，虚定位阈值为5 m。选取匹配概率、匹配误差、匹配时间3个评定指标对试验结果进行综合分析[169]。

### 7.7.1　匹配步长的影响分析

匹配步长 $L$ 是指每次匹配所用的路径长度。直观上讲，在匹配算法中，一方面，匹配长度 $L$ 要选取得足够长，能够反映基准图的空间分布特性，以便在相关计算中获取唯一的最优值；另一方面，$L$ 又不能太长，以免计算量过大使累积误差引起变形，从而影响匹配性能。选取巷道H-115、H-215和H-117三个试验场地，采用MSD、MAD、MPMD算法开展匹配长度分别为0.5 m，1 m，1.5 m，2 m，2.5 m，3 m的格网点匹配试验，研究不同地磁特征情况下匹配步长对匹配结果的影响。

图7.14是在H-115、H-215和H-117三个巷道内MSD、MAD、MPMD有效匹配的匹配步长结果，从图7.14中可以看出，随着匹配步长的增大，MSD、MAD、MPMD三种算法的匹

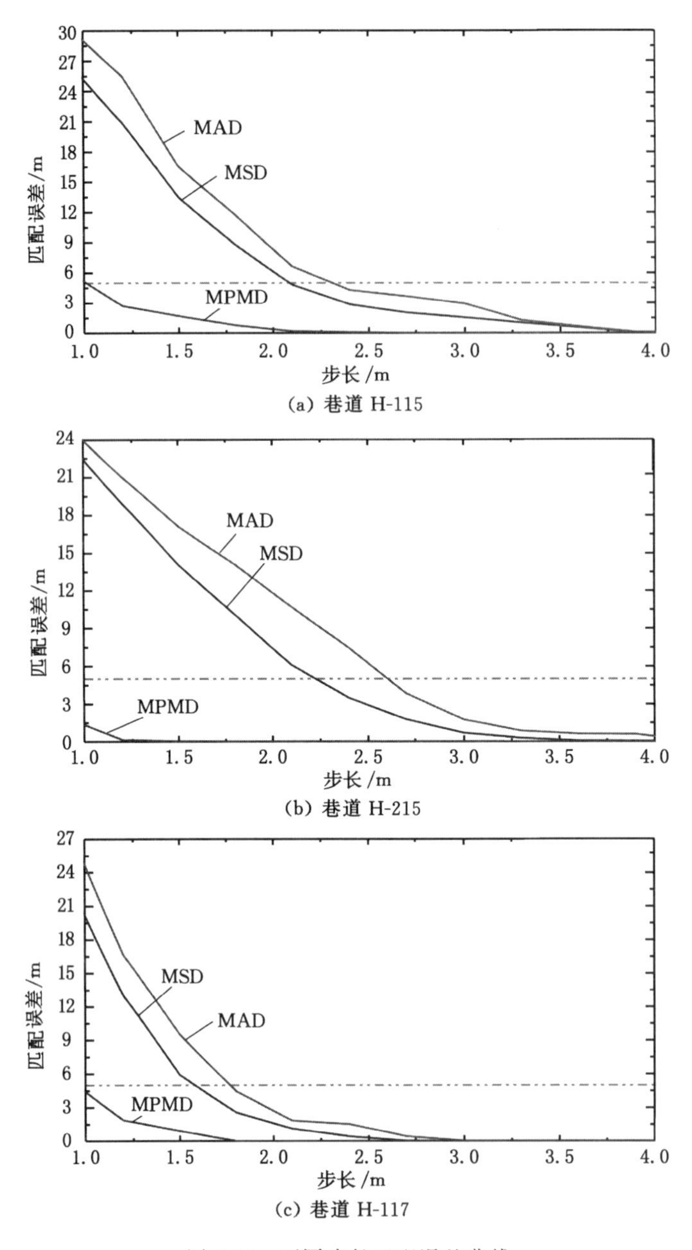


图 7.14　不同步长匹配误差曲线

配结果精度在不断提高，且当匹配步长等于 3 m 时，结果误差都能控制在虚定位 5 m 限差以内。

表 7.12 是虚定位阈值为 5 m 时，在 H-115、H-215 和 H-117 三个巷道内 MSD、MAD、MPMD 算法下的匹配步长。从表中可以得出，匹配步长与地磁分布适配性密切相关。巷道 H-117地磁特征比较丰富，其对应匹配步长数值最小，另外匹配步长与匹配算法相关。对于同一个巷道，MSD、MAD、MPMD 算法下的匹配步长数值不一样，MPMD 算法匹配步长最小。

表 7.12　不同巷道不同算法下的匹配步长

| 匹配算法 | 匹配步长 | | |
|---|---|---|---|
| | 巷道 H117 | 巷道 H115 | 巷道 H215 |
| MSD | 1.60 | 2.1 | 2.25 |
| MAD | 1.75 | 2.4 | 2.75 |
| MPMD | 0.95 | 1.0 | 0.8 |

表 7.13 是巷道 H-115 在 0.9～3 m 匹配步长下 MSD、MAD、MPMD 三种算法匹配误差。从表中可以得出，同一区域相同匹配步长下的 MPMD 算法匹配误差最小，不同的匹配步长中 MPMD 的匹配误差收敛最快。当匹配步长为 0.9 m 时，MPMD 匹配误差就达到 6.3 m，当匹配步长为 1.5 m 时，精度已达 2 m 以内，说明 MPMD 算法能在较小匹配步长情况下快速识别地磁剖面差异特征。

表 7.13　不同匹配步长和匹配算法下的匹配误差(巷道 H115)

| 匹配算法 | 匹配误差/m | | | | | | | |
|---|---|---|---|---|---|---|---|---|
| | $L=0.9$ | $L=1.2$ | $L=1.5$ | $L=1.8$ | $L=2.1$ | $L=2.4$ | $L=2.7$ | $L=3$ |
| MSD | 27.4 | 20.8 | 13.4 | 8.7 | 4.8 | 2.8 | 2.0 | 1.5 |
| MAD | 30.8 | 25.4 | 16.5 | 11.6 | 6.6 | 4.2 | 3.6 | 2.9 |
| MPMD | 6.3 | 2.7 | 1.7 | 0.7 | 0.2 | 0.1 | 0.02 | 0.01 |

### 7.7.2　算法匹配精度对比

参照地磁测量 FVM-400 磁力仪的噪声指标，说明实际地磁定位磁特征序列均含有大于 50 nT 固定噪声和 10 nT 随机噪声。选取巷道 H-115、H-215 和 H-117 为三个试验场地，采用 MSD、MAD、MPMD 匹配算法开展固定噪声为 50 nT、随机噪声为 10 nT 的地磁定位试验，研究不同地磁特征情况下三种算法的匹配精度。

表 7.14 是 MSD、MAD、MPMD 三种算法在 50 nT 常值噪声、10 nT 随机噪下的匹配定位结果，从表中可以看出，加入随机噪声后，三种算法的匹配概率均有所下降。MSD 和 MAD 匹配算法在适配性最好的巷道 H-117 的匹配概率仅能达到 70%以上，在弱匹配区巷道 H-215 的匹配概率最低(仅为 58%)，而且匹配误差都较大。MPMD 算法在三种适配条件下匹配概率均超过了 95%，匹配误差也在 1 m 以下，匹配准确度最高。

表 7.14　MSD、MAD、MPMD 算法在 50 nT 常值噪声、10 nT 随机噪下的匹配定位结果

| 巷道编号 | 匹配概率 | | | 匹配误差/m | | | 匹配时间/s | | |
|---|---|---|---|---|---|---|---|---|---|
| | MSD | MAD | MPMD | MSD | MAD | MPMD | MSD | MAD | MPMD |
| H-115 | 0.74 | 0.70 | 0.99 | 12.60 | 16.03 | 0.02 | 1.39 | 1.37 | 3.01 |
| H-215 | 0.70 | 0.58 | 0.99 | 16.22 | 20.70 | 0.18 | 1.37 | 1.10 | 2.96 |
| H-117 | 0.89 | 0.83 | 1.00 | 5.65 | 7.46 | 0.02 | 1.14 | 0.95 | 2.48 |

图 7.15 是 MSD、MAD、MPMD 算法在 50 nT 常值噪声、10 nT 随机噪声下巷道H-115、H-215 和 H-117 的匹配定位轨迹与真实轨迹对比，从图中可以看出，在地磁特征丰富的巷道 H-117 区域，三种算法的匹配定位轨迹与真实轨迹的稳合度都极好。在地磁特征贫乏的巷道 H-115、H-215 区域，MPMD 匹配定位轨迹与真实轨迹的稳合度最高，虚定位次数少，说明 MPMD 算法能够较好处理井下地磁模糊匹配的多值问题。

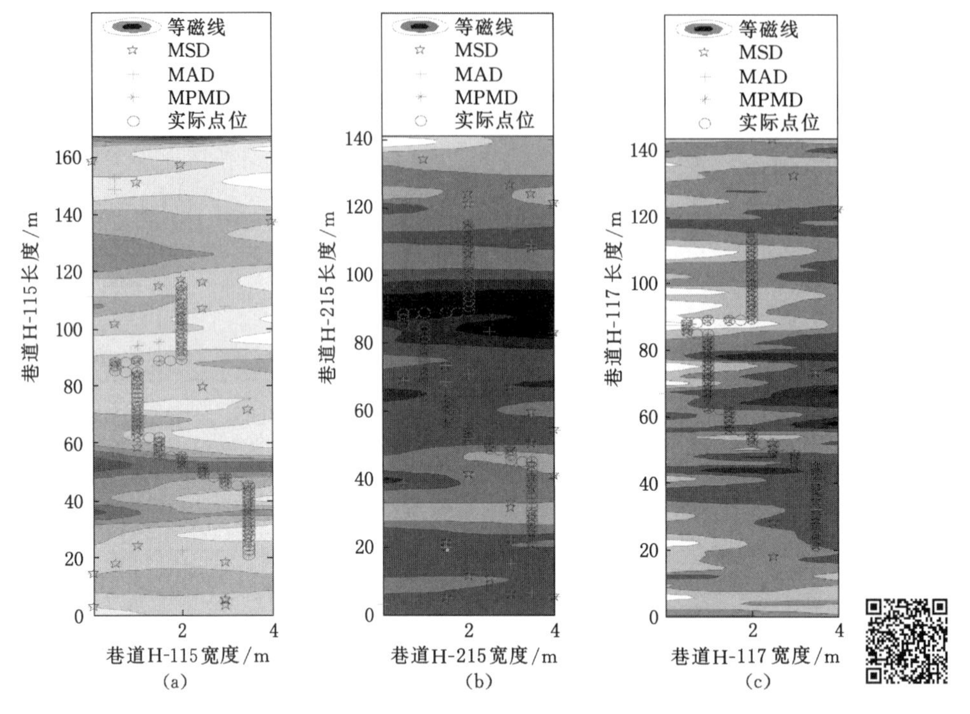


图 7.15　不同巷道在不同算法下的真实轨迹与匹配定位轨迹对比

### 7.7.3　匹配算法适应性验证

(1) 强适配区抗噪性能检测

参照地磁测量 FVM-400 磁力仪的噪声指标，选取适配性最好的巷道 H-117 在固定噪声为 200 nT 和 400 nT、随机噪声为 30 nT 的情况下进行 MSD、MAD、MPMD 三种算法匹配试验，研究三种算法抗噪性能。

图 7.16 是 MSD、MAD、MPMD 三种算法在巷道 H-117 200 nT 固定噪声和 30 nT 随机噪声下匹配定位试验的匹配误差曲线，其中基准数据的固定噪声为 200 nT，随机噪声为 30 nT，图中横坐标“匹配次数”对应着匹配点在匹配序列中的排序。图 7.17 是固定噪声为 400 nT，随机噪声为 30 nT 情况下的匹配结果的误差曲线。由图 7.16、图 7.17 可以看出，当加入一定水平的噪声时，MSD 和 MAD 匹配结果出现了大量虚定位，匹配概率均低于了 40%，而 MPMD 算法的匹配结果基本无误差，匹配概率均达到了 95%以上，抗噪性能明显，详见表 7.15。

(2) 弱适配区抗噪性能检测

在弱适配条件巷道 H-215 开展 200 nT 固定噪声、30 nT 随机噪声情况下的匹配试验，研究 MPMD 算法对地磁特征变化的适应性。在适配性最差的巷道 H-215 开展 200 nT、400 nT、600 nT 固定噪声以及 30 nT 随机噪声情况下的匹配试验，检测 MPMD 算法高噪声干扰的匹配精度。

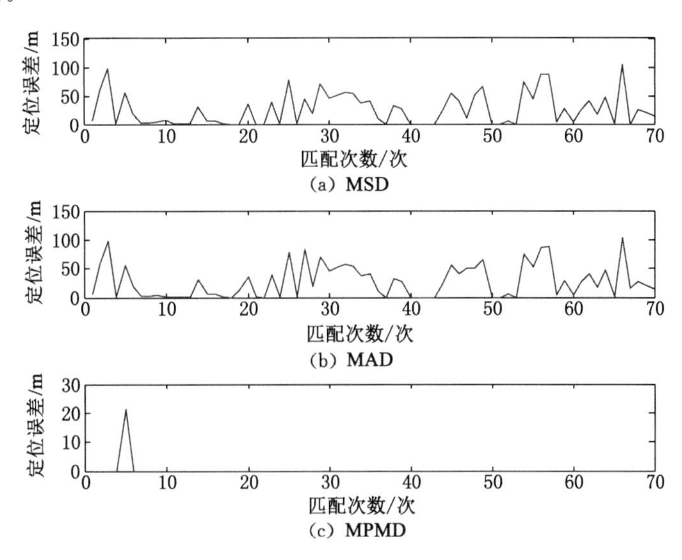


图7.16　MSD、MAD与MPMD算法在巷道H-117 200 nT固定噪声和30 nT随机噪声下的匹配误差曲线

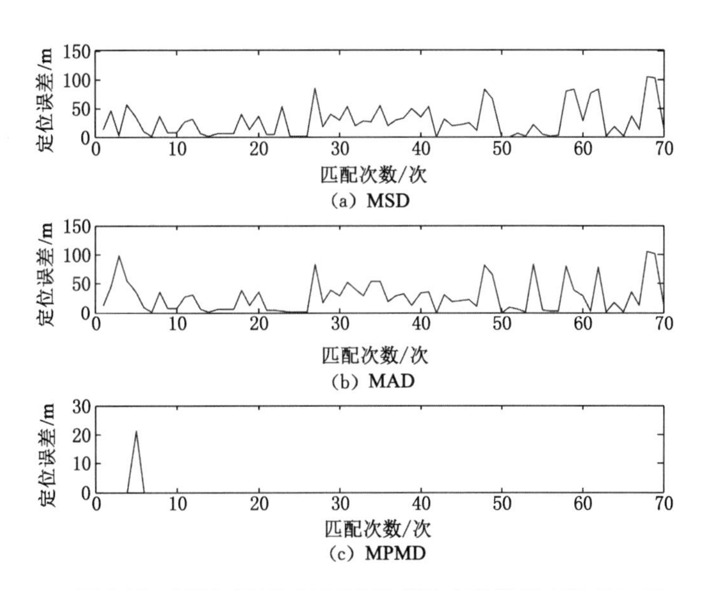


图7.17　MSD、MAD与MPMD算法在巷道H-117 400 nT固定噪声和30 nT随机噪声下的匹配误差曲线

**表7.15　巷道H-117在不同噪声组合下的匹配结果**

| 匹配方法 | (200 nT+30 nT)噪声 | | | (400 nT+30 nT)噪声 | | |
|---|---|---|---|---|---|---|
| | 匹配概率 | 匹配误差/m | 匹配时长/s | 匹配概率 | 匹配误差/m | 匹配时长/s |
| MSD | 0.39 | 25.93 | 1.53 | 0.24 | 27.56 | 1.15 |
| MAD | 0.36 | 27.04 | 1.04 | 0.24 | 27.41 | 0.94 |
| MPMD | 0.99 | 0.16 | 2.61 | 0.98 | 0.30 | 2.55 |

图 7.18 是在适配性能弱的 H-215 巷道内，分别加入 200 nT、400 nT 和 600 nT 的固定噪声和 30 nT 随机噪声后，开展匹配定位试验的匹配结果的误差曲线。由该图可以看出，当加入幅值为 200 nT、400 nT 和 600 nT 的固定噪声时，MPMD 匹配的总体效果仍然较好，匹配概率仍然达到了 90%以上。随加入的固定噪声和随机噪声数值的增大，匹配结果出现虚定位的次数明显增多，匹配误差明显增大，达到了 3.41 m。但是整体精度仍然较高，见表 7.16。

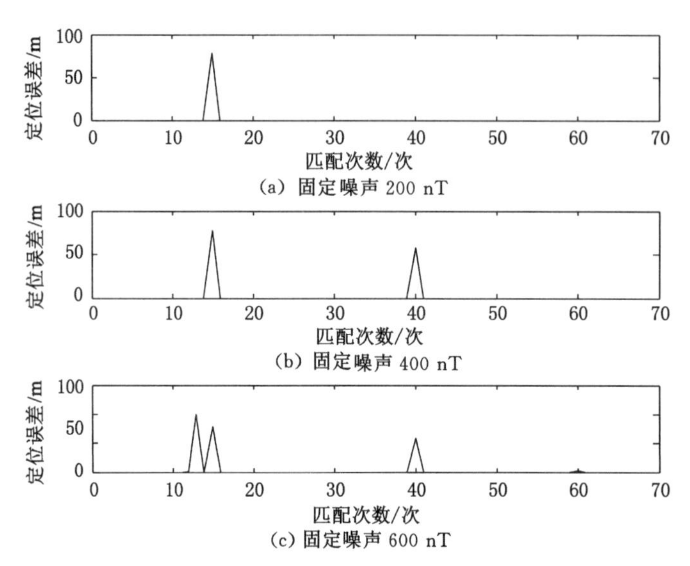


图 7.18 巷道 H-215 不同噪声水平的匹配误差曲线

**表 7.16 巷道 H-215 不同噪声水平的匹配结果对比**

| 固定噪声/nT | 评价指标 | | |
|---|---|---|---|
| | 匹配概率 | 匹配误差/m | 匹配时间/s |
| 200 | 0.98 | 1.11 | 3.04 |
| 400 | 0.95 | 2.09 | 3.09 |
| 600 | 0.94 | 3.41 | 3.08 |

针对井下地磁定位需要和地磁空间分布的特点，采用向量积最小的估计法则，提出了一种二维磁特征参量联合距离的相关匹配 MPMD 模型。试验分别从井下地磁定位匹配步长、匹配精度和抗噪性能角度，采用匹配概率、匹配误差、匹配时间指标分析了 MSD、MAD、MPMD 三种算法匹配结果。发现在相同精度下，MPMD 算法匹配步长小，收敛快，匹配精度高，能够适应井下地磁变化特征复杂的情况，同时高噪声水平下匹配精度高，总体匹配的鲁棒性强，能够满足井下地磁匹配定位需求。但是算法仍然需要改进，MPMD 匹配耗时是 MSD、MAD 算法的 2 倍多，需要从地磁定位的搜索空间、搜索策略等方面进一步改进，从而提高地磁匹配计算速度。

# 第 8 章　结论与展望

## 8.1 结　　论

地磁匹配与射频组合 GRPM 定位方法是现有井下定位技术的有益补足，能够一定程度提高应急救援定位的主动性，对矿山物联网定位、人员智能化避险和井下救援有着十分重要的意义。本书建立了 GRPM 定位的基本框架，并重点研究了井下地磁场变化和扰动特点、井下地磁图适配性评价、实时磁数据降噪和增强处理及匹配定位算法分析的综合仿真试验。本书的研究内容及相关结论可以总结如下。

(1) 构建了 GRPM 定位方法的基本框架。从井下人员主动式定位的角度，明确了 GRPM 定位原理，包含 GRPM 硬件安装、地磁基准库建立、标签粗略定位、地磁精确匹配 4 个基础步骤，并建立了标签粗略定位和地磁精确匹配的数学模型。按照传感器、信息采集、数据库和服务应用 4 个层次设计了 GRPM 定位原形系统的整体架构，设计了 GRPM 定位与现有定位方法的数据传输和协同定位的方式。

(2) 研究了井下地磁场变化与扰动规律。通过楼道、地面及井下地磁测量试验研究和数值分析，研究表明井下巷道磁异常是天然磁异常与巷道混凝土、支护钢筋等材料产生的磁异常的叠加；同一个巷道内空间点的磁总场、三轴磁分量 $XYZ$ 不是常数，会随着空间点位、时域变化和周围设备工作状态而发生波动；井下监测点一个太阳日内数值波动一般不大于 40 nT，不同太阳日的地磁值波动主要集中在 －200～200 nT 之间；井下人员行走、交通运输、机电设施工作会对附近监测点产生短时间的磁扰动，数值从几十纳特到上千纳特之间，采用中值滤波在一定程度上可去除短时间内扰动的强噪声。

(3) 优化了井下地磁图的适配性评价方法。在原有区域地磁图宏观特征、微观特征及相似特征的基础上，引入变异系数和粗糙方差比特征指标，建立了井下地磁图适配特征的指标体系。对于交集适配性阈值不确定的问题，分别从特征优选、地磁特征规范化处理、熵值定权和联合评价等方面优化了评价模型，建立了基于回归分析的多因子联合评价模型。适配性评价试验结果表明，改进了的基于回归分析的多因子联合评价模型的总体准确率达到了 80%，评价效果较好。

(4) 研究了实测磁力仪测量磁场值时间、周边环境等诸多因素的扰动影响。针对实测磁测量值噪声可以采用空域、频域等多种方法进行消除或减弱，主要应用中值滤波、傅里叶变换及小波变换对磁数据进行降噪试验。并结合 Laplace 算子构建了 CEA 卷积磁特征增强算法，用于匹配序列和地磁图的地磁空间特征去噪及增强处理。

(5) 建立了井下 MPMD 地磁匹配的算法模型。针对常用 MSD、MAD 匹配算法抗噪声性能差的缺点，建立了一种地磁空间向量积的最优估计的匹配模型（MPMD 算法），开展了算法匹配定位的适应性仿真试验，从匹配精度、匹配速度和鲁棒性方面检测了 MPMD 算法的性能。研究表明，在 MSD、MAD 与 MPMD 算法精度对比试验中，MPMD 算法匹配步长小，收敛快，能够适应井下地磁变化特征复杂的情况；在 200 nT、400 nT 和 600 nT 高噪声的磁扰动情况下，MPMD 匹配总体效果较好，匹配概率达到 90％以上，匹配的鲁棒性最强，能够满足井下地磁匹配定位需求。

## 8.2 展　　望

GRPM 定位技术是多学科多领域的交叉问题，属于前沿、新兴的定位技术。其研究内容涉及井下工程的地磁空间分布特征、地磁匹配模型、动态搜索策略、地磁扰动规律、定位数据传输与融合、应急地磁定位影响因子、GRPM 定位装置设计等多个方面，本文仅从井下工程地磁空间分布、扰动规律和地磁匹配模型等方面展开了研究。GRPM 实际定位过程会受多种因素的综合影响，后续还需要进一步开展相关基础理论研究。例如，GRPM 定位方法适用性问题研究，哪种类型矿山、哪些类型的巷道可以采用 GRPM 定位方法？如何解决 GRPM 装置传感器集成化和井下防爆安全设计问题，尤其是防爆壳体的磁干扰设计问题，从而使 GRPM 装置既能够安全应用于井下危险环境，又可产生较小磁扰动。另外，GRPM 软件视觉传感器、磁传感器和射频识别传感器的硬件增稳设计、信息采集与处理平台研发等都需要开展系统研究。

# 参考文献

[1] 韩东升,杨维,刘洋,等.煤矿井下基于RSSI的加权质心定位算法[J].煤炭学报,2013,38(3):522-528.

[2] 田丰,秦涛,刘华艳,等.煤矿井下线型无线传感器网络节点定位算法[J].煤炭学报,2010,35(10):1760-1764.

[3] 冯庆奇,王宇,汤建勋,等.激光捷联惯导系统的矿山井下定位技术研究[J].西部探矿工程,2010,22(5):118-120.

[4] 张鹤丹.基于WiFi技术的井下人员定位系统研究[D].西安:西安建筑科技大学,2013.

[5] 郭京京.基于RFID与ZIGBEE技术的井下作业定位系统的研究[D].成都:成都理工大学,2014.

[6] 汪金花.地磁与RFID射频结合井下定位方法.中国专利:ZL201610401387.0[P].2016-07-22.

[7] 潘爵雨.基于RFID的室内定位技术及其应用研究[D].广州:华南理工大学,2012.

[8] 柳权.超高频RFID标签受环境影响研究[D].长沙:湖南大学,2011.

[9] SUKSAKULCHAI S,THONGCHAI S,WILKES D M,et al.Mobile robot localization using an electronic compass for corridor environment[C]//IEEE. 2000 IEEE International Conference on Systems,Man and Cybernetics,2000:3354-3359.

[10] HALLBERG J,NILSSON M,SYNNES K.Positioning with bluetooth[C]//10th International Conference on Telecommunications,Papeete,France,2003:954-958.

[11] 范准.室内无源RFID定位技术研究[D].武汉:华中科技大学,2014.

[12] BILKE A,SIECK J.Using the magnetic field for indoor localisation on a mobile phone[M].[S.l.:s.n.],2013.

[13] ROUGER P.Guidance and control of artillery projectiles with magnetic sensors[C]//45th AIAA Aerospace Sciences Meeting and Exhibit,2007,Reno,Nevada. Reston,Virginia:AIAA,2007:1203-1206.

[14] 刘勇,罗宇锋,王红旗,等.一种新型井下人员组合定位系统设计[J].工矿自动化,2014,40(2):11-15.

[15] 雷杏,黄俊,廖志鹏.基于RFID的煤矿安全监控系统设计与实现[J].电子技术应用,2012,38(8):16-19.

[16] 郭文亮.基于ZigBee的煤矿监测系统的研究[J].煤矿机械,2015,36(12):273-275.

[17] 朱恒军,黄宝杰,梁红,等.基于ZigBee的矿井人员定位优化方法研究[J].计算机仿真,2015,32(11):311-314.

[18] 植宇,潘理虎,杨晓梅,等.基于ZigBee技术的孤立点入网算法研究[J].计算机应用研

究,2016,33(1):189-193.

[19] 张鹤丹.基于WiFi技术的井下人员定位系统研究[D].西安:西安建筑科技大学,2013.

[20] PENG R,SICHITIU M L.Probabilistic localization for outdoor wireless sensor networks[J].ACM SIGMOBILE Mobile Computing and Communications Review,2007,11(1):53-64.

[21] 代森.基于超声波室内定位系统的设计与实现[D].成都:西南交通大学,2017.

[22] 苏松,胡引翠,卢光耀,等.低功耗蓝牙手机终端室内定位方法[J].测绘通报,2015(12):81-84,97.

[23] 徐巧勇,陈浩珉,王宗欣.DS-UWB定位系统传输时延估计[J].复旦学报(自然科学版),2004,43(1):92-96.

[24] 王波.浅谈UWB定位技术[J].中国新技术新产品,2011(23):47.

[25] 刘涓,郑继禹,王玫,等.一种基于TDOA的多点协同UWB定位系统[J].桂林电子工业学院学报,2004(6):1-4.

[26] 陈继方,何美香,黄晓冬.对煤矿紧急避险系统建设方案三个文件的解读[J].煤炭工程,2014,46(11):1-3.

[27] GOLDENBERG F.Geomagnetic navigation beyond the magnetic compass[C]//2006 IEEE/ION Position, Location, and Navigation Symposium. Coronado, CA, USA. [S.l.]:IEEE,2006:684-694.

[28] KATO N,SHIGETOMI T.Underwater navigation for long-range autonomous underwater vehicles using geomagnetic and bathymetric information[J]. Advanced Robotics, 2009, 23(7/8):787-803.

[29] DI MASSA D E,STEWART WK.Terrain-relative navigation for autonomous underwater vehicles[C]//Oceans'97.MTS/IEEE Conference Proceedings. Halifax, NS, Canada.[S.l.]:IEEE:541-546.

[30] 寇义民.地磁导航关键技术研究[D].哈尔滨:哈尔滨工业大学,2010.

[31] WANG X L,ZHANG Q,LI H N.An autonomous navigation scheme based on starlight,geomagnetic and gyros with information fusion for small satellites[J]. Acta Astronautica,2014,94(2):708-717.

[32] SONG Z G,ZHANG J S,ZHU W Q,et al. The vector matching method in geomagnetic aiding navigation[J].Sensors,2016,16(7):1120.

[33] 黄黎平.惯性/地磁组合导航匹配算法研究[D].哈尔滨:哈尔滨工业大学,2017.

[34] WANGQ,ZHOUJ.Simultaneous localization and mapping method for geomagnetic aided navigation[J].Optik,2018,171:437-445.

[35] LEE T L, WU C J.Fuzzy motion planning of mobile robots in unknown environments[J]. Journal of Intelligent and Robotic Systems: Theory and Applications, 2003, 37(2):177-191.

[36] KING T,LEMELSON H,FARBER A,et al.BluePos:positioning with bluetooth[C]//2009 IEEE International Symposium on Intelligent Signal Processing.

Budapest,Hungary.[S.l.]:IEEE:55-60.

[37] XIE H W,GU T,TAO X P,et al.A reliability-augmented particle filter for magnetic fingerprinting based indoor localization on smartphone[J].IEEE Transactions on Mobile Computing,2016,15(8):1877-1892.

[38] BASTERRETXEA-IRIBAR I,SOTÉSI,URIARTE J I.Towards an improvement of magnetic compass accuracy and adjustment[J].Journal of Navigation,2016,69(6):1325-1340.

[39] PENG F Q.Geomagnetic model and geomagnetic navigation[J]. Hy-drographic Surveying and Charting,2006,26(2):73-75.

[40] 赵捍东,李志鹏,王芳.基于惯性/地磁的弹体组合测姿方法[J].探测与控制学报,2016,38(3):47-51.

[41] 杨梦雨,管雪元,李文胜.基于MEMS/GPS/地磁组合的弹体姿态解算[J].电子测量技术,2017,40(4):60-63.

[42] 靳宇航,王海涌,刘涛,等.一种导弹捷联惯导/地磁/雷达高度表组合导航方法[J].导航与控制,2018,17(6):54-60.

[43] 袁丹丹,李新华,易文俊,等.基于GPS/地磁组合弹体滚转姿态测量方法[J].系统工程与电子技术,2018,40(11):2512-2518.

[44] 李孟洋.基于NN-CKF的惯性/地磁组合导航技术研究[D].哈尔滨:哈尔滨工程大学,2017.

[45] 葛锡云,申高展,潘琼文,等.基于惯性导航/地磁的水下潜器组合导航定位方法[J].舰船科学技术,2014,36(11):120-124.

[46] 乔楠,王立辉,孙德胜,等.粒子群算法在惯性/地磁组合导航航迹规划中的应用[J].中国惯性技术学报,2018,26(6):787-791.

[47] 丁柏超,全伟,杨旭.惯性/地磁组合导航智能分段融合方法[J].导航定位学报,2017,5(4):1-5.

[48] 刘义,王玲,朱龙永,等.SINS/GPS/地磁组合导航系统的研究[J].工具技术,2016,50(6):21-23.

[49] 朱龙永,华宇宁,李东辉,等.改进的UKF在SINS/GPS/地磁组合导航中的应用[J].成组技术与生产现代化,2015,32(3):59-62.

[50] 赵建虎,王胜平,王爱学.基于地磁共生矩阵的水下地磁导航适配区选择[J].武汉大学学报·信息科学版,2011,36(4):446-449.

[51] 朱占龙,单友东,杨翼,等.基于新息正交性自适应滤波的惯性/地磁组合导航方法[J].中国惯性技术学报,2015,23(1):66-70.

[52] HUANG Y, HAO Y L. Method of separating dipole magnetic anomaly from geomagnetic field and application in underwater vehicle localization[C]//The 2010 IEEE International Conference on Information and Automation. Harbin, China.[S.l.]:IEEE,2010:1357-1362.

[53] 刘颖,曹聚亮,吴美平.无人机地磁辅助定位及组合导航技术研究[M].北京:国防工业出版社,2016.

[54] 戎海龙,彭翠云.一种适用于惯性-地磁组合的自适应卡尔曼算法[J].计算机工程与应用,2018,54(3):57-63.
[55] 汪金花,李卫强,陈晓停,等.井下GRPM定位研究与地磁匹配的仿真试验[J].煤炭学报,2018,43(S1):338-343.
[56] 顾青涛,孙书良.基于WiFi和地磁组合的网络化定位系统设计[J].无线电工程,2018,48(8):655-660.
[57] 蔡劲,蔡成林,张首刚,等.GNSS/地磁组合的室内外无缝定位平滑过渡方法[J].测绘通报,2018(2):30-34.
[58] 李思民,蔡成林,王亚娜,等.基于地磁指纹和PDR融合的手机室内定位系统[J].传感技术学报,2018,31(1):36-42.
[59] 黄鹤,仇凯悦,李维,等.基于粒子滤波联合算法的地磁室内定位[J].西南交通大学学报,2019,54(3):604-610.
[60] 姜竹青.自主导航中滤波算法的研究及应用[D].北京:北京邮电大学,2014.
[61] SEONG J H,SEO D H.Real-time recursive fingerprint radio map creation algorithm combining Wi-Fi and geomagnetism[J].Sensors (Basel, Switzerland),2018,18(10):E3390.
[62] 郭鹏杰.基于地磁导航的智能小车研制[D].上海:东华大学,2016.
[63] 喻文举.基于智能手机的室内定位技术研究[D].长春:长春工业大学,2018.
[64] 常坤.基于粒子滤波算法的地磁室内定位实现[D].北京:北京建筑大学,2016.
[65] LI Y,ZHUANG Y,LAN H Y,et al.A hybrid WiFi/magnetic matching/PDR approach for indoor navigation with smartphone sensors[J].IEEE Communications Letters,2016,20(1):169-172.
[66] 张文杰.基于RFID和地磁场联合的室内定位技术研究[D].南京:南京邮电大学,2015.
[67] 余秋星.一种基于地磁强度特征的室内定位方法[J].中国新通信,2014,16(23):19-21.
[68] ZERBO J L,AMORY-MAZAUDIER C,OUATTARA F.Geomagnetism during solar cycle 23:characteristics[J].Journal of Advanced Research,2013,4(3):265-274.
[69] 胡久常.地磁日变幅的时空变化[J].地震地磁观测与研究,1992,13(3):73-77.
[70] 祁贵仲.局部地区地磁日变分析方法及中国地区 $S_q$ 场的经度效应[J].地球物理学报,1975,18(2):104-117.
[71] HERVÉG,PERRINM,ALVA-VALDIVIAL,et al.Critical analysis of the Holocene palaeointensity database in Central America:impact on geomagnetic modelling[J].Physics of the Earth and Planetary Interiors,2019,289:1-10.
[72] KIM J H,CHANG H Y.Geomagnetic field variations observed by INTERMAGNET during 4 total solar eclipses[J].Journal of Atmospheric and Solar-Terrestrial Physics,2018,172:107-116.
[73] 刘二小,胡红桥,刘瑞源,等.中山站高频雷达回波的日变化特征及地磁活动的影响[J].地球物理学报,2012,55(9):3066-3076.

[74] 顾春雷,张毅,徐如刚,等.基于虚拟日变台进行地磁矢量数据日变通化方法[J].地球物理学报,2013,56(3):834-841.

[75] 陈斌,顾左文,高金田,等.中国地区地磁长期变化研究[J].地球物理学报,2010,53(9):2144-2154.

[76] PIETRELLA M.Short-term forecasting regional model to predict M(3000)$F_2$ over the European sector:comparisons with the IRI model during moderate,disturbed,and very disturbed geomagnetic conditions[J].Advances in Space Research,2014,54(2):133-149.

[77] 董博,纪春玲,张环曦,等.河北地区近年地磁场变化特征[J].华北地震科学,2017,35(4):22-28.

[78] 安柏林,康国发.基于CHAOS-5模型研究中国大陆地区地磁场长期变化[J].云南大学学报(自然科学版),2017,39(5):789-797.

[79] 罗小荧,康国发,高国明,等.地磁活动指数与太阳活动的小波分析[J].云南大学学报(自然科学版),2014,36(4):524-529.

[80] 汪金花,郭云飞,张博,等.井下小区域地磁数值的时域变化与波动分析[J].云南大学学报(自然科学版),2018,40(3):483-490.

[81] 郑梦含.基于地磁敏感度的室内定位算法的研究[D].抚州:东华理工大学,2017.

[82] 蔡成林,曹振强,张炘,等.室内地磁基准图构建的优化算法研究[J].大地测量与地球动力学,2017,37(6):647-650.

[83] 黄鹤,赵焰,王春来,等.地磁室内定位基准图数据采集系统设计[J].测绘通报,2017(2):54-59.

[84] 康瑞清.建筑物内复杂环境下的地磁场定位导航研究[D].北京:北京科技大学,2016.

[85] 喻佳宝.基于智能手机的室内地磁定位方法研究[D].深圳:深圳大学,2017.

[86] AKAI N,OZAKI K.Gaussian processes for magnetic map-based localization in large-scale indoor environments[C]//2015 IEEE/RSJ International Conference on Intelligent Robots and Systems (IROS).Hamburg,Germany.[S.l.]:IEEE,2015:4459-4464.

[87] 毛君,钟声,马英.基于模糊AKF地磁辅助导航的采煤机定位方法[J].传感器与微系统,2018,37(3):48-50.

[88] 谢凡,滕云田,胡星星,等.地磁台站的城市轨道交通干扰的小波抑制方法研究:以天津轨道交通干扰为例[J].地球物理学报,2011,54(10):2698-2707.

[89] 赵学敏.环境干扰对地磁观测影响的试验[J].地震地磁观测与研究,1988,9(1):44-54.

[90] 康瑞清,张朝晖,孙冰.经验模态分解在地磁匹配导航中的研究[J].电子科技大学学报,2015,44(6):858-862.

[91] WANG E L,WANG M,MENG Z B,et al.A study of WiFi-aided magnetic matching indoor positioning algorithm[J].Journal of Computer and Communications,2017,5(3):91-101.

[92] 冯浩,晏磊,张飞舟,刘光军,邓中亮.基于辅助惯性导航的数据地图特征分析[J].北

京邮电大学学报,2004,27(4):23-27.
[93] 杨勇,王可东,吴镇,等.不同参数对地形等值线匹配算法精度影响的评估分析[J].航空学报,2010,31(5):996-1003.
[94] 李俊,杨新,朱菊华,等.一种选择适配区的算法[J].数据采集与处理,2000,15(4):495-499.
[95] 周贤高,李士心,杨建林,等.地磁匹配导航中的特征区域选取[J].中国惯性技术学报,2008,16(6):694-698.
[96] 刘玉霞,周军,葛致磊.基于投影寻踪的地磁匹配区选取方法[J].宇航学报,2010,31(12):2677-2682.
[97] 王哲,王仕成,张金生,等.一种基于层次分析法的地磁匹配制导适配性评价方法[J].宇航学报,2009,30(5):1871-1878.
[98] 刘扬,赵峰伟,金善良.景象匹配区选择方法研究[J].红外与激光工程,2001,30(3):168-170.
[99] 冯庆堂.地形匹配新方法及其环境适应性研究[D].长沙:国防科学技术大学,2004.
[100] 林沂,晏磊,童庆禧.针对水下辅助导航相关匹配算法的特征区最优航迹规划[J].吉林大学学报(工学版),2008,38(2):439-443.
[101] 赵建虎,王胜平,王爱学.基于地磁共生矩阵的水下地磁导航适配区选择[J].武汉大学学报・信息科学版,2011,36(4):446-449.
[102] 朱华勇,沈林成,常文森.基于地形差分矩的 TERCOM 地图性能估计[J].国防科技大学学报,2000,22(4):98-101.
[103] 王哲,王仕成,张金生,等.一种地磁匹配制导适配性特征参数选取方法[J].宇航学报,2009,30(3):1057-1063.
[104] WANG P,HU X P,WU M P.A hierarchical decision-making scheme for directional matching suitability analysis in geomagnetic aided navigation[J].Proceedings of the Institution of Mechanical Engineers,Part G:Journal of Aerospace Engineering,2014,228(10):1815-1830.
[105] 徐晓苏,汤郡郡,张涛,等.基于熵值法赋权灰色关联决策的地形辅助导航适配区选择[J].中国惯性技术学报,2015,23(2):201-206.
[106] 张凯,赵建虎,施闯,等.BP 神经网络用于水下地形适配区划分的方法研究[J].武汉大学学报(信息科学版),2013,38(1):56-59.
[107] 罗海波,常铮,余新荣,等.采用多特征融合的自动适配区选择方法[J].红外与激光工程,2011,40(10):2037-2041.
[108] 陈有荣,袁建平.基于分形维数的地磁图适配性研究[J].飞行力学,2009,27(6):76-79.
[109] 焦巍,刘光斌,张金生,等.基于免疫粒子群算法的地磁特征区域选择[J].宇航学报,2010,31(6):1547-1551.
[110] 吴凤贺,张琦,潘孟春,等.基于 ICCP 的地磁矢量匹配算法研究[J].中国测试,2018,44(2):103-107.
[111] 赵建虎,王胜平,王爱学.一种改进型 TERCOM 水下地磁匹配导航算法[J].武汉大

学学报(信息科学版),2009,34(11):1320-1323.
[112] 吕云霄,陈庆作,张维娜,等.基于地磁信号特征的频域相关地磁匹配算法[J].中国惯性技术学报,2010,18(5):580-584.
[113] 胡晓.水下导航系统的地磁匹配算法研究[D].泰安:山东农业大学,2011.
[114] 贾磊,王跃钢,单斌,等.基于增强型 MAD 单特征量地磁匹配导航算法[J].现代防御技术,2012,40(1):90-94.
[115] 刘颖,吴美平,胡小平,等.基于等值线约束的地磁匹配方法[J].空间科学学报,2007,27(6):505-511.
[116] 郭庆,魏瑞轩,胡明朗,等.地磁匹配双等值线算法仿真研究[J].系统仿真学报,2010,22(7):1576-1579.
[117] 王闯,贺莹,张妍典.一种基于 MAD 的地磁匹配导航方法[J].微型机与应用,2017,36(23):84-85.
[118] 朱占龙.惯性/地磁匹配组合导航相关技术研究[D].南京:东南大学,2015.
[119] 石志勇,许杨,王毅,等.基于熵的地磁匹配定位算法[J].火力与指挥控制,2010,35(10):8-10.
[120] 解伟男,李清华,奚伯齐,等.基于仿射参数估计的地磁匹配导航算法[J].哈尔滨工程大学学报,2018,39(8):1363-1368.
[121] 肖晶,齐晓慧,段修生.一种改进的地磁平缓区的地磁匹配算法[J].火力与指挥控制,2017,42(9):133-136.
[122] 余超,郭庆,谢文俊,等.地磁导航基于方向可变滑动窗口快速匹配方法[J].计算机仿真,2015,32(3):86-89.
[123] 李婷,张金生,王仕成,等.量子粒子群算法在地磁匹配航迹规划中的应用[J].电光与控制,2015,22(7):43-47.
[124] 王跃钢,贾磊,单斌,等.自适应 SA-ACO 地磁匹配导航算法[J].中国惯性技术学报,2014,22(1):89-93.
[125] 朱占龙,杨功流,王艳永,等.一种基于自适应遗传搜索策略的地磁匹配算法研究[J].测控技术,2014,33(6):146-149.
[126] BEUKERS J M.A review and applications of VLF and LF transmissions for navigation and tracking[J].Navigation,1974,21(2):117-133.
[127] WANG G H,SUN X F,ZHANG L P,et al.Saturation attack based route planning and threat avoidance algorithm for cruise missiles[J]. Journal of Systems Engineering and Electronics,2011,22(6):948-953.
[128] WANG Y,ZHANG J Y,ZHANG D W.Error analysis and algorithm validation of geomagnetic sensor[J].Applied Mechanics and Materials,2015,742:21-26.
[129] 周军,葛致磊,施桂国,等.地磁导航发展与关键技术[J].宇航学报,2008,29(5):1467-1472.
[130] WU J H,LI H,LI H X.3-D interactive simulation of magnetic compass adjustment based on VRML[J].Advanced Materials Research,2010,156/157:211-216.
[131] GUO Z D,LUAN L Y,ZHU H,et al.Geomagnetic filtering navigation algorithm

based on single spot matching precorrection [C]//2012 5th International Symposium on Computational Intelligence and Design. Hangzhou, China. [S. l.]: IEEE, 2012: 543-546.

[132] MA X J, LIU H W, XIAO D, et al. Key technologies of geomagnetic aided inertial navigation system[C]//2009 IEEE Intelligent Vehicles Symposium. June 3-5, 2009. Xi'an, China. [S.l.]: IEEE, 2009: 464-469.

[133] 吕云霄.地磁匹配导航算法研究[D].长沙:国防科学技术大学,2010.

[134] 杨朝辉,陈映鹰.基于支持向量机的景象匹配区选择方法[J].同济大学学报(自然科学版),2009,37(5):690-695.

[135] 乔玉坤,王仕成,张琪.地磁匹配特征量的选择[J].地震地磁观测与研究,2007,28(1):42-47.

[136] 王晨阳.PCA 和 GA-BP 结合的地磁导航适配区选择方法[J].电光与控制,2018,25(6):110-114.

[137] DAVIS C. GPS-like navigation underground[C]//IEEE/ION Position, Location and Navigation Symposium. Indian Wells, CA, USA. [S.l.]: IEEE, 2010: 1108-1111.

[138] 王胜平,张红梅,赵建虎,等.利用 TERCOM 与 ICCP 进行联合地磁匹配导航[J].武汉大学学报(信息科学版),2011,36(10):1209-1212.

[139] PANG S N, KIM H C, KIM D, et al. Prediction of the suitability for image-matching based on self-similarity of vision contents[J]. Image and Vision Computing, 2004, 22(5): 355-365.

[140] ZERBO JL, AMORY-MAZAUDIER C, OUATTARA F. Geomagnetism during solar cycle 23: Characteristics[J]. Journal of Advanced Research, 2013, 4(3): 265-274.

[141] GUO C F, CAI H, VANDERHEIJDEN G H M. Feature extraction and geomagnetic matching[J]. Journal of Navigation, 2013, 66(6): 799-811.

[142] WANG Q, ZHOU J. Triangle matching method for the sparse environment of geomagnetic information[J]. Optik, 2019, 181: 651-658.

[143] 郭云飞,汪金花,吴兵,等.井下地磁定位的匹配算法分析和优化[J].传感技术学报,2018,31(9):1377-1382.

[144] 宋宇,喻文举,程超.基于 FCM 聚类及位置区切换的室内地磁定位研究[J].现代电子技术,2018,41(14):96-100.

[145] 于鹏,韦照川,蔡成林,等.基于 PDR 和地磁融合的室内定位算法[J].桂林电子科技大学学报,2018,38(4):273-278.

[146] LI Y, ZHUANG Y, ZHANG P, et al. An improved inertial/WiFi/magnetic fusion structure for indoor navigation[J]. Information Fusion, 2017, 34: 101-119.

[147] 汪金花,李卫强,张亚静,等.基于地磁导航定位的井下避险系统的构建[J].矿业安全与环保,2016,43(2):33-36.

[148] WANGJH, GUOYF, JIAYN, etal. Modeling and application of the underground emergency hedging system based on Internet of Things technology[J]. IEEE Access, 7: 63321-63335.

[149] 安振昌.中国地磁测量、地磁图和地磁场模型的回顾[J].地球物理学报,2002,45

(C00):189-196.

[150] XU Z Y,LIU Y,YAN L.A new correlation matching algorithm based on differential evolution for aircraft geomagnetic aid navigation[J].Applied Mechanics and Materials,2011,94/95/96:2032-2038.

[151] ZHAO H,QIANG X K,SUN Y B.Apparent timing and duration of the Matuyama-Brunhes geomagnetic reversal in Chinese loess[J].Geochemistry,Geophysics,Geosystems,2014,15(11):4468-4480.

[152] 汪金花,李卫强,张亚静,等.井下地磁定位技术与地磁基准图建模的研究[J].矿业研究与开发,2017,37(2):13-17.

[153] 张聪聪,王新珩,董育宁.基于地磁场的室内定位和地图构建[J].仪器仪表学报,2015,36(1):181-186.

[154] 杨功流,张桂敏,李士心.泛克里金插值法在地磁图中的应用[J].中国惯性技术学报,2008,16(2):162-166.

[155] SHEN X Q,PALMER P.Uncertainty propagation and the matching of junctions as feature groupings[J].IEEE Transactions on Pattern Analysis and Machine Intelligence,2000,22(12):1381-1395.

[156] AFRAIMOVICH E L,ASTAFYEVA E I,ZHIVETIEV I V,et al.Global electron content during solar cycle 23[J].Geomagnetism and Aeronomy,2008,48(2):187-200.

[157] 郭云飞,汪金花,吴兵,等.半参数模型在区域地磁场建模中的应用[J].华北理工大学学报(自然科学版),2017,39(4):1-6.

[158] 汪金花,郭云飞,张博,等.井下小区域地磁数值的时域变化与波动分析[J].云南大学学报(自然科学版),2018,40(3):483-490.

[159] 汪金花,张恒嘉,侯金亮,等.井下地磁定位的瞬间强噪声扰动规律研究[J].昆明理工大学学报(自然科学版),2021,46(3):39-46.

[160] 郭云飞,汪金花,李鸣铎,等.井下地磁定位的区域适配性研究与分析[J].地球物理学进展,2020,35(2):406-414.

[161] 张博,汪金花,郭云飞,等.地磁适配性 BP 评价方法的初始权因子确定[J].传感技术学报,2019,32(9):1339-1345.

[162] 汪金花,张博,吴兵,等.基于贡献因子 BP 神经网络的地磁适配性研究[J].合肥工业大学学报(自然科学版),2020,43(12):1668-1675.

[163] 汪金花,刘暑明,李鸣铎,等.室内地磁测量小波去噪算法研究与试验分析[J].传感技术学报,2022,35(2):217-224.

[164] 汪金花,杨华文,李鸣铎,等.井下地磁匹配数据的小波降噪性能研究[J].昆明理工大学学报(自然科学版),2022,47(2):35-46.

[165] 汪金花,张博,郭立稳,等.井下巷道地磁匹配特征的 CEA 卷积增强的分析[J].武汉大学学报(信息科学版),2022,47(9):1422-1431.

[166] 汪金花,李卫强,陈晓停,等.井下 GRPM 定位研究与地磁匹配的仿真试验[J].煤炭学报,2018,43(增刊):338-343.

[167] 汪金花,郭云飞,吴兵,等.基于 GRPM 井下定位的地磁匹配研究与分析[J].矿业安全与环保,2018,45(2):6-10.

[168] 汪金花,郭云飞,郭立稳,等.基于 GRPM 井下定位的 MPMD 匹配算法的试验研究[J].煤炭学报,2019,44(4):1274-1282.

[169] WANGJH,GUOYF,GUOLW,etal.Performance test of MPMD matching algorithm for geomagnetic and RFID combined underground positioning[J]. IEEE Access, 2019,7:129789-129801.